科学出版社“十三五”普通高等教育本科规划教材

高等学校文科教材

大学数学

张若军　王学芳　编

本教材获“中国海洋大学教材建设基金”资助

科学出版社

北京

内 容 简 介

全书内容共分为两部分，第一部分是高等数学的核心基础内容：一元函数微积分学，包括函数、极限、导数与微分及其应用、不定积分与定积分及其应用.第二部分是高等数学的分支介绍，包括常微分方程、概率论与数理统计初步、线性代数、多元函数微积分以及数学模型.

本书根据文科学生的特点，突出高等数学基本思想的阐释，淡化繁琐的计算推导，叙述上力求简洁直观.本书选材较宽泛，但内容相对浅显易懂，且注重数学理论的应用价值.每章后面的自主探索、合作研究的内容，旨在强调学生的思维训练和学习能力的培养，以达到提高文科生数学素养的目的.考虑到教学学时的限制，教师可根据需要灵活选择内容和组织教学.

本书便于教学和自学，可作为高等学校文科各专业的数学教材，也可作为相关人员的学习参考资料.

图书在版编目(CIP)数据

大学数学/张若军，王学芳编.—北京：科学出版社，2016.7
科学出版社“十三五”普通高等教育本科规划教材 · 高等学校文科教材
ISBN 978-7-03-048359-1

Ⅰ.①大… Ⅱ.①张… ②王… Ⅲ.①高等数学-高等学校-教材 Ⅳ.① O13

中国版本图书馆 CIP 数据核字(2016)第 114991 号

责任编辑：王胡权 / 责任校对：彭　涛
责任印制：张　倩 / 封面设计：迷底书装

科学出版社 出版
北京东黄城根北街 16 号
邮政编码：100717
http://www.sciencep.com

涿州市般润文化传播有限公司印刷
科学出版社发行　　各地新华书店经销
*
2016 年 7 月第　一　版　开本：720 × 1000 1/16
2024 年 8 月第八次印刷　印张：15 3/4
字数：317 000

定价：45.00 元
(如有印装质量问题，我社负责调换)

前　言

数学，作为人类知识结构中的重要一环，在推动人类文明进程中一直发挥着积极的作用. 数学教育有利于启迪心智、培养规则意识、培养周密思维和创新能力等，因而，数学教育实质是一种素质教育. 数学与现实世界密不可分，数学的精神、思想和方法在人类认识世界和改造世界的过程中发挥了关键的作用.

但是，正如中国科学院李大潜院士 2015 年 1 月 14 日在《光明日报》上发表的题为“数学教育应注重人文内涵”的一文指出的：很多人觉得数学枯燥无味，过于抽象，高不可攀，是因为数学教师往往把数学看成一堆定义、公式、定理及证明的堆积，千方百计地要把这些知识灌输到学生的头脑中去，却忘却了数学教育最根本的三件事：一是数学知识的来龙去脉；二是数学的精神实质和思想方法；三是数学的人文内涵. 在数学教学中抓住了上面这三点，就抓住了数学的灵魂，学生对数学的学习就一定会更加有成效.

那么如何让大学数学教育注重人文内涵，实现数学的素质教育理念呢？笔者认为教材建设与创新应是不容小觑的. 教材历来就是知识的载体，多年来，随着教育改革的不断深入，尤其是 21 世纪初，大量有识之士呼吁大学教育人文化，大学文科生应该学习数学. “大学文科数学”类的教材也开始不断涌现，林林总总，其中不乏精品之作. 但编者认为，作为为文科大学生开设的大学数学课程，其教学内容和教学形式应区别于理工科的高等数学课程. 数学教学中，除了教材，课堂教学中师生互动也是不可忽视的，课外学习中学生的自主探索，学生间的合作研究，对知识的获取，思维的锻炼，更是不可或缺的.

本书的编写是基于《文科高等数学》（张若军，施心慧编写，中国海洋大学出版社，2001）原版基础上进行的修订，内容变动超过 40%. 主要的修订原则如下：

(1) 删除了过于强调技巧性的复杂计算及证明，去掉了繁琐的例题、习题，代之以更加基础、实用的内容；

(2) 注重知识体系的衔接，整体的和谐，以及叙述上的简洁条理，对概念、定理、结论的来龙去脉交代更清楚，不突兀，不断章取义；

(3) 将课程的思考练习题分为习题、自主探索和合作研究三部分，习题强调基础知识在逻辑推理方面的训练作用，自主探索及合作研究强调基本概念的较深入研究和数学的背景及应用方面的知识.

每章后面的自主探索和合作研究部分是增加的新内容，旨在调动学生参与探索的主动性，通过查阅资料，小组协同研究，在自主学习和与人合作中获得知识及提高能力.

在本课程成绩评定方面，可以考虑采用过程式考核的评价标准，成绩包括出勤、课上表现、课后作业、自主探索或合作研究的报告、期末的闭卷考试几部分，这样的评价方式尽管略显琐碎，但是体现了对学习过程的有效管理，成绩组成也更加合理.

以教材为载体，以教师为主导，以学生为主体，这样的教学是遵循教学规律的表现. 而尊重学生个体的思想与体验，做到“独立之精神，自由之思想”，理应是当今大学教育亟需加强和大力实践的. 创新意味着不拘泥，意味着自由与畅想，给教学一个空间，让学生不是被动地接受知识，而是更多主动地获取知识的能力，这应该成为大学教育的方向.

编者认为，近年来的各种教育理念，诸如微课堂、慕课、翻转课堂等，无一不在颠覆着传统教育教学一成不变的模式，不断带来教学的全新体验，也接受着实践的检验. 无论怎样，数学教学作为高等教育的永恒话题之一，需要数学教育工作者的不断努力，不积跬步，无以至千里，编者的小小努力，但愿是一次有益的尝试. 本书的第 1 章至第 8 章由张若军编写，第 9 章至第 11 章由王学芳编写. 本书的内容是按照一个学期，每周 4 学时安排的.在具体的教学过程中可根据需要作出删减或增补.

编者十分感谢中国海洋大学教务处对教材出版提供资助和大力支持，也感谢数学科学学院多年来对数学公共课教学的重视，尤其方奇志院长，李长军副院长给予的关心和鼓励. 还要感谢编者的许多同事在教材编撰和插图方面提供帮助，使得本书得以顺利出版.

鉴于编者的水平有限，本书难免有缺点和疏漏之处，期待广大读者的批评指正，以便日后有机会修订.

编　者
2015 年 12 月于青岛

目　录

第一篇　高等数学的核心：微积分
——以极限研究函数的学科

第二篇　高等数学的分支介绍

第一篇　高等数学的核心：微积分
——以极限研究函数的学科

微积分是高等数学的核心，也是初等数学与高等数学的分界点，其产生与发展，对人类的影响巨大.初等数学主要研究常量和规则的图形，内容包含在高中及以下的代数与几何的课程之中.以微积分为代表的高等数学则研究变量及不规则的图形，微积分的内容也从讨论有限扩展到无限,从离散延伸到连续,且重用极限这一工具.“现代电子计算机之父”冯·诺伊曼(J.von Neumann，美-匈，1903—1957)评价微积分是“现代数学的第一个成就”，是“技术上的最大成功和数学中最精彩的部分”.

如今，国内外的大学中几乎所有本科专业都开设微积分这门课程，其主要原因：一是微积分的语言已渗透到现代自然科学、社会科学和人文科学的各个领域，成为语言所能达到的最高境界；二是微积分能培养抽象思维与逻辑推理能力，以及理性主义的探索精神，对人们建立正确的世界观、科学的方法论大有裨益. 实践证明，学习微积分对于学生的科学思维和文化素质的养成是极其重要的，也是其他学科所不能比拟的.

第 1 章　函数——微积分研究的对象

德国无产阶级革命导师恩格斯(F.Engels，1820—1895)曾说：“在一切理论成就中，未必再有什么像 17 世纪下半叶微积分的发明那样被看作人类精神的最高胜利了.”美籍德裔著名数学家库朗(R.Courant，1888—1972)则指出：“微积分是人类思维的伟大成果之一．它处于自然科学与人文科学之间的地位，使它成为高等教育的一种特别的有效工具．遗憾的是，微积分的教学方法有时流于机械，不能体现出这门学科乃是一种撼人心灵的智力奋斗的结晶.”

微积分是高等数学的核心内容，其研究对象是函数．“函数”是被广泛用于科学技术、生产实践中的最基本的数学概念之一，其重要意义远远超出了数学的范畴.

本章作为全书的基础，将在中学函数概念的基础上，对函数知识加以概括、整理和适当深化.

1.1　函数的发展及微积分的常用符号

1.1.1　函数的演变

函数概念的产生至今已有 300 多年历史，其演变过程，是人们在对客观世界深入了解的基础上，为适应新的需要而不断地挖掘、丰富和精确刻画其内涵的历史过程.

16 世纪，数学研究从常量数学转向了变量数学，这个转折主要是由法国数学家笛卡儿(R.Descartes，1596—1650)完成的，1637 年，笛卡儿在《几何学》一书中首先引入变量思想，称为“未知和未定的量”，同时引入了两个变量之间的相互依赖关系，这就是函数概念的萌芽.

17 世纪中叶，德国数学家莱布尼茨(G.W.Leibniz，1646—1716)最先使用函数这个名词．不过，他指的是变数 x 的幂 x^2 ，x^3 等，后来才逐步扩展到初等函数，这些函数都是具体的，都有解析表达式，并且和曲线紧密联系在一起．那时的函数就是表示任何一个随着曲线上的点的变动而变化的量．至此，还没有函数的一般定义.

18 世纪初，瑞士数学家约翰·伯努利(J.Bernoulli，1667—1748)最先摆脱具体的初等函数的束缚，给函数一个抽象的不用几何形式的定义：“一个变量的函数是指由这个变量和常量的任何一种方式构成的一个量.”瑞士数学家欧拉(L.Euler，1707—1783)则更明确地说：“一个变量的函数是该变量和常数以任何一种方式构成的解析表达式.”函数之间的原则区别在于构成函数的变量与常量的组合方式的不同. 欧拉最先把函数的概念写进了教科书. 在约翰·伯努利和欧拉看来，具有解析表达式是函数概念的关键所在.

18 世纪中叶，由于偏微分方程中的弦振动问题引起了关于函数概念的争论，迫使数学家接受一个更广泛的概念. 1755 年，欧拉给函数一个新定义：如果某些量这样地依赖于另一些量，当后者改变时它经常变化，那么称前者为后者的函数.

19 世纪初，法国数学家傅里叶(J.Fourier，1768—1830)关于热传导的工作使他发现热传导方程的解是一个可以由三角函数构成的级数(即无穷多个三角函数的和)表示的函数，动摇了 18 世纪关于函数仅为解析式的观点.

19 世纪 20 年代，微积分严格理论的奠基者——法国数学家柯西(A.L.Cauchy，1789—1857)提出的函数概念，可以说是现代函数概念的基础，他认识到函数是变量与变量之间的一种依赖关系，但不足之处是仍然没有摆脱“表达式”之说.

1837 年，德国数学家狄利克雷(P.G.Dirichet，1805—1859)在总结前人工作的基础上，给出了现代意义的函数概念：如果对于给定区间上的每一个 x 的值，都有唯一的一个 y 值与它对应，那么 y 就是 x 的一个函数. 至于在整个区间上 y 是按照一种还是多种规律依赖于 x，或者 y 依赖于 x 是否可用数学运算来表达，那都是无关紧要的.

18 世纪以来，随着微积分的发展，函数概念不断变化，经过 200 多年的演变，到 20 世纪，函数概念逐步清晰与稳定. 数学家引入了映射的概念，其一般定义为：设集合 X，Y，如果对于 X 中每一个元素 x，都有 Y 中唯一确定的元素 y 与之对应，那么我们就把此对应称为从集合 X 到集合 Y 的映射. 记作 $f:X\to Y$，$y=f(x)$.

20 世纪初，英国数学家哈代(G.H.Hardy，1877—1947)更明确指出，函数的本质属性在于：y 和 x 之间存在某种关系，使得 y 的值总是对应着某些 x 的值.

随后，美国数学家维布伦(O.Veblen，1880—1960)用集合定义了变量与函数.“变量是代表某个集合中任一元素的记号.”“变量 y 的集合与另一个变量 x 的集合之间，如果存在着对于 x 的每一个值，y 有确定的值与之对应，那么 y 叫做 x 的函数.”这个定义比此前的定义更合理、更确切，是一个比较完整的函数概念.

1939年，法国的布尔巴基(Nicolas Bourbaki)学派在《集合论》一书中用集合之间的映射定义了函数：设E和F是两个集合，E中的每一个变元x和F中的每一个变元y之间的一个关系f称为函数，如果对每一个$x\in E$，都存在唯一的$y\in F$，它们满足给定的关系. 记作$f:E\to F$，或者记作$E\xrightarrow{f}F$.

在布尔巴基学派的定义中，E和F不一定是数的集合，只强调函数是集合之间的一个映射. 因此，他们所定义的函数更加广泛.

现在人们常用的函数概念是中学数学中的函数概念，把变量局限于实数范围：设x表示某数集D中的变元，若对D中每一个x，按一定的法则f有唯一确定的实数y与之对应，则称y是x的函数，记作$y=f(x)$. 称x为自变量，D为函数的定义域，y的取值范围为函数的值域.

我国最早使用"函数"一词的是清代数学家李善兰(1811—1882). 1859年，李善兰与英国传教士伟烈亚力(A.Wylie，1815—1887)合译英国数学家德摩根(A.De Morgan，1806—1871)的代数著作*Elements of Algebra*(代数学)时译到："凡式含天，为天之函数"，首次将"function"译成"函数". 中国古代以天、地、人、物表示未知数，"函"字即"含有""包含"之意.

20世纪以来，函数概念不断扩充，函数不仅是变数，还可以是其他变化着的事物，还出现了所谓广义函数以及函数的函数等概念.

数学的三大核心领域为几何学、代数学和分析学. 在分析学中，函数论占有重要地位，按照函数类型的不同以及函数概念的不断拓广，分工越来越精细. 微积分学则在实数集的范围内，主要研究函数的微分与积分的性质和应用.

1.1.2 数集的拓广、邻域及常用的逻辑符号

作为本章的基础，也为课程内容的简洁和方便大家学习，这一段将叙述微积分中的基础知识和常用的符号记法.

1. 数集的拓广

集合是具有某种性质的事物全体的总称，常用大写字母X,Y等表示. 集合中的每一个事物称为**元素**，常用小写字母x,y等表示. 集合与元素之间的关系是属于或不属于，例如，$x\in X, y\notin Y$等. 集合的常用表示法有两种，一种是列举法，即将集合中的元素一一列出来，写在大括号内，例如，中国古代四大发明的集合表示为{造纸术，火药，指南针，活字印刷术}；另一种是描述法，即把集合中元素的公共属性用文字，符号或式子等描述出来，写在大括号内，描述法常用于表示无限集合(集合中的元素个数为无穷多个)，例如，小于$\sqrt{2}$的正实数组成的集合表示为$\{x\mid 0<x<\sqrt{2}\}$. 若集合中的元素是数，则称之为**数集**.

历史上，人类最先认识的是自然数 1，2，3，…(后来 0 也被加入了进去)，全体自然数的集合称为**自然数集**，记为$\mathbf{N}$．自然数集对于加法和乘法运算具有封闭性(运算的结果还在这个集合中)，但是自然数集对于减法运算就不具有封闭性，为使减法运算具有封闭性，人们引入了负数的概念，将自然数集拓广为**整数集**，记作$\mathbf{Z}$(正整数集合记为$\mathbf{Z}^+$或$\mathbf{N}^+$)．整数集对于加法运算、减法运算以及乘法运算都封闭，但整数集对于除法运算不封闭，为此，人们引入有理数的概念，将整数集拓广为**有理数集**，记作$\mathbf{Q}$．任意有理数都可以表为形如$\dfrac{p}{q}$的分数形式，其中$p,q\in\mathbf{Z}$，$q\neq 0$．但是，在重用极限理论的微积分中，有理数集尽管对于加、减、乘、除四则运算封闭，但是对于极限运算不封闭(后面的学习中将会看到这一点)，所以人们引入无理数的概念，将有理数集拓广为**实数集**，记为$\mathbf{R}$．实数集对于初等数学中的加、减、乘、除四则运算以及高等数学中的极限运算就都封闭了．并且实数布满整个数轴，不会留有任何空隙，这种特性是有理数集不具备的，称之为**实数集的连续性**．

综上，有$\mathbf{N}\subset\mathbf{Z}\subset\mathbf{Q}\subset\mathbf{R}$．事实上，数集的拓广不仅是因为数学理论本身的需要——每个数集都与运算相联系，而且与人们的社会实践需要有关——现实世界中充满了连续变化的事物，它们在数量的相依关系上的表现离不开具有连续性的实数集．

2. 特殊集合——邻域

设$x_0\in\mathbf{R}$，$\delta>0$(δ是正实数)，数集

$$\{x \mid |x-x_0|<\delta\}=(x_0-\delta, x_0+\delta)$$

称为**点x_0的δ邻域**，记为$U(x_0,\delta)$，x_0称为邻域的**中心**，δ称为邻域的**半径**．事实上，点x_0的δ邻域就是数轴上与点x_0距离小于δ的全体实数的集合所形成的一个开区间．

数集

$$\{x \mid 0<|x-x_0|<\delta\}=(x_0-\delta, x_0)\cup(x_0, x_0+\delta)$$

称为**点x_0的去心δ邻域**，记为$\mathring{U}(x_0,\delta)$，事实上，点x_0的去心δ邻域就是数轴上与点x_0距离小于δ的全体实数(但不包括x_0)的集合所形成的两个开区间的并．

除了名称上的不同，邻域概念并没有新的内容，但是它在微积分中带来了书写和应用上的方便．例如，满足不等式$0<|3x+1|<\dfrac{\delta}{2}$($\delta>0$)所确定的$x$的范围，用区间表示为$\left(-\dfrac{1}{3}-\dfrac{\delta}{6},-\dfrac{1}{3}\right)\cup\left(-\dfrac{1}{3},-\dfrac{1}{3}+\dfrac{\delta}{6}\right)$，用邻域表示则为$\mathring{U}\left(-\dfrac{1}{3},\dfrac{\delta}{6}\right)$，表法

简洁且有明显的几何直观意义.

3. 逻辑符号

微积分中常用的逻辑符号有两个：

“$\forall$”表示“任意的”或“所有的”，例如，$\forall x \in \mathbf{R}$，有 $x^2 \geqslant 0$.

“$\exists$”表示“存在一个”或“至少有一个”，例如，$\exists n \in \mathbf{N}^+$，使得 $n^2 - 2n + 1 > 0$.

1.2 函 数

1.2.1 函数的概念

在科学研究和生产生活中，会遇到许多量，这些量一般可分为两类：常量和变量. 常量是在某一问题的研究过程中保持不变的量，变量是在研究过程中发生改变的量.

例如，一质点做匀速直线运动，则速度为常量 v_0，当质点做变速直线运动时，其速度为 $v(t)$. 一矩形的高为常量 h，一个曲边梯形(直线 $x=a$，$x=b$，x 轴，以及连着不断开的曲线 $y=f(x)$ 所围的图形，其中 $f(x)\geqslant 0$，见图 1-1)的高为变量 $f(x)$.

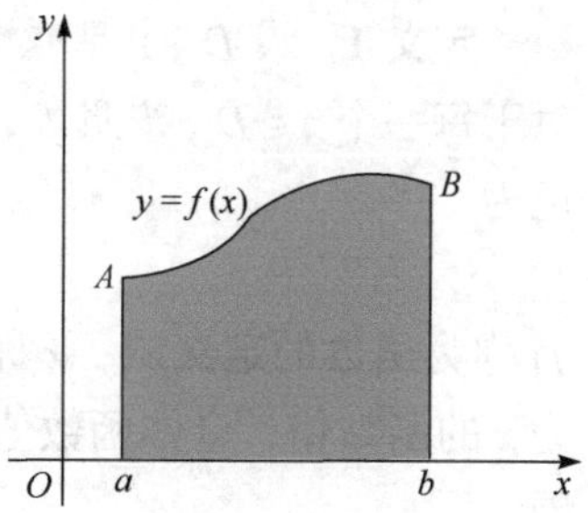

图 1-1

在微积分中，常量和变量的取值都限制在实数集 $\mathbf{R}$ 上，通常用字母 a, b, c 表示常量，x, y, z 表示变量.

函数是刻画变量间在运动变化中的相依关系的特定形式，先看下面的例子.

例 1 由静止状态自由落体的物体，其运动路程 s 与时间 t 的关系为

$$s = \frac{1}{2}gt^2,$$

其中 g 是重力加速度，$t \in [0, T]$，T 是物体落地所用的时间.

例 2 在远洋货轮的船头都有表示货轮吃水深度的吃水线(又称“生命线”). 某货轮的吃水深度 h 与排水量 w 之间的对应关系如下表：

吃水深度 h(米)	3	4	5	6	7	8	9
排水量 w(淡水：吨)	5020	7225	9275	11475	13750	16125	18525

例 3 在气象观测中，气温自动记录仪可将一天的气温变化记录并描绘在记录纸上，如图 1-2 所示.

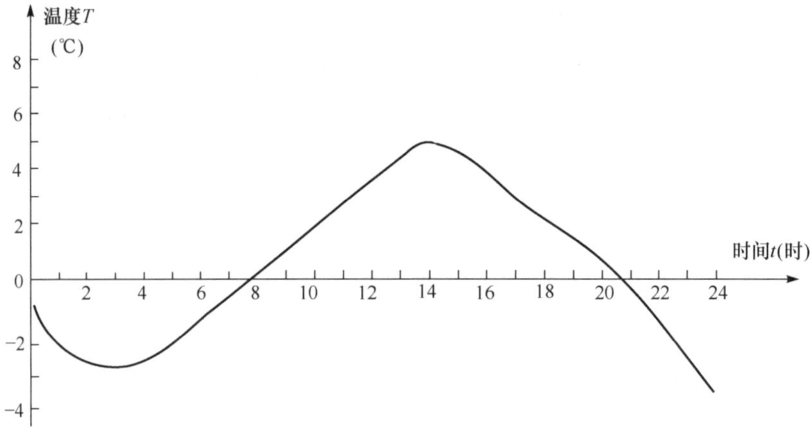

图 1-2

由上述实例，可以抽象出函数的概念.

定义 1 设 D , Y 是非空实数集合，x, y 是两个变量，若存在某一对应法则 f ，对于每一个 $x\in D$ ，按照 f ，都有唯一确定的 $y\in Y$ 与之对应，则称 **y 是 x 的函数**，记为

$$y=f(x),\quad x\in D,$$

D 称为函数的**定义域**，x 称为**自变量**，y 称为**因变量**，与 x 的值对应的 y 的值称为 x 的**函数值**，全体函数值组成的集合 $f(X)=\{y\mid y=f(x),x\in D\}$ 称为函数的**值域**.

上述的三个例子都体现了函数的概念.

注 (1) 函数的定义域一般是由所考虑问题的实际意义确定，如例 1. 若无实际背景的一般性讨论，这时函数的定义域是使表达式有意义的自变量的变化范围(称为自然定义域).

(2) 函数完全由定义域和对应法则所确定. 两个函数相等是指它们的定义域和对应法则分别相同. 例如，$f(x)\equiv 1$ 与 $g(x)=\dfrac{x}{x}$ 不相等；$y=x^2+x+1$ 与 $s=t^2+t+1$ 相等.

(3) “函数”这一术语是莱布尼茨于 1673 年创设的，1734 年，欧拉提出用字母 f 来表达函数(“ f ”是函数的英文“function ”的第一个字母)，这种表达方式一直沿用至今.

1.2.2　函数的表示法

本课程涉及的表示函数的方法主要有以下五种.

1. 解析法

函数的对应法则是借助于数学式子给出来的方法称为**解析法**(也称公式法). 如 1.2.1 节的例 1.

解析法是微积分中表达函数的主要方法，其优点在于能做具体计算，并利于理论研究. 在实际应用中，有时采用一定的数学方法，把不能用解析法表示的函数近似用解析法表示出来. 如在科学研究中，采用数据拟合的方法近似描述某些函数关系.

一个函数也可以在其定义域的不同部分用不同的数学式子表示，例如

$$f(x)=\begin{cases} x^2, & x>0, \\ \dfrac{1}{2}, & x=0, \\ -x+1, & x<0. \end{cases}$$

这种形式的函数称为**分段函数**.

2. 表格法

用一张含有自变量 x 的一系列值与因变量 y 的一系列对应值的表格来表示函数的方法称为**表格法**. 如 1.2.1 节的例 2.

表格法的优点在于能直接查得自变量对应的函数值，因而在生产部门和管理部门得以广泛应用，如生产报表、财务报表等，一些科技手册也采用表格法，如三角函数表、对数表等.

3. 图像法

由图像给出函数对应法则的方法称为**图像法**. 如 1.2.1 节的例 3.

图像法的优点是能借助直观了解因变量随自变量变化的特性，在医学、商业及社会科学的许多领域，函数的图像法很常见，如心电图(图 1-3)、商品销量图等.

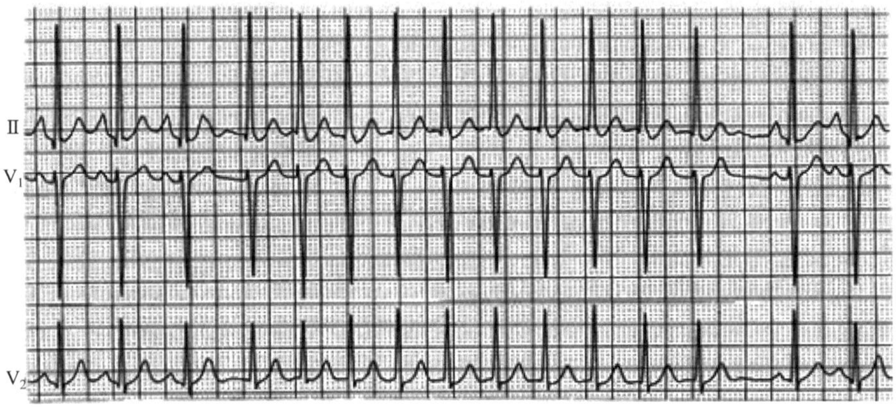

图 1-3

4. 描述法

函数的对应关系是用一句话描述的方法称为**描述法**. 例如，取整函数：设 x 是一个实数，对应的 y 是不超过 x 的最大的整数. 显然，对每个实数 x，都对应唯一一个确定的不超过 x 的最大整数，这是一个函数，称为**取整函数**，记为 $y=[x]$(图 1-4).

例如，[2.5]=2，[1]=1，[−3.14]= −4. 一般地，有

$$[x]=n, \quad x\in[n,n+1), \quad n=0,\pm1,\pm2,\cdots.$$

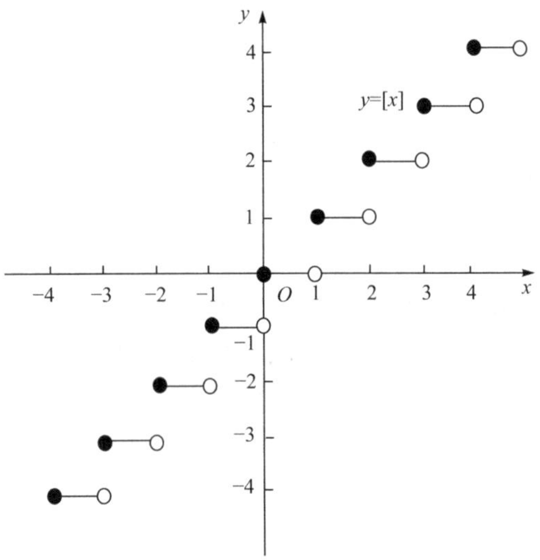

图 1-4

5. 隐函数

若方程 $F(x,y)=0$ 确定了 y 是 x 的函数，则这样的函数称为**隐函数**.

例如，方程 $x^2+y^2=1$ 确定了两个隐函数 $y=\sqrt{1-x^2}$ 与 $y=-\sqrt{1-x^2}$，定义域均为 $|x|\leqslant 1$. 又如，开普勒(Kepler)方程 $y-x-\dfrac{1}{2}\sin y=0$ 确定了一个隐函数 $y=f(x)$，但无法用显式形式表示出来. 一般情形下的隐函数均指后一种.

函数的表示法不限于以上几种，由于科学研究和实际应用的需要，人们不断发展表示函数和研究函数的工具，如函数的幂级数表示、含参变量积分表示的函数等.

1.2.3 四类特殊函数

本节介绍的四类特殊函数，都与函数的图像的形状有关，简述如下.

1. 有界函数

定义 2 设函数 $y=f(x)$ 在 D 上有定义，若 $\exists K>0$，使得对 $\forall x\in D$，都有 $|f(x)|\leqslant K$，则称函数 $y=f(x)$ 在 D 上**有界**，或 $f(x)$ 是 D 上的**有界函数**. 否则，称函数 $y=f(x)$ 在 D 上**无界**.

图像特点 $f(x)$ 的图像完全落于平行于 x 轴的两条直线 $y=-K$ 与 $y=K$ 之间(图 1-5).

例如，$y=\sin x$，$y=\arctan x$ 是 $\mathbf{R}$ 上的有界函数，$y=x^2$ 在 $\mathbf{R}$ 上无界，$y=\dfrac{1}{x}$ 在 $(0,1)$ 上无界.

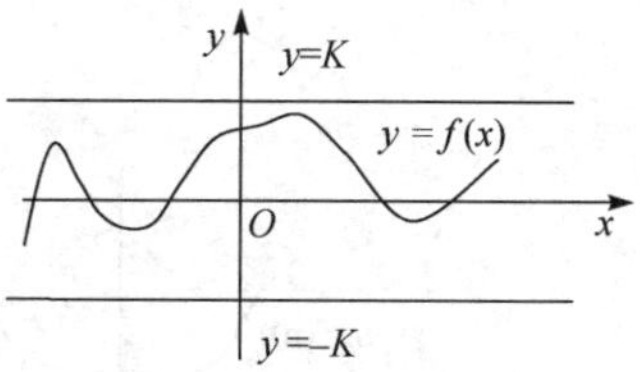

图 1-5

2. 单调函数

定义 3 设函数 $y=f(x)$ 在某区间 D 上有定义，若对 $\forall x_1,x_2\in D$，$x_1<x_2$，总有 $f(x_1)\leqslant f(x_2)$ (或 $f(x_1)\geqslant f(x_2)$)，则称 $f(x)$ 在 D 上单调增加(或单调减少). 此时也称 $f(x)$ 在 D 上是**单调函数**，D 称为 $f(x)$ 的**单调区间**.

若严格不等号成立，则称 $f(x)$ 在 D 上严格单调增加(或严格单调减少). 此时也称 $f(x)$ 在 D 上是**严格单调函数**，D 称为 $f(x)$ 的**严格单调区间**.

图像特点 (严格)单调增加的函数图像是沿 x 轴正向上升的，(严格)单调减少函数的图像是沿 x 轴正向下降的(图 1-6).

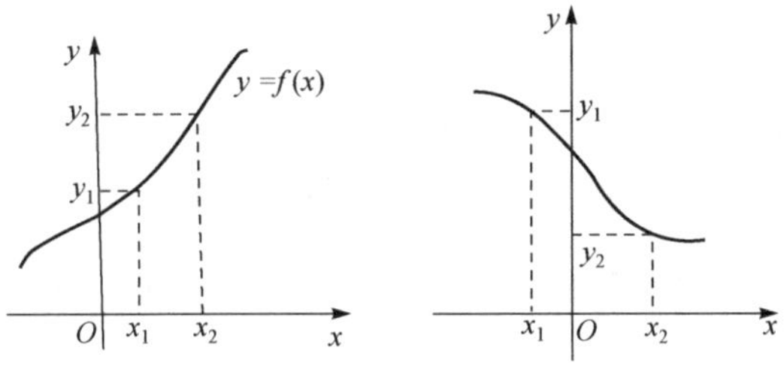

图 1-6

例如，$y = x^3$ 在 $\mathbf{R}$ 上是严格单调增加的；$y = [x]$ 在 $\mathbf{R}$ 上是单调增加而非严格单调增加的；$y = x^2$ 在 $(-\infty, 0)$ 上是严格单调减少的，但在整个定义域 $(-\infty, +\infty)$ 上非单调.

3. 奇偶函数

定义 4　设 D 为关于原点对称的数集，函数 $y = f(x)$ 在 D 上有定义. 若对 $\forall x \in D$，有 $f(-x) = f(x)$（或 $f(-x) = -f(x)$），则称 $f(x)$ 为 D 上的**偶函数**(或**奇函数**).

图像特点　偶函数的图像关于 y 轴对称，奇函数的图像关于原点对称(图 1-7).

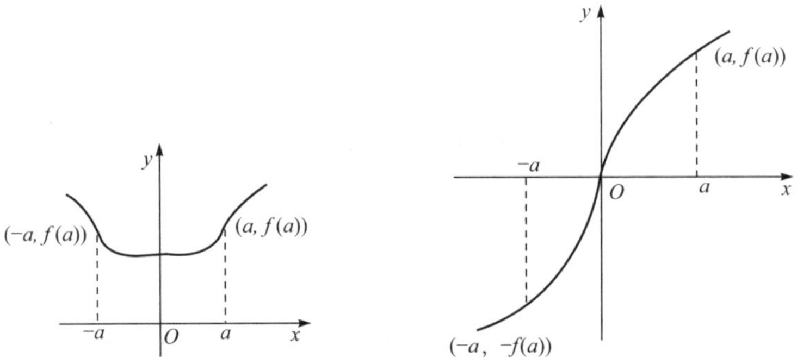

图 1-7

例如，$y = x^3$，$y = \sin x$ 是 $\mathbf{R}$ 上的奇函数；$y = x^2$，$y = \cos x$ 是 $\mathbf{R}$ 上的偶函数；$y = \sin x + \cos x$ 在 $\mathbf{R}$ 上既非奇函数也非偶函数.

4. 周期函数

定义 5　设函数 $y = f(x)$ 是定义在 D 上的函数，若 $\exists T > 0$，使得对 $\forall x \in D$，都有 $f(x + T) = f(x)$ 恒成立，则称 $f(x)$ 为**周期函数**. 数 T 称为 $f(x)$ 的一个周

期. 通常所说的周期是指最小正周期.

图像特点　只要知道周期函数在任一长度为一个周期范围内的图像,则将之按周期向左、右平移，就得到函数的全部图像(图 1-8).

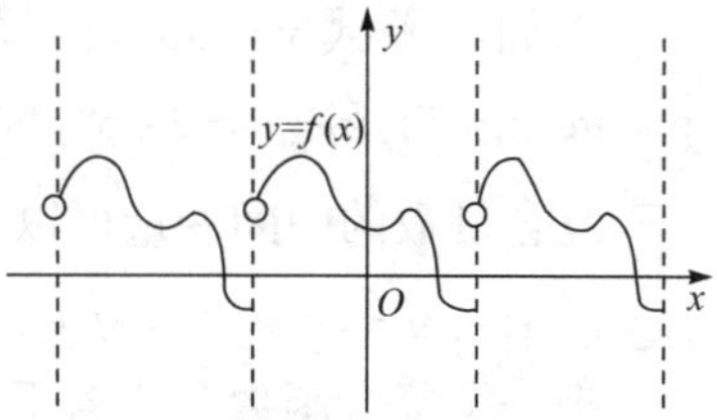

图 1-8

例如，$y=\sin 2x$ 是周期为 π 的周期函数；$y=\tan 3x$ 是周期为 $\frac{\pi}{3}$ 的周期函数.

1.2.4　函数的运算

1. 四则运算

定义 6　已知两个函数 $y=f(x), x\in D_1$ 和 $y=g(x), x\in D_2$，且 D_1 与 D_2 的交集 D 非空,则 $F(x)=f(x)+g(x), x\in D$，$G(x)=f(x)-g(x), x\in D$，$H(x)=f(x)g(x)$, $x\in D$ 分别称为这**两个函数的和、差与积**. 若去除 D 中使得 $g(x)=0$ 的 x 值后余下部分所成的集合 D^* 非空,则在 D^* 上可以定义**这两个函数的商** $L(x)=\dfrac{f(x)}{g(x)}, x\in D^*$.

这里函数 $y=f(x)$，$y=g(x)$ 进行四则运算以后的定义域与原来的定义域一般是不同的，尽管仍沿用原来的记号 $f(x)$，$g(x)$，但应该认为其定义域已经自然调整，以保证函数的运算能够进行.

例如，函数 $y=\sin x, x\in(-\infty,+\infty)$ 与函数 $y=\sqrt{x}, x\in[0,+\infty)$ 的商为 $y=\dfrac{\sin x}{\sqrt{x}}, x\in(0,+\infty)$；函数 $y=\sqrt{2-x}$ 与函数 $u=\ln(x-2)$ 不能进行四则运算.

多项式函数 $P_n(x)=a_0x^n+a_1x^{n-1}+\cdots+a_{n-1}x+a_n$，$x\in(-\infty,+\infty)$ 是 $n+1$ 个常数 $a_0,a_1,\cdots,a_n$ 与函数 $y=x$，$x\in(-\infty,+\infty)$ 相继施行若干次乘法与加法运算的结果. 多项式函数被认为是高等数学中最简单的函数，它有很多重要的应用.

2. 复合运算

在同一自然现象或运动过程中，两个变量的联系有时不是直接的，而是通过另一变量联系起来的. 例如，在物理学中，质量为 m 的物体，自由下落时的动能为 $E=\dfrac{1}{2}mv^2$，而速度 $v=gt$，因此便得到 E 是 t 的函数：$E=\dfrac{1}{2}m(gt)^2$，这就是一种经过复合运算产生的复合函数.

定义 7　已知两个函数 $y=f(u), u\in U$ 和 $u=g(x), x\in X$，且 $u=g(x)$ 的值域与 $y=f(u)$ 的定义域的交集非空,则 $y=f[g(x)]$ 称为**复合函数**. u 称为**中间变量**，$u=g(x)$ 称为**内层函数**，$y=f(u)$ 称为**外层函数**.

例如，函数 $y=\sqrt{u}$ 与函数 $u=1-x^2$ 经过复合运算得到 $y=\sqrt{1-x^2}$ ；函数 $y=\arcsin u$ 与函数 $u=2+x^2$ 不能进行复合运算.

复合函数的中间变量可以有两个或两个以上. 例如，函数 $y=\ln(1+\sqrt{1+x^2})$ 是由 $y=\ln u$ ，$u=1+v$ ，$v=\sqrt{w}$ ，$w=1+x^2$ 复合而成的，这里有三个中间变量 u, v, w .

把一个复合函数分成若干个简单函数，这一过程称为复合函数的**分解**. 合理分解一个复合函数，在微积分中意义重大. 分解的步骤应是由外到内，评判分解合理与否的准则是，观察各层函数是否为基本初等函数(指常数函数、幂函数、指数函数、对数函数、三角函数、反三角函数这六类函数)或多项式函数.

例 4　分解下列复合函数：

(1) $y=\sin(e^{x^2-1})$ ；(2) $y=\ln\tan(x^3+2x+1)$.

解　(1) $y=\sin u$ ，$u=e^v$ ，$v=x^2-1$ ；

(2) $y=\ln u$ ，$u=\tan v$ ，$v=x^3+2x+1$.

3. 求逆运算——反函数

自变量与因变量的关系往往是相对的. 例如，由 1.2.1 节中例 1 的公式 $s=\dfrac{1}{2}gt^2$ ，$t\in[0,T]$ ，可以解出 $t=\sqrt{\dfrac{2s}{g}}$ ，$s\in[0,H]$ ，其中 H 是物体开始下落时与地面的距离.

定义 8　设函数 $y=f(x)$ ，$x\in X$ ，其值域是 Y ，若对于 Y 内的任意 y ，X 内都有唯一确定的 x 与之对应，使得 $f(x)=y$ ，则确定了一个以 Y 为定义域的函数，称之为 $f(x)$ 的**反函数**，记为 $x=f^{-1}(y), y\in Y$.

注　(1) 函数 $y=f(x)$ 有反函数，则意味着其定义域 X 与值域 Y 之间按照 f 建立了一一对应关系.

(2) 函数 $y=f(x)$ 的定义域 X 与值域 Y 分别是反函数 $x=f^{-1}(y)$ 的值域和定义域.

(3) 按照习惯表述，用 x 表示自变量，用 y 表示因变量，因此也常将 $y=f(x)$ 的反函数 $x=f^{-1}(y)$ 记作 $y=f^{-1}(x)$.

(4) 函数 $y=f(x)$ 的图像与其反函数 $y=f^{-1}(x)$ 的图像关于直线 $y=x$ 对称(图 1-9).

关于哪种函数能存在反函数，有如下结论(证明从略).

定理 1　严格单调函数必存在反函数，且反函数与原来函数的单调性相同.

例如，$y=x^3$ 在 $(-\infty,+\infty)$ 上严格单调增加，故存在反函数，其反函数 $y=\sqrt[3]{x}$ ，$x\in(-\infty,+\infty)$ ，也是严格单调增加的.

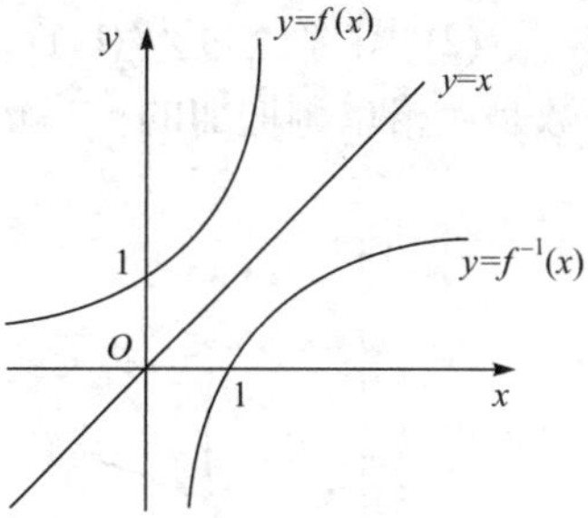

图 1-9

$y=x^2$ 在 $(-\infty,0]$ 上是严格单调减少，值域为 $[0,+\infty)$，其反函数为 $y=-\sqrt{x}$ ，在 $[0,+\infty)$ 上也是严格单调减少的.

1.2.5　初等函数

在数学的发展过程中，形成了最简单最常用的六类函数，即常数函数、幂函数、指数函数、对数函数、三角函数和反三角函数，这六类函数统称**基本初等函数**. 鉴于中学已经学习过，本节只作一概括.

1. 常数函数 $y=C$ (C 为常数)

(1) 定义域为 $(-\infty,+\infty)$ ，值域为 $\{C\}$.

(2) 图像为过点 $(0,C)$ ，且平行于 x 轴的直线(图 1-10).

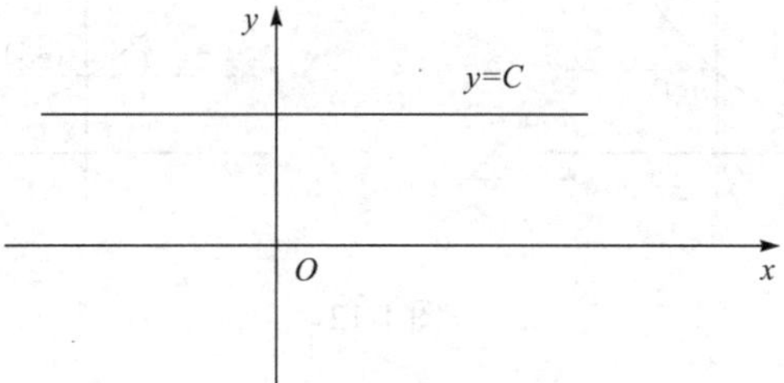

图 1-10

2. 幂函数 $y=x^u$ (u 为实数)

(1) 定义域视 u 的不同而不同，但 u 无论为何值，它在区间 $(0,+\infty)$ 上总有定义.

(2) 图像经过点 $(1,1)$，在第一象限的图像如图 1-11 所示．当 $u>0$ 时，函数是严格单调增加的；当 $u<0$ 时，函数是严格单调减少的．

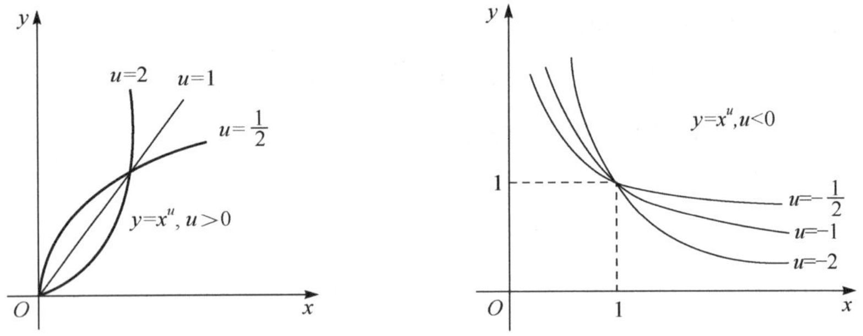

图 1-11

3. 指数函数　$y=a^x\,(a>0$ 且 $a\neq 1)$

(1) 定义域为 $(-\infty,+\infty)$，值域为 $(0,+\infty)$．

(2) 图像经过点 $(0,1)$．当 $a>1$ 时，函数是严格单调增加的；当 $0<a<1$ 时，函数是严格单调减少的(图 1-12)．

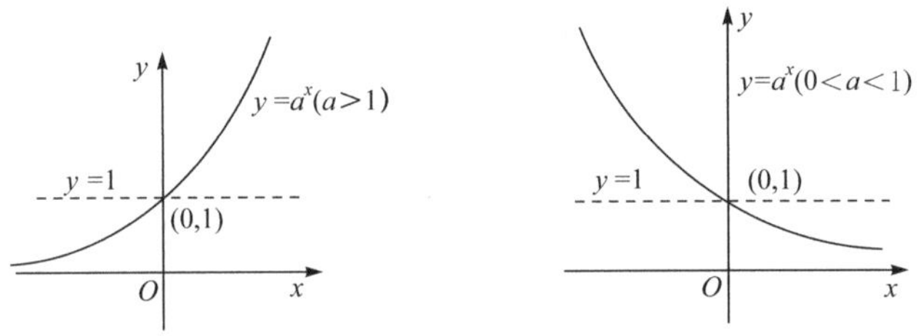

图 1-12

在科学技术中，常用到以无理数 e $(\mathrm{e}=2.718281828459\cdots)$ 为底的指数函数 $y=\mathrm{e}^x$．

4. 对数函数 $y=\log_a x\,(a>0$ 且 $a\neq 1)$

(1) 定义域为 $(0,+\infty)$，值域为 $(-\infty,+\infty)$．

(2) 图像经过点 $(1,0)$．当 $a>1$ 时，函数是严格单调增加的；当 $0<a<1$ 时，函数是严格单调减少的(图 1-13)．

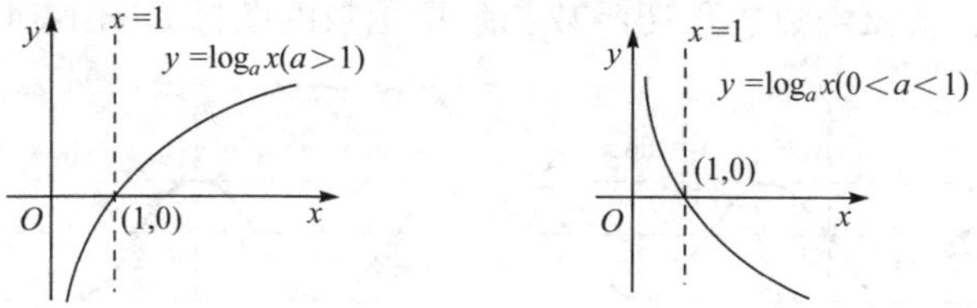

图 1-13

(3) 对数函数和指数函数互为反函数.

在科学技术中，常用以下两种对数：以 10 为底的对数函数称为**常用对数**，简记为 $y=\lg x$；以 e 为底的对数函数称为**自然对数**，简记为 $y=\ln x$.

5. 三角函数

(1) 正弦函数 $y=\sin x$，定义域为 $(-\infty,+\infty)$，值域为 $[-1,1]$. 在 $\left[2k\pi-\dfrac{\pi}{2},2k\pi+\dfrac{\pi}{2}\right]$ 上单调增加，在 $\left[2k\pi+\dfrac{\pi}{2},2k\pi+\dfrac{3\pi}{2}\right]$ 上单调减少($k\in\mathbf{Z}$). 它是奇函数且是以 2π 为周期的周期函数.

(2) 余弦函数 $y=\cos x$，定义域为 $(-\infty,+\infty)$，值域为 $[-1,1]$. 在 $[(2k-1)\pi,\ 2k\pi]$ 上单调增加，在 $[2k\pi,(2k+1)\pi]$ 上单调减少($k\in\mathbf{Z}$). 它是偶函数且是以 2π 为周期的周期函数.

(3) 正切函数 $y=\tan x$，定义域为 $\left\{x\,\middle|\,x\neq k\pi+\dfrac{\pi}{2},k\in\mathbf{Z}\right\}$，值域为 $(-\infty,+\infty)$.在 $\left(k\pi-\dfrac{\pi}{2},k\pi+\dfrac{\pi}{2}\right)$ 上单调增加($k\in\mathbf{Z}$). 它是奇函数且是以 π 为周期的周期函数.

(4) 余切函数 $y=\cot x$，定义域为 $\{x\mid x\neq k\pi,k\in\mathbf{Z}\}$，值域为 $(-\infty,+\infty)$. 在 $(k\pi,(k+1)\pi)$ 上单调减少($k\in\mathbf{Z}$). 它是奇函数且是以 π 为周期的周期函数.

(5) 正割函数 $y=\sec x=\dfrac{1}{\cos x}$，定义域为 $\left\{x\mid x\neq k\pi+\dfrac{\pi}{2},k\in\mathbf{Z}\right\}$，值域为 $(-\infty,-1]\cup[1,+\infty)$. 它是偶函数且是以 2π 为周期的周期函数.

(6) 余割函数 $y=\csc x=\dfrac{1}{\sin x}$，定义域为 $\{x\mid x\neq k\pi,k\in\mathbf{Z}\}$，值域为 $(-\infty,-1]\cup[1,+\infty)$. 它是奇函数且是以 2π 为周期的周期函数.

要注意，在微积分中，三角函数的自变量 x 的取值一般总是以弧度为单位(弧度$=\dfrac{\pi}{180}\times$角度).

正弦函数、余弦函数、正切函数和余切函数的图像如图 1-14 所示.

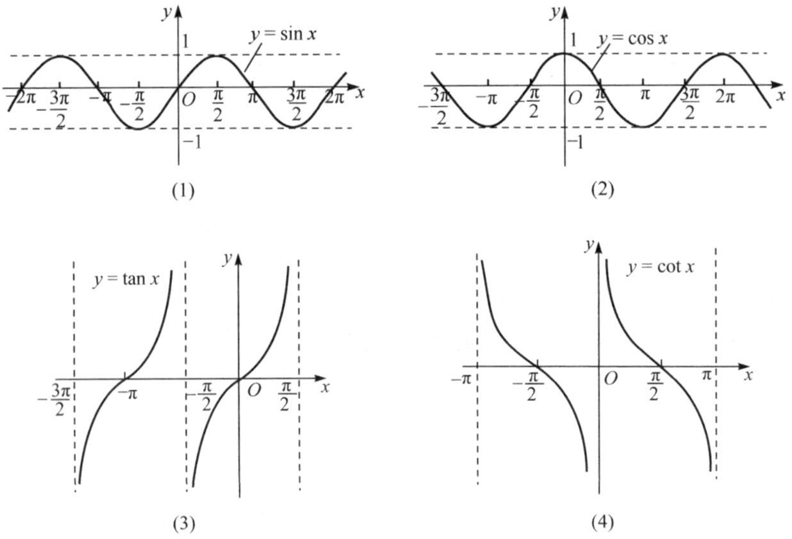

图 1-14

6. 反三角函数

各个三角函数分别适当取它们严格单调的一段，得如下反三角函数.

(1) 反正弦函数 $y=\arcsin x$ ，定义域为 $[-1,1]$ ，值域为 $\left[-\frac{\pi}{2},\frac{\pi}{2}\right]$. 显然，有 $\sin(\arcsin x)=x$.

(2) 反余弦函数 $y=\arccos x$ ，定义域为 $[-1,1]$ ，值域为 $[0,\pi]$. 显然，有 $\cos(\arccos x)=x$.

(3) 反正切函数 $y=\arctan x$ ，定义域为 $(-\infty,+\infty)$ ，值域为 $\left(-\frac{\pi}{2},\frac{\pi}{2}\right)$. 显然，有 $\tan(\arctan x)=x$.

(4) 反余切函数 $y=\operatorname{arccot} x$ ，定义域为 $(-\infty,+\infty)$ ，值域为 $(0,\pi)$. 显然，有 $\cot(\operatorname{arccot} x)=x$.

反正弦函数，反余弦函数，反正切函数和反余切函数的图像如图 1-15 所示.

由六类基本初等函数经过有限次四则运算与(或)有限次复合运算而构成的，且能用一个式子表示的函数称为**初等函数**. 否则就是**非初等函数**. 例如，$y=3x^5+\frac{1}{2}x^3-7$ ， $y=\frac{e^x+e^{-x}}{2}$ ， $y=\ln(x+\sqrt{1+x^2})$ 均为初等函数； $y=[x]$ ，

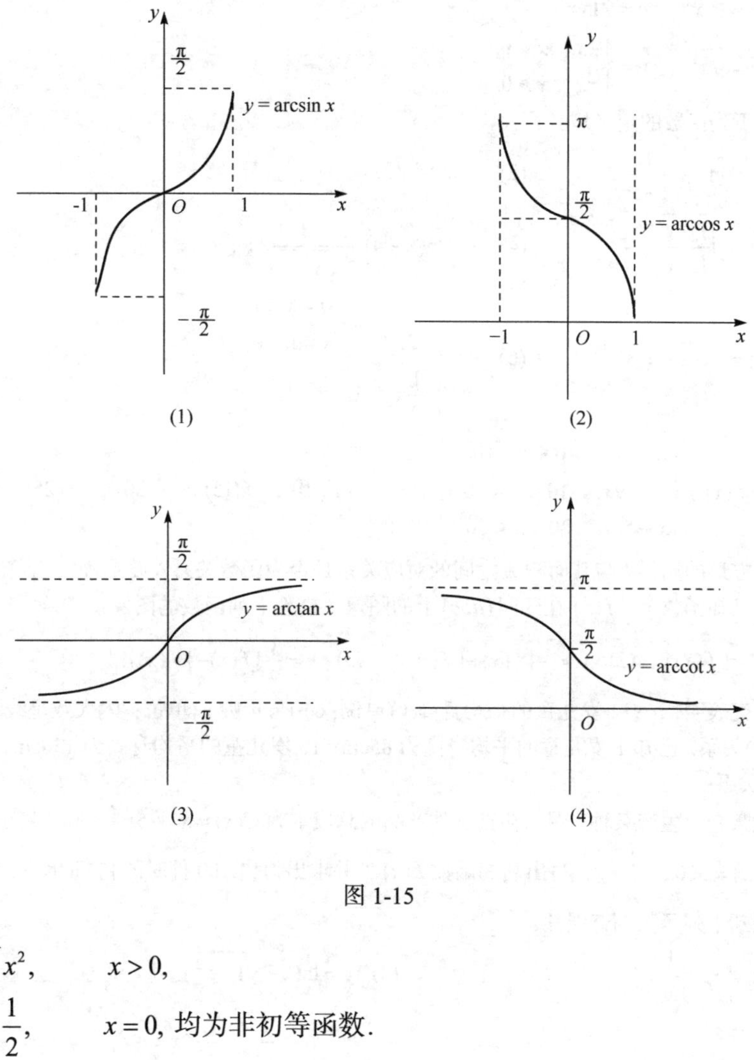

图 1-15

$$f(x)=\begin{cases} x^2, & x>0, \\ \dfrac{1}{2}, & x=0, \\ -x+1, & x<0 \end{cases}$$ 均为非初等函数.

习 题 1

1. 下列函数是否相等，为什么?

(1) $y=\sin x$, $y=\dfrac{x\sin x}{x}$;

(2) $y=1$, $y=\sin^2 x+\cos^2 x$;

(3) $y=\ln x^2$， $y=2\ln x$；

(4) $y=\sqrt{x^2}$， $y=\begin{cases}-x, & x<0,\\ x, & x\geqslant 0.\end{cases}$

2. 求下列函数的定义域：

(1) $y=\ln x+\dfrac{1}{1-x}$；　　(2) $y=\arcsin(2x+1)$；

(3) $y=\sqrt{\dfrac{1-x}{1+x}}$；　　(4) $y=\ln(x-4)+\dfrac{1}{\sqrt{x^2-9}}$；

(5) $y=\sqrt{\cos x}$；　　(6) $y=\begin{cases}x+1, & 0\leqslant x<1,\\ 2, & x=1,\\ \dfrac{1}{2}x^2-1, & x>1.\end{cases}$

3. 设 $f(x)=\begin{cases}1, & 0\leqslant x\leqslant 10,\\ x^2-9x, & 10<x\leqslant 20,\\ x+5, & 20<x\leqslant 30.\end{cases}$ 求 $f(0)$， $f(10)$， $f(15)$， $f(20)$， $f(25)$， $f(30)$.

4. 正方形的周长 l 与其面积 A 之间的对应关系是否为函数关系？菱形呢？三角形呢？

5. 若已知函数 $y=f(x)$ 在区间 $[a,b]$ 上的图像，描绘下列函数的图像：

(1) $y=|f(x)|$；(2) $y=\dfrac{1}{2}\{f(x)+|f(x)|\}$；(3) $y=\dfrac{1}{2}\{f(x)-|f(x)|\}$.

6. 研究表明，1～14 岁儿童的平均身高 y (单位：cm)与年龄 x (单位：岁)大致呈线性函数(即 $y=kx+b$)关系. 已知 1 岁儿童的平均身高为 85cm，10 岁儿童的平均身高为 130cm，试求 y 与 x 的函数关系.

7. 设某企业生产某种产品，生产 x 件产品的总成本为 $C(x)=x^2+5x+800$，售出 x 件的总收益为 $R(x)=360x-\dfrac{1}{2}x^2$，写出利润函数 $L(x)$，并求出售出 100 件时的利润(单位：元).

8. 判断下列函数的奇偶性：

(1) $y=x\sin\dfrac{1}{x}$；　　(2) $y=\ln(x+\sqrt{1+x^2})$；

(3) 符号函数 $y=\operatorname{sgn}x=\begin{cases}1, & x>0,\\ 0, & x=0,\\ -1, & x<0;\end{cases}$　　(4) $y=\begin{cases}\dfrac{2}{x^2}, & \dfrac{1}{2}<x<+\infty,\\ \sin x^2, & -\dfrac{1}{2}\leqslant x\leqslant\dfrac{1}{2},\\ \dfrac{x^2}{2}, & -\infty<x<-\dfrac{1}{2}.\end{cases}$

9. 下列函数是周期函数吗？对于周期函数，指出其周期.

(1) $y=\sin^2 x$；(2) $y=\cos(x-2)$；　(3) $y=\dfrac{1}{8}\tan 3x+1$.

10. 设 $f(x)=\dfrac{1}{1+x}$， $g(x)=x^2-1$，求 $f[g(x)]$， $f[f(x)]$， $g[g(x)]$， $g[f(x)]$.

11．(1) 设 $f\left(x+\dfrac{1}{x}\right)=x^2+\dfrac{1}{x^2}$，求 $f(x)$；

(2) 设 $f(x+1)=x(x+1)(x+2)$，求 $f(x)$．

12．分解下列复合函数：

(1) $y=\sqrt{(2x-1)^2+1}$；　(2) $y=3\sin\left(x+\dfrac{\pi}{6}\right)$；

(3) $y=\mathrm{e}^{\cos^2\frac{1}{x}}$；　(4) $y=\sin^3\left(\ln\tan\dfrac{1}{x^2+1}\right)$．

13．求下列函数的反函数：

(1) $y=\sqrt{x^2+1}, x\geqslant 0$；　(2) $y=\dfrac{x+1}{x-1}$；　(3) $y=1+\ln(x+3)$；

(4) $y=\sqrt{\pi+4\arcsin x}$；　(5) $y=\begin{cases} x, & -\infty<x<1, \\ x^2, & 1\leqslant x\leqslant 4, \\ 2^x, & 4<x<+\infty. \end{cases}$

自主探索

1．心电图描述的是怎样的一种函数关系？股市图(图 1-16)描述的是函数关系吗？

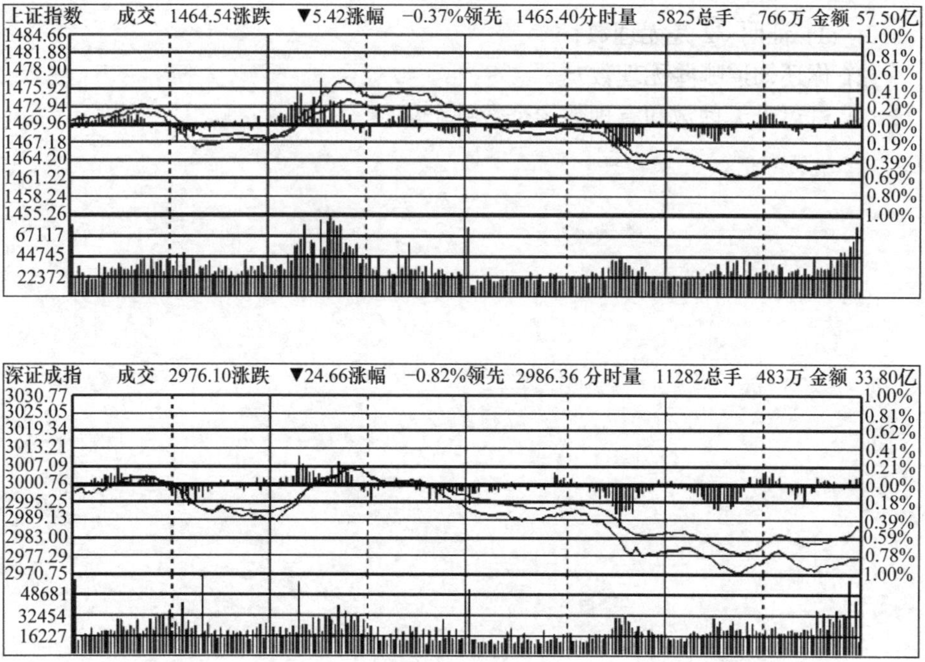

图 1-16

2. 19 世纪德国统计学家恩格尔根据统计资料，对消费结构的变化得出的规律，提出恩格尔系数=饮食消费/日常支出 × 100%的概念，恩格尔系数反映了一个国家或地区的富裕程度，是国际通用的一项重要经济指标.

联合国粮农组织的划分如下：恩格尔系数小于 20%为绝对富裕，20%以上(含 20%)小于 40%为比较富裕，40%以上(含 40%)小于 50%为小康，50%以上(含 50%)小于 60%为温饱水平，60%以上(含 60%)则为贫困. 试用图像法表示之.

3. 试讨论 a, b, c, d 满足什么条件时，函数 $y=\dfrac{ax+b}{cx+d}$ $(a,b,c,d$ 均不为零，且$ad-bc\neq 0)$ 的反函数就是它本身.

4. 某城市某类型的出租车收费标准如下：起步价为 10 元，行驶路程不超出 4km，则按 10 元的标准收费. 若行驶路程超出 4km，则按每超出 1km 加收 2 元计费(超出不足 1km 的部分按 1km 计). 以 s (单位：km)表示行驶路程，以 y (单位：元)表示需付的车费，试利用取整函数将 y 表示为 s 的函数.

合作研究

1. (1) 探讨人类扩展自然数集 **N** 到实数集 **R** 的动力及意义；

(2) 总结实数集 **R** 的组成和性质.

2. (1) 证明 $\sqrt{2}$ 是无理数；

(2) 你还知道哪些无理数？

(3) 试讨论无理数和有理数的个数哪个多？

第 2 章　极限——微积分的基础工具

17 世纪，科学技术的发展向当时的数学家提出了两类亟待解决的重要课题，数学上求曲线在一点处的切线斜率及求曲线所围区域的面积；物理上求变速直线运动在某一时刻的瞬时速度及变速直线运动的物体所经过的路程．英国物理学家、数学家牛顿(I.Newton，1642—1727)和德国哲学家、数学家莱布尼茨(G.W.Leibniz，1646—1716)在各自独立地回答这些问题的过程中创立了微积分．

微积分创立伊始，因为基础理论不够严密，导致一些数学悖论的产生．数学家们经历长达将近 200 年的漫长而艰辛的认识过程，直至 19 世纪上半叶，微积分的基础——极限论才建立起来．

极限的概念是整个高等数学的基石，掌握极限概念、思想、性质及其运算是学好高等数学的前提．

2.1　数 列 极 限

2.1.1　极限的思想

唐朝诗人李白的诗句“孤帆远影碧空尽，唯见长江天际流”，宋代词人晏殊的词“独上高楼，望断天涯路”都给我们一个模糊的“极限”的描述．我国春秋战国时期的哲学家庄子在所著的《庄子·天下篇》中富有哲理的句子“一尺之棰，日取其半，万世不竭”更是体现了“极限”的思想．

在小学数学中，我们就知道半径为 R 的圆的周长为 $C=2\pi R$，其中 π 为圆周率．这个圆的周长公式的得出并不容易，其中就体现了极限思想的运用．

我国魏晋时期杰出的的数学家刘徽于公元 263 年创立了“割圆术”，借助圆的一串内接正多边形的周长数列定义了圆的周长 C．因为人们当时只会用直尺度量线段的长，从而也就会度量多边形的周长，圆周是一条封闭曲线，无法用直尺直接度量，所以需要先定义圆的周长．割圆术的具体作法是：把圆周分为六等份，从已知的半径求得圆内接正六边形的周长 a_1 (图 2-1)，再平分各弧求得圆内接正十二边形的周长 a_2，如此分割下去，就得到一个数列 $\{a_n\}$，它的通项 a_n 就是正 3×2^n 边形的周长．

这个数列 $\{a_n\}$ 与圆周周长 C 的关系正如刘徽所言“割之弥细，所失弥少，割之又割，以至不可割，则与圆周合体而无所失矣.”即当圆内接正多边形的边数成倍无限地增加时，这一串圆的内接正多边形将无限地趋近该圆周，它的极限位置就是该圆周，这一串正多边形的周长 $\{a_n\}$ 将稳定于某一个数 a，则 a 就是所求圆的周长.

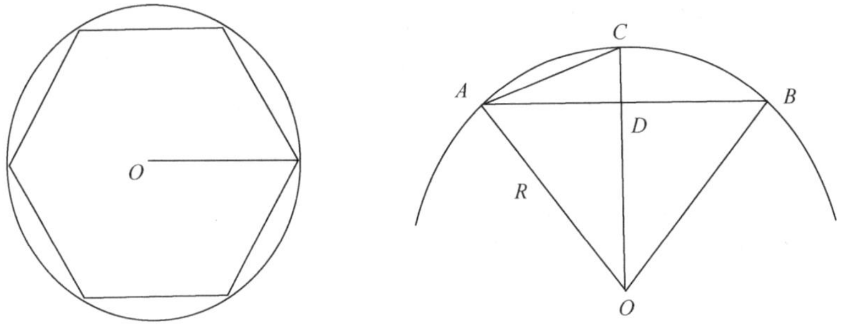

图 2-1

圆是曲边形，其内接正多边形是直边形，“直”与“曲”二者有本质的区别，但“当圆内接正多边形的边数无限增加时”，直边形能转化为曲边形，由直边形的周长能得到曲边形的周长，这就是极限思想在计算圆的周长时的应用.

2.1.2　数列极限的“ε-N 语言”——极限的定量描述

最初，人们对于数列极限是采用直觉来描述的，即定性地给出概念：当 n 无限增大时，数列的通项 $\{a_n\}$ 无限趋近于某个常数 a，则称 **$\{a_n\}$ 以 a 为极限**. 例如，数列 $\left\{1+\frac{(-1)^n}{n}\right\}$ 以 1 为极限，数列 $\left\{\frac{1}{2^n}\right\}$ 以 0 为极限.

但这种在运动观点的基础上凭借几何图像给出的定义带有直观的模糊性，有时会造成错误的判断或无法判断. 作为精确化的数学，其概念必须采用形式化的数学语言来定量地加以刻画.

考察数列 $\left\{\frac{1}{n}\right\}$，以定性描述的定义，可知“$\left\{\frac{1}{n}\right\}$ 以 0 为极限”，因为随 n 无限增大，$\left\{\frac{1}{n}\right\}$ 的通项无限趋近于 0(虽永远不等于 0). 为摆脱“无限”的模糊描述，来分析一下如何用量化的精确语言描述这个数列的极限.

“当 n 无限增大时，$\left\{\frac{1}{n}\right\}$ 的通项 $a_n=\frac{1}{n}$ 无限趋近于 $a=0$.”可叙述为“当 n 无

限增大时，a_n 与 a 的距离 $|a_n - a| = \left|\frac{1}{n} - 0\right| = \frac{1}{n}$ 无限变小”．继续可改为“要 $|a_n - a| = \frac{1}{n}$ 充分小，只要当 n 充分大时．”例如，

要使 $|a_n - a| = \frac{1}{n} < \frac{1}{10}$，只要 $n > 10$，

要使 $|a_n - a| = \frac{1}{n} < \frac{1}{1000}$，只要 $n > 1000$，

…… ……

这样为描述距离 $|a_n - a|$ 的任意小以及 n 的充分大,需要进行确切的定量的估计,故选取能表示 $|a_n - a|$ 任意小程度的正常数 ε 及表示 n 充分大的正整数 N．即无论选择的 $\varepsilon > 0$ 有多小，总可以找到一个正整数 N，使得 $n > N$ 时，有 $|a_n - a| = \frac{1}{n} < \varepsilon$ 成立．这就可以精确解释“$\left\{\frac{1}{n}\right\}$ 以 0 为极限”的意义了．

数列极限的定量描述如下．

定义 1(ε-N 语言) 设 $\{a_n\}$ 是给定的数列，a 是常数．若对 $\forall \varepsilon > 0$，总 $\exists N \in \mathbf{N}^+$，对 $\forall n > N$，成立 $|a_n - a| < \varepsilon$，则称**数列 $\{a_n\}$ 以 a 为极限**，或**数列 $\{a_n\}$ 收敛于 a**(此时也称**数列 $\{a_n\}$ 收敛**)，记作

$$\lim_{n\to\infty} a_n = a \quad 或 \quad a_n \to a \ (n \to \infty).$$

若数列 $\{a_n\}$ 不存在极限，则称**数列 $\{a_n\}$ 发散**．例如，$\{n^2\}$ 发散，$\{(-1)^n\}$ 发散．

数列的收敛或发散的性质统称为数列的**敛散性**．

注 (1) ε 的任意性　ε 是衡量 a_n 与 a 的接近程度的，ε 越小，表示接近得越好,它除受限于正数外,不受任何限制,在应用上,常常可以根据需要限定 $0 < \varepsilon < 1$ 或 $0 < \varepsilon < \frac{1}{2}$ 等．同时，ε 具有二重性，即绝对的任意性和相对的固定性．

(2) N 的相应性　N 是刻画 n 充分大的程度的，N 由 ε 确定，有时记作 $N=N(\varepsilon)$．对于任意给定的 ε，关键是 N 的存在性．只要存在一个 N，则大于 N 的任何一个自然数都能满足要求．

(3) “对 $\forall n > N$，成立 $|a_n - a| < \varepsilon$”意味着：凡下标大于 N 的 a_n 都落在点 a 的 ε 邻域内，而在此邻域之外，至多有 N(有限)项．

(4) 根据“ε-N 语言”证明 $\lim\limits_{n\to\infty} a_n = a$ 时，对 $\forall \varepsilon > 0$，寻找 N 是关键，这往往需要由不等式 $|a_n - a| < \varepsilon$ 来求满足 $n > N$ 的 N，然后按照“ε-N 语言”的模式，写出结论．

例 1　证明 $\lim\limits_{n\to\infty}\left[1+\dfrac{(-1)^n}{n}\right]=1$.

证　对 $\forall\varepsilon>0$ (限制 $0<\varepsilon<1$)，要使不等式

$$\left|\left[1+\frac{(-1)^n}{n}\right]-1\right|=\frac{1}{n}<\varepsilon$$

成立，解得 $n>\dfrac{1}{\varepsilon}$，故可取 $N=\left[\dfrac{1}{\varepsilon}\right]$. 于是，对 $\forall\varepsilon>0$，$\exists N=\left[\dfrac{1}{\varepsilon}\right]\in\mathbf{N}^+$，对 $\forall n>N$，成立 $\left|\left[1+\dfrac{(-1)^n}{n}\right]-1\right|=\dfrac{1}{n}<\varepsilon$，即 $\lim\limits_{n\to\infty}\left[1+\dfrac{(-1)^n}{n}\right]=1$.

例 2　证明 $\lim\limits_{n\to\infty}\dfrac{1}{2^n}=0$.

证　对 $\forall\varepsilon>0$ (限制 $0<\varepsilon<\dfrac{1}{2}$)，要使不等式

$$\left|\frac{1}{2^n}-0\right|=\frac{1}{2^n}<\varepsilon$$

成立，只要 $2^n>\dfrac{1}{\varepsilon}$，即 $n\ln 2>-\ln\varepsilon$ 或 $n>-\dfrac{\ln\varepsilon}{\ln 2}$，故可取 $N=\left[-\dfrac{\ln\varepsilon}{\ln 2}\right]$. 于是，对 $\forall\varepsilon>0$，$\exists N=\left[-\dfrac{\ln\varepsilon}{\ln 2}\right]\in\mathbf{N}^+$，对 $\forall n>N$，成立 $\left|\dfrac{1}{2^n}-0\right|<\varepsilon$，即 $\lim\limits_{n\to\infty}\dfrac{1}{2^n}=0$.

下面列出几个常用的收敛数列，用“ε-N语言”均可严格证明.

(1) $\lim\limits_{n\to\infty}C=C$ (C 为常数).

(2) $\lim\limits_{n\to\infty}q^n=0$ (q 为满足 $|q|<1$ 的常数).

(3) $\lim\limits_{n\to\infty}\dfrac{1}{n^\alpha}=0$ ($\alpha>0$).

(4) $\lim\limits_{n\to\infty}a^{\frac{1}{n}}=1$ ($a>0$).

2.1.3　收敛数列的性质

收敛数列具有一些重要的性质，下面只叙述其结论，其严格证明应从“ε-N语言”出发，这里可以自行画简单的示意图，直观上帮助理解.

性质 1(唯一性)　若数列 $\{a_n\}$ 收敛，则它只有一个极限.

一个数列有无穷多项，但收敛数列的极限是唯一的一个数，凭这一个数就可以精确估计出几乎全体项的范围，且仅有有限项在这范围之外.

性质 2(有界性) 若数列$\{a_n\}$收敛，则$\{a_n\}$有界，即$\exists K>0$，对$\forall n\in\mathbf{N}^+$，有$|a_n|\leqslant K$.

需要说明的是，数列的有界性仅是数列收敛的必要条件，而非充分条件. 例如，数列$\{(-1)^n\}$有界，但不收敛.

性质 3(保序性) 若$\lim\limits_{n\to\infty}a_n=a>b$(或$<b$)，则$\exists N\in\mathbf{N}^+$，对$\forall n>N$都有$a_n>b$(或$<b$).

性质 3 说明收敛数列从某一项起，每一项都与极限值一样，大于某常数(或小于某常数).

若$b=0$，则该性质称为**保号性**.

性质 4(不等式) $\lim\limits_{n\to\infty}a_n=a$，$\lim\limits_{n\to\infty}b_n=b$，若$\exists N\in\mathbf{N}^+$，对$\forall n>N$，有$a_n\geqslant b_n$，则$a\geqslant b$.

若$\exists N\in\mathbf{N}^+$，对$\forall n>N$，都有$a_n>b_n$，且$\lim\limits_{n\to\infty}a_n=a$，$\lim\limits_{n\to\infty}b_n=b$，则结论并非$a>b$，而仍是$a\geqslant b$. 试自行举例说明.

2.1.4 数列极限的四则运算

定理 1 若数列$\{a_n\}$，$\{b_n\}$都收敛，则数列$\{a_n\pm b_n\}$，$\{a_nb_n\}$及$\left\{\dfrac{a_n}{b_n}\right\}$均收敛，且有

(1) $\lim\limits_{n\to\infty}(a_n\pm b_n)=\lim\limits_{n\to\infty}a_n\pm\lim\limits_{n\to\infty}b_n$；

(2) $\lim\limits_{n\to\infty}a_nb_n=\lim\limits_{n\to\infty}a_n\lim\limits_{n\to\infty}b_n$；

(3) $\lim\limits_{n\to\infty}\dfrac{a_n}{b_n}=\dfrac{\lim\limits_{n\to\infty}a_n}{\lim\limits_{n\to\infty}b_n}$(其中$\lim\limits_{n\to\infty}b_n\neq 0$).

该定理指出：在极限存在的前提下，两个数列的四则运算与极限运算可以交换顺序.

例 3 求$\lim\limits_{n\to\infty}\dfrac{2n^2+3n-5}{8n^2+1}$.

解 $$\lim_{n\to\infty}\frac{2n^2+3n-5}{8n^2+1}=\lim_{n\to\infty}\frac{2+\dfrac{3}{n}-\dfrac{5}{n^2}}{8+\dfrac{1}{n^2}}$$

$$=\frac{\lim\limits_{n\to\infty}\left(2+\frac{3}{n}-\frac{5}{n^2}\right)}{\lim\limits_{n\to\infty}\left(8+\frac{1}{n^2}\right)}=\frac{\lim\limits_{n\to\infty}2+\lim\limits_{n\to\infty}\frac{3}{n}-\lim\limits_{n\to\infty}\frac{5}{n^2}}{\lim\limits_{n\to\infty}8+\lim\limits_{n\to\infty}\frac{1}{n^2}}=\frac{1}{4}.$$

例 4　求 $\lim\limits_{n\to\infty}\frac{q^n}{q^n+1}$ (q 为满足 $|q|\neq 1$ 的常数).

解　分两种情形讨论.

(1) 当 $|q|<1$ 时，有

$$\lim_{n\to\infty}\frac{q^n}{q^n+1}=\frac{\lim\limits_{n\to\infty}q^n}{\lim\limits_{n\to\infty}(q^n+1)}=\frac{\lim\limits_{n\to\infty}q^n}{\lim\limits_{n\to\infty}q^n+\lim\limits_{n\to\infty}1}=0.$$

(2) 当 $|q|>1$ 时，有

$$\lim_{n\to\infty}\frac{q^n}{q^n+1}=\lim_{n\to\infty}\frac{1}{1+\left(\frac{1}{q}\right)^n}=\frac{\lim\limits_{n\to\infty}1}{\lim\limits_{n\to\infty}1+\lim\limits_{n\to\infty}\left(\frac{1}{q}\right)^n}=1.$$

例 5　求 $\lim\limits_{n\to\infty}\frac{1^2+2^2+\cdots+n^2}{n^3}$.

解　$\lim\limits_{n\to\infty}\frac{1^2+2^2+\cdots+n^2}{n^3}=\lim\limits_{n\to\infty}\frac{\frac{n(n+1)(2n+1)}{6}}{n^3}=\lim\limits_{n\to\infty}\frac{1}{6}\left(1+\frac{1}{n}\right)\left(2+\frac{1}{n}\right)$

$$=\frac{1}{6}\lim_{n\to\infty}\left(1+\frac{1}{n}\right)\lim_{n\to\infty}\left(2+\frac{1}{n}\right)=\frac{1}{3}.$$

2.1.5　数列收敛的判别法

前面讨论过的数列极限，或由观察得到，然后根据“ε-N语言”加以验证，或从已知极限出发经过四则运算求得. 然而，仅靠这些方法还不能求得某些重要的极限. 例如，数列 $\left\{\left(1+\frac{1}{n}\right)^n\right\}$ 就不易观察其极限是否存在，也不易看出其与已知收敛数列间的联系，因而需要另找办法.

要观察数列的敛散性，当然不能把每个实数拿来一一依定义检查，根本的办法是直接从数列本身的特征来进行判别.

下面给出两个判别法，其证明从略.

定理 2(两边夹定理)　设 $\{a_n\}$, $\{b_n\}$, $\{c_n\}$ 是三个数列, 若 $\exists N\in\mathbf{N}^+$, 对 $\forall n>N$, 有

$$a_n \leqslant c_n \leqslant b_n,$$

且 $\lim\limits_{n\to\infty} a_n = \lim\limits_{n\to\infty} b_n = a$，则 $\lim\limits_{n\to\infty} c_n = a$.

两边夹定理将对数列 $\{c_n\}$ 的收敛判别转化为对数列 $\{a_n\}$ 及 $\{b_n\}$ 的收敛考察，这体现了数学上的一种重要的思想方法——化归法.

例 6 求 $\lim\limits_{n\to\infty}\left(\dfrac{1}{\sqrt{n^2+1}}+\dfrac{1}{\sqrt{n^2+2}}+\cdots+\dfrac{1}{\sqrt{n^2+n}}\right)$.

解 设 $c_n = \dfrac{1}{\sqrt{n^2+1}}+\dfrac{1}{\sqrt{n^2+2}}+\cdots+\dfrac{1}{\sqrt{n^2+n}}$，则有

$$\frac{n}{n+1} < \frac{n}{\sqrt{n^2+n}} < c_n < \frac{n}{\sqrt{n^2+1}} < 1,$$

又 $\lim\limits_{n\to\infty}\dfrac{n}{n+1}=1$，故根据两边夹定理，有

$$\lim_{n\to\infty}\left(\frac{1}{\sqrt{n^2+1}}+\frac{1}{\sqrt{n^2+2}}+\cdots+\frac{1}{\sqrt{n^2+n}}\right)=1.$$

定理 3(单调有界定理) 任何单调有界数列都存在极限.

单调有界定理的几何意义：若数列 $\{x_n\}$ 单调增加(或单调减少)且有界，则当 n 无限增大时，点 x_n 在数轴上向右(左)移动，因为有界，故这些点必无限趋近某个定点.

例 7 证明数列 $\left\{\left(1+\dfrac{1}{n}\right)^n\right\}$ 收敛.

证 由二项式定理，有

$$\begin{aligned}a_n=\left(1+\frac{1}{n}\right)^n &= \mathrm{C}_n^0+\mathrm{C}_n^1\frac{1}{n}+\mathrm{C}_n^2\frac{1}{n^2}+\cdots+\mathrm{C}_n^k\frac{1}{n^k}+\cdots \mathrm{C}_n^n\frac{1}{n^n}\\ &=1+1+\frac{1}{2!}\left(1-\frac{1}{n}\right)+\cdots+\frac{1}{k!}\left(1-\frac{1}{n}\right)\left(1-\frac{2}{n}\right)\cdots\left(1-\frac{k-1}{n}\right)+\cdots\\ &\quad+\frac{1}{n!}\left(1-\frac{1}{n}\right)\left(1-\frac{2}{n}\right)\cdots\left(1-\frac{n-1}{n}\right).\end{aligned}$$

将上面等式中的 n 换成 $n+1$，就得到 a_{n+1} 的展开式：

$$\begin{aligned}a_{n+1}=\left(1+\frac{1}{n+1}\right)^{n+1} &= \mathrm{C}_{n+1}^0+\mathrm{C}_{n+1}^1\frac{1}{n+1}+\mathrm{C}_{n+1}^2\frac{1}{(n+1)^2}+\cdots+\mathrm{C}_{n+1}^k\frac{1}{(n+1)^k}+\cdots\\ &\quad+\mathrm{C}_{n+1}^{n+1}\frac{1}{(n+1)^{n+1}}=1+1+\frac{1}{2!}\left(1-\frac{1}{n+1}\right)+\cdots+\frac{1}{k!}\left(1-\frac{1}{n+1}\right)\left(1-\frac{2}{n+1}\right)\cdots\end{aligned}$$

$$\left(1-\frac{k-1}{n+1}\right)+\cdots+\frac{1}{n!}\left(1-\frac{1}{n+1}\right)\left(1-\frac{2}{n+1}\right)\cdots\left(1-\frac{n-1}{n+1}\right)$$
$$+\frac{1}{(n+1)!}\left(1-\frac{1}{n+1}\right)\left(1-\frac{2}{n+1}\right)\cdots\left(1-\frac{n}{n+1}\right).$$

比较两个展开式，可得

$$a_n < a_{n+1}, \qquad n=1,2,3,\cdots,$$

即数列 $\{a_n\}$ 严格单调增加.

又因为

$$|a_n| < 1+1+\frac{1}{2!}+\frac{1}{3!}+\cdots+\frac{1}{n!} < 1+1+\frac{1}{1\cdot 2}+\frac{1}{2\cdot 3}+\cdots+\frac{1}{(n-1)\cdot n}$$
$$=2+\left(1-\frac{1}{2}\right)+\left(\frac{1}{2}-\frac{1}{3}\right)+\cdots+\left(\frac{1}{n-1}-\frac{1}{n}\right)=3-\frac{1}{n}<3,$$

即 $\{a_n\}$ 有界.

故根据单调有界定理，数列 $\left\{\left(1+\frac{1}{n}\right)^n\right\}$ 收敛.

数列 $\left\{\left(1+\frac{1}{n}\right)^n\right\}$ 的极限被证明为无理数 e=2.718281828459⋯，即 $\lim\limits_{n\to\infty}\left(1+\frac{1}{n}\right)^n=\mathrm{e}$. 无理数 e 与无理数 π 一样，是数学上最重要的常数之一，在高等数学中应用广泛.

事实上，$\lim\limits_{n\to\infty}\left(1+\frac{1}{n}\right)^n=\mathrm{e}$ 是从许多实际问题中提炼出来的.

考察计算复利息问题：设本金为 A_0，计息期(例如 1 年)的利率为 r，计息期数为 t，若每期结算一次，则第一个计息期满后的本利和为 $A_1=A_0(1+r)$，依此类推，不难得到，第 t 个计息期满后的本利和为 $A_t=A_0(1+r)^t$；若每期结算 m 次(如二个月结算一次，则 m=6)，那么新的计息期的利率为 $\frac{r}{m}$，从而一个原计息期变为 m 个新计息期，原 t 个计息期数变为 mt 个新的计息期数. 这样，变为每期结算 m 次，t 期本利和则为：$A_{mt}=A_0\left(1+\frac{r}{m}\right)^{mt}$.

在现实世界中，有许多事物属于这种数学模型，而且是立即产生立即结算，即 $m\to\infty$ 的情形. 例如，物体的冷却、元素的衰变、细胞的繁殖、树木的生长等问题，都需要用到下面的极限：

$$\lim_{m\to\infty} A_0\left(1+\frac{r}{m}\right)^{mt}.$$

这个极限反映了现实世界中的许多事物生长或消失的数量规律. 因此，它不仅是在数学理论上，而且在实际应用中都是很有用的极限. 进一步，若令 $n=\frac{m}{r}$，则可得

$$\lim_{m\to\infty} A_0\left(1+\frac{r}{m}\right)^{mt}=A_0\left[\lim_{n\to\infty}\left(1+\frac{1}{n}\right)^{n}\right]^{rt}.$$

因此，问题归结为 $\lim_{n\to\infty}\left(1+\frac{1}{n}\right)^{n}$.

2.2 函数极限

在众多实际问题中，需要研究函数 $f(x)$ 在 x 无限趋近常数 x_0 (记为 $x\to x_0$) 或 $|x|$ 无限增大(记为 $x\to\infty$)的不同变化情况的极限. 例如，求变速直线运动的质点在某一时刻的瞬时速度就要考虑 $x\to x_0$ 时函数的极限；考察某地区人口未来的变化趋势的问题要涉及 $x\to\infty$ 时函数的极限.

2.2.1 $x\to x_0$ 的情形

例 1 设 $f(x)=2x+1$，考察 $x\to 0$ 时，$f(x)$ 的变化趋势(图 2-2).

例 2 设 $f(x)=\frac{x^2-1}{x-1}$，考察 $x\to 1$ 时，$f(x)$ 的变化趋势(图 2-3).

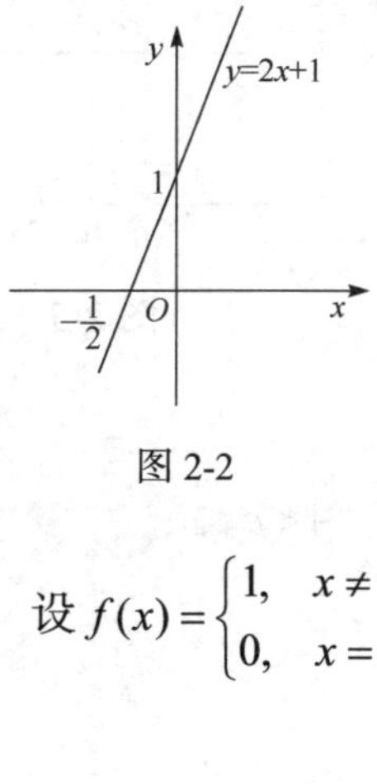

图 2-2

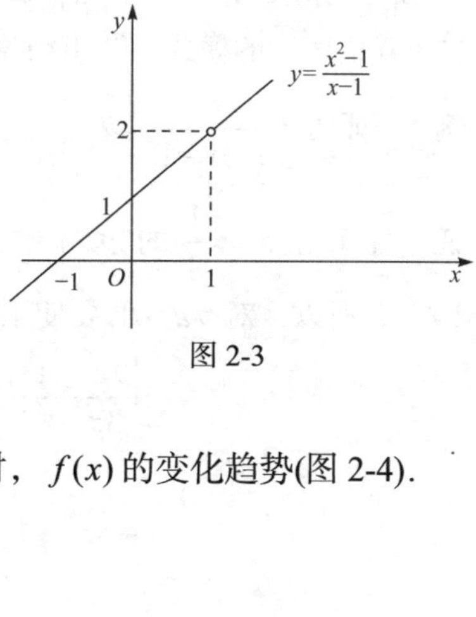

图 2-3

例 3 设 $f(x)=\begin{cases}1, & x\neq 0,\\ 0, & x=0,\end{cases}$ 考察 $x\to 0$ 时，$f(x)$ 的变化趋势(图 2-4).

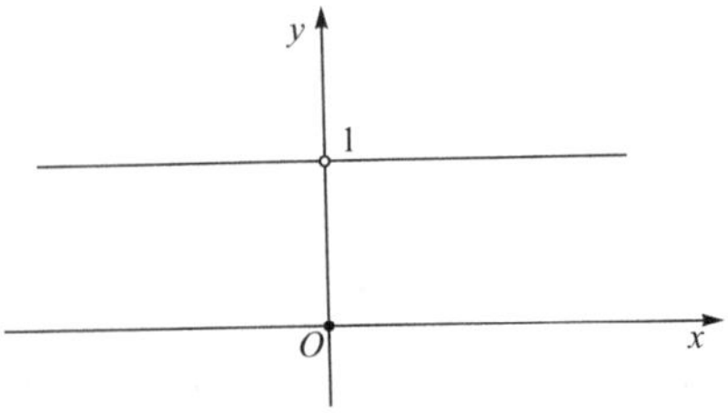

图 2-4

从上述三个例子不难看出，当 x 无限趋近于某一常数 x_0 时，对应的函数值 $f(x)$ 就无限趋于某一确定的数 A，且这种趋近的结果与函数 $f(x)$ 在点 x_0 是否有定义无关.

以下是 $x \to x_0$ 时函数极限的定量描述.

定义 1(ε-δ 语言)　设函数 $f(x)$ 在点 x_0 的某个去心邻域有定义(可以在点 x_0 无定义)，A 为一常数．若对 $\forall \varepsilon > 0$，总 $\exists \delta > 0$，对满足 $0 < |x - x_0| < \delta$ 的一切 x，成立 $|f(x) - A| < \varepsilon$，则称**函数 $f(x)$ 当 $x \to x_0$ 时以 A 为极限**，或称 **$f(x)$ 在点 x_0 的极限存在且为 A**，记作

$$\lim_{x \to x_0} f(x) = A \quad 或 \quad f(x) \to A\,(x \to x_0).$$

注　(1) ε 的任意性　ε 是衡量 $f(x)$ 与 A 接近的程度的，ε 越小，表示 $f(x)$ 与 A 越接近，它除受限于正数外，不受任何限制．在应用上，常常可以根据需要限定 $0 < \varepsilon < 1$ 等．同时，ε 具有二重性，即绝对的任意性和相对的固定性.

(2) δ 的相应性　δ 是刻画 x 与 x_0 接近的程度的，δ 由 ε 确定，有时记作 $\delta = \delta(\varepsilon)$．对于任意给定的 ε，关键是 δ 的存在性，只要存在一个 δ，则小于 δ 的任何一个正数都能满足要求.

(3)“ε-δ 语言”的几何意义：任意划一条以直线 $y = A$ 为中心线，宽 2ε 的横带(无论怎样窄)，必存在一条以 $x = x_0$ 为中心线，宽为 2δ 的直带，使直带内的函数图像完全落在横带内，但点 $(x_0, f(x_0))$ 可能例外或无定义(图 2-5).

(4) 根据“ε-δ 语言”证明 $\lim\limits_{x \to x_0} f(x) = A$ 时，对 $\forall \varepsilon > 0$，寻找 δ 是关键，这需要由不等式 $|f(x) - A| < \varepsilon$ 来求满足 $0 < |x - x_0| < \delta$ 的 δ，然后按照“ε-δ 语言”的模式，写出结论.

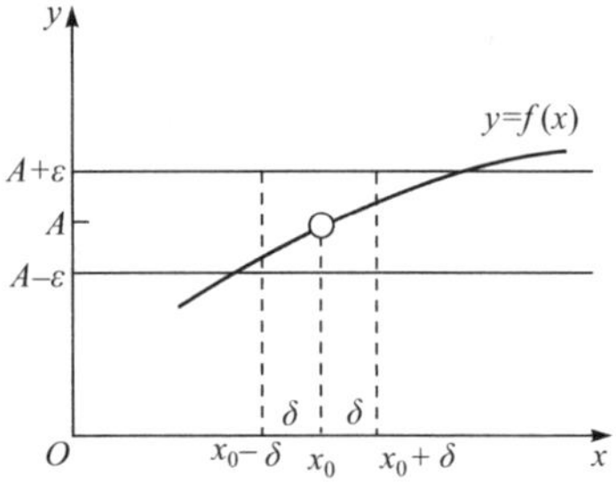

图 2-5

例 4　证明 $\lim\limits_{x \to \frac{1}{3}} \dfrac{9x^2 - 1}{3x - 1} = 2$.

证　由于在 $x \to \dfrac{1}{3}$ 的过程中 $x \neq \dfrac{1}{3}$，即 $3x - 1 \neq 0$，所以，对 $\forall \varepsilon > 0$，要使不等式

$$\left| \frac{9x^2 - 1}{3x - 1} - 2 \right| = |3x - 1| = 3\left| x - \frac{1}{3} \right| < \varepsilon$$

成立，只要$\left|x-\frac{1}{3}\right|<\frac{\varepsilon}{3}$成立即可．故可取$\delta=\frac{\varepsilon}{3}$．于是，对$\forall\varepsilon>0,\exists\delta=\frac{\varepsilon}{3}$，对满足$0<\left|x-\frac{1}{3}\right|<\delta$的一切$x$，成立$\left|\frac{9x^2-1}{3x-1}-2\right|<\varepsilon$．

根据“ε-δ语言”，得$\lim\limits_{x\to\frac{1}{3}}\frac{9x^2-1}{3x-1}=2$．

例 5 证明$\lim\limits_{x\to x_0}C=C$ (C为常数).

证 对$\forall\varepsilon>0$,可取任意的$\delta>0$，对满足$0<|x-x_0|<\delta$的一切x，总有

$$|C-C|=0<\varepsilon$$

成立，根据“ε-δ语言”，得$\lim\limits_{x\to x_0}C=C$．

例 6 证明$\lim\limits_{x\to x_0}x=x_0$．

证 对$\forall\varepsilon>0$,可取$\delta=\varepsilon$，对满足$0<|x-x_0|<\delta$的一切x，总有

$$|x-x_0|<\varepsilon$$

成立，根据“ε-δ语言”，得$\lim\limits_{x\to x_0}x=x_0$．

2.2.2 $x\to x_0^-$与$x\to x_0^+$的情形

有些函数在其定义域上某些点，它的左侧与右侧所用的表示其对应法则的解析表达式不同(如分段函数中的某些点)；有些函数仅在一点的某一侧有定义(如在其定义区间的端点上)，这时函数在这些点处的极限只能单侧地加以讨论了．

定义 2(ε-δ语言) 设函数$f(x)$在点x_0的左侧(右侧)有定义，A为一常数. 若对$\forall\varepsilon>0$,总$\exists\delta>0$,对满足$x_0-\delta<x<x_0$ ($x_0<x<x_0+\delta$)的一切x，$|f(x)-A|<\varepsilon$成立，则称函数$f(x)$在点x_0的**左极限(右极限)**为A，记作

$$\lim_{x\to x_0^-}f(x)=A\ \text{或}\ f(x)\to A(x\to x_0^-)\ (\lim_{x\to x_0^+}f(x)=A\ \text{或}\ f(x)\to A(x\to x_0^+)).$$

此时也称函数$f(x)$在点x_0的左极限(右极限)存在.

左极限与右极限统称为**单侧极限**.

关于函数$f(x)$在点x_0的极限与在点x_0的单侧极限之间的联系，有下述定理.

定理 1 $\lim\limits_{x\to x_0}f(x)$存在的充要条件是$\lim\limits_{x\to x_0^-}f(x)$与$\lim\limits_{x\to x_0^+}f(x)$存在且相等.

由该定理易知，若$\lim\limits_{x\to x_0^-}f(x)$和$\lim\limits_{x\to x_0^+}f(x)$至少有一个不存在或均存在但不相等，则$\lim\limits_{x\to x_0}f(x)$一定不存在.

例 7　讨论符号函数 $f(x)=\operatorname{sgn}x=\begin{cases}1, & x>0,\\ 0, & x=0,\\ -1, & x<0\end{cases}$ 在点 $x=0$ 处的极限.

解 由单侧极限的定义，易得

$$\lim_{x\to0^-}f(x)=-1 \quad 及 \quad \lim_{x\to0^+}f(x)=1 .$$

因为 $\lim\limits_{x\to0^-}f(x)\neq\lim\limits_{x\to0^+}f(x)$，故 $f(x)=\operatorname{sgn}x$ 在点 $x=0$ 处不存在极限.

2.2.3　$x\to\infty$ 的情形

当自变量 x 的绝对值 $|x|$ 无限增大时，记作 $|x|\to+\infty$，又分为如下三种情形：

$x>0$ 且 $|x|$ 无限增大时，即沿 x 轴正向向右无限变远，记作 $x\to+\infty$；

$x<0$ 且 $|x|$ 无限增大时，即沿 x 轴负向向左无限变远，记作 $x\to-\infty$；

$x\to+\infty$ 且 $x\to-\infty$，即 x 同时沿 x 轴两个方向均无限变远，记作 $x\to\infty$.

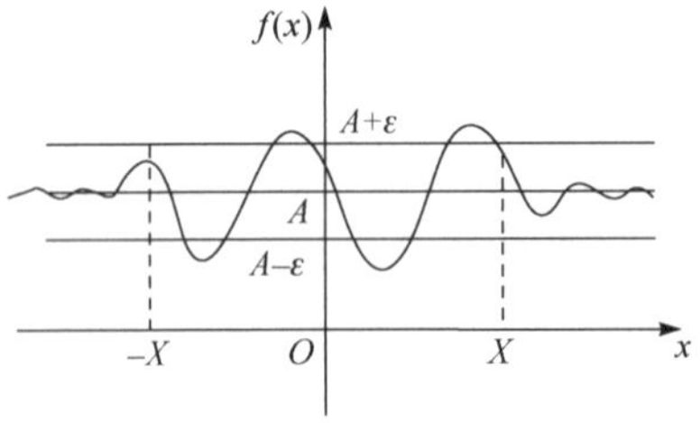

图 2-6

当 $|x|\to+\infty$ 时，若函数 $f(x)$ 的值与某常数 A 无限接近，则 A 就是 $f(x)$ 当 $|x|\to+\infty$ 时的极限. 根据情形的不同，有 $\lim\limits_{x\to+\infty}f(x)=A$，$\lim\limits_{x\to-\infty}f(x)=A$ 与 $\lim\limits_{x\to\infty}f(x)=A$ 三种不同的记法. 其数学严谨的定义可自行探索. $\lim\limits_{x\to\infty}f(x)=A$ 的几何意义见图 2-6.

例 8　考察以下函数在 $|x|\to+\infty$ 时的变化趋势.

(1) $f(x)=\dfrac{1}{x}, x\to\infty$ (图 2-7)；

(2) $f(x)=\arctan x, x\to-\infty$ (图 2-8)；

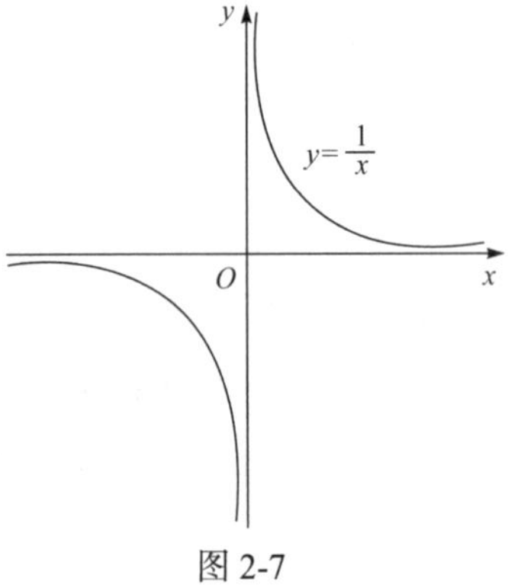

图 2-7

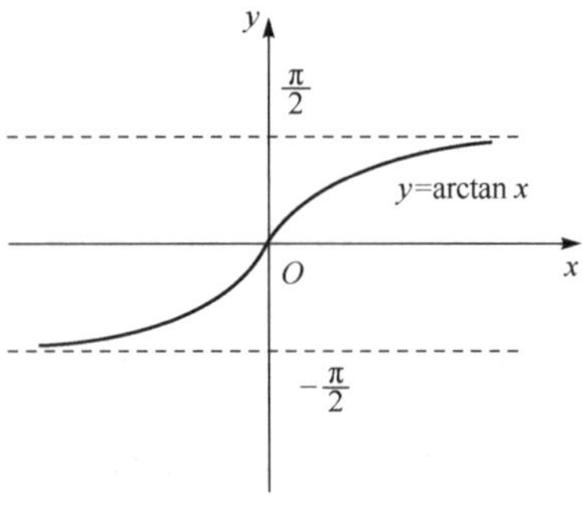

图 2-8

(3) $f(x)=2^{-x}, x\to+\infty$；

(4) $f(x)=\sin x, x\to\infty$.

解 (1) $\lim\limits_{x\to\infty}\dfrac{1}{x}=0$；

(2) $\lim\limits_{x\to-\infty}\arctan x=-\dfrac{\pi}{2}$；

(3) $\lim\limits_{x\to+\infty}2^{-x}=0$；

(4) $\lim\limits_{x\to\infty}\sin x$ 不存在.

2.2.4 函数极限的性质

前面给出了六种函数极限：$\lim\limits_{x\to x_0}f(x)$，$\lim\limits_{x\to x_0^-}f(x)$，$\lim\limits_{x\to x_0^+}f(x)$，$\lim\limits_{x\to+\infty}f(x)$，$\lim\limits_{x\to-\infty}f(x)$ 与 $\lim\limits_{x\to\infty}f(x)$. 现仅列出 $\lim\limits_{x\to x_0}f(x)$ 情形时函数极限的性质，其他情形有类似结论.

性质 1(唯一性) 若 $\lim\limits_{x\to x_0}f(x)$ 存在，则唯一.

性质 2(局部有界性) 设 $\lim\limits_{x\to x_0}f(x)=A$，则 $\exists\delta>0$，对满足 $0<|x-x_0|<\delta$ 的一切 x，$f(x)$ 有界.

性质 3(局部保序性) 设 $\lim\limits_{x\to x_0}f(x)=A>B$ (或 $<B$)，则 $\exists\delta>0$，对满足 $0<|x-x_0|<\delta$ 的一切 x，$f(x)>B$ (或 $<B$).

性质 3 揭示的是：若函数 $f(x)$ 在一点 x_0 的极限 A 大于(或小于)某一个常数 B，则在点 x_0 的某个去心邻域内的 $f(x)$ 的函数值也大于(或小于) B. 若 $B=0$，则该性质称为**局部保号性**.

性质 4(不等式) 设 $\lim\limits_{x\to x_0}f(x)=A$，$\lim\limits_{x\to x_0}g(x)=B$，若 $f(x)\geqslant g(x)$，则 $A\geqslant B$.

若 $f(x)>g(x)$，且 $\lim\limits_{x\to x_0}f(x)=A$，$\lim\limits_{x\to x_0}g(x)=B$，则结论并非 $A>B$，而仍是 $A\geqslant B$. 例如，$f(x)=2x^2, x\neq0$，$g(x)=x^2, x\neq0$，则 $f(x)>g(x)$，但 $\lim\limits_{x\to0}f(x)=\lim\limits_{x\to0}g(x)=0$.

2.2.5 函数极限的四则运算法则及复合运算法则

下面仍以 $\lim\limits_{x\to x_0}f(x)$ 情形为例，给出函数极限的四则运算法则.

定理 2 若 $\lim\limits_{x\to x_0}f(x)$，$\lim\limits_{x\to x_0}g(x)$ 均存在，则 $\lim\limits_{x\to x_0}[f(x)\pm g(x)]$，$\lim\limits_{x\to x_0}[f(x)g(x)]$，

$\lim\limits_{x\to x_0}\dfrac{f(x)}{g(x)}$也存在，且有

(1) $\lim\limits_{x\to x_0}[f(x)\pm g(x)]=\lim\limits_{x\to x_0}f(x)\pm\lim\limits_{x\to x_0}g(x)$；

(2) $\lim\limits_{x\to x_0}[f(x)g(x)]=\lim\limits_{x\to x_0}f(x)\lim\limits_{x\to x_0}g(x)$；

(3) 当$\lim\limits_{x\to x_0}g(x)\neq 0$时，$\lim\limits_{x\to x_0}\dfrac{f(x)}{g(x)}=\dfrac{\lim\limits_{x\to x_0}f(x)}{\lim\limits_{x\to x_0}g(x)}$.

该定理指出：在极限存在的前提下，两个函数的四则运算与极限运算可以交换顺序，并且定理的结论易推广到有限个函数四则运算的情形.

利用函数极限的四则运算法则，可以由几个简单的函数极限出发，计算比较复杂的函数极限.

例 9 求$\lim\limits_{x\to 1}(3x^2+5x-1)$.

解 $$\lim_{x\to 1}(3x^2+5x-1)=\lim_{x\to 1}3x^2+\lim_{x\to 1}5x-\lim_{x\to 1}1$$
$$=\lim_{x\to 1}3\lim_{x\to 1}x\lim_{x\to 1}x+\lim_{x\to 1}5\lim_{x\to 1}x-\lim_{x\to 1}1=7.$$

由例 9 易知，对于多项式函数
$$P_n(x)=a_0x^n+a_1x^{n-1}+\cdots+a_{n-1}x+a_n,$$
有$\lim\limits_{x\to x_0}P_n(x)=P_n(x_0)$.

例 10 求$\lim\limits_{x\to -1}\left(\dfrac{1}{x+1}-\dfrac{3}{x^3+1}\right)$.

解 $\lim\limits_{x\to -1}\dfrac{1}{x+1}$与$\lim\limits_{x\to -1}\dfrac{3}{x^3+1}$均不存在，故需要通分后变换形式
$$\lim_{x\to -1}\left(\frac{1}{x+1}-\frac{3}{x^3+1}\right)=\lim_{x\to -1}\frac{x^2-x-2}{x^3+1}$$
$$=\lim_{x\to -1}\frac{(x-2)(x+1)}{(x+1)(x^2-x+1)}=\lim_{x\to -1}\frac{x-2}{x^2-x+1}=-1.$$

例 11 求$\lim\limits_{x\to\infty}\dfrac{2x^2+8}{3-x^2}$.

解 $$\lim_{x\to\infty}\frac{2x^2+8}{3-x^2}=\lim_{x\to\infty}\frac{2+\frac{8}{x^2}}{\frac{3}{x^2}-1}=\frac{\lim\limits_{x\to\infty}\left(2+\frac{8}{x^2}\right)}{\lim\limits_{x\to\infty}\left(\frac{3}{x^2}-1\right)}=-2.$$

定理 3(函数极限的复合运算法则) 设有复合函数 $f[g(x)]$，若满足

(1) $\lim\limits_{x\to x_0}g(x)=a$；

(2) 对点 x_0 某个去心邻域中任意的 x ,有 $u=g(x)$ 落在点 a 的某个去心邻域内;

(3) $\lim\limits_{u\to a} f(u)=A$,

则 $\lim\limits_{x\to x_0} f[g(x)]=A$.

上述函数极限的复合运算法则对其他的极限过程也有类似的结果. 这个法则表明: 在定理的条件下, $\lim\limits_{x\to x_0} f[g(x)] \xlongequal{令u=g(x)} \lim\limits_{u\to a} f(u)=A$, 这是求函数极限时进行换元的理论基础.

2.2.6 函数极限存在的判别及两个重要的极限

与判别数列收敛的两边夹定理类似, 我们仍采用化归法的思想, 也可以得到判别函数极限存在的两边夹定理. 以 $\lim\limits_{x\to x_0} f(x)$ 情形为例, 有以下定理.

定理 4 设 $f(x)\leqslant h(x)\leqslant g(x)$,且 $\lim\limits_{x\to x_0} f(x)=\lim\limits_{x\to x_0} g(x)=A$,则有 $\lim\limits_{x\to x_0} h(x)=A$.

利用上述的两边夹定理, 可以得到在实际问题与极限计算中经常遇到的两个重要极限(定理证明及两个极限的讨论此处从略).

(1) $\lim\limits_{x\to 0}\dfrac{\sin x}{x}=1$ (x 的单位是弧度).

(2) $\lim\limits_{x\to\infty}\left(1+\dfrac{1}{x}\right)^x=\mathrm{e}$.

注 (1) 因为 $\lim\limits_{x\to 0}\sin x=\lim\limits_{x\to 0}x=0$, 故称 $\dfrac{\sin x}{x}$ 是 $x\to 0$ 时的 $\dfrac{0}{0}$ 型未定式. 因为 $\lim\limits_{x\to\infty}\left(1+\dfrac{1}{x}\right)=1$, 故称 $\left(1+\dfrac{1}{x}\right)^x$ 是 $x\to\infty$ 时的 1^∞ 型未定式.

(2) 形如 $f(x)^{g(x)}\,(f(x)>0)$ 的函数称为幂-指函数, 它定义为 $f(x)^{g(x)}=\mathrm{e}^{g(x)\ln f(x)}$, 可以看作是 $y=\mathrm{e}^u$ 和 $u=g(x)\ln f(x)$ 构成的复合函数.

例 12 求 $\lim\limits_{x\to 0}\dfrac{1-\cos x}{x^2}$.

解
$$\lim_{x\to 0}\frac{1-\cos x}{x^2}=\lim_{x\to 0}\frac{2\sin^2\dfrac{x}{2}}{x^2}=\lim_{x\to 0}\frac{1}{2}\left(\frac{\sin\dfrac{x}{2}}{\dfrac{x}{2}}\right)^2 \xlongequal{令u=\frac{x}{2}} \lim_{u\to 0}\frac{1}{2}\left(\frac{\sin u}{u}\right)^2=\frac{1}{2}.$$

例 13 求 $\lim\limits_{x\to 0}\dfrac{\sin(\sin x)}{x}$.

解
$$\lim_{x\to 0}\frac{\sin(\sin x)}{x}=\lim_{x\to 0}\frac{\sin(\sin x)}{\sin x}\cdot\frac{\sin x}{x}$$

$$=\lim_{x\to 0}\frac{\sin(\sin x)}{\sin x}\lim_{x\to 0}\frac{\sin x}{x}=\lim_{x\to 0}\frac{\sin(\sin x)}{\sin x}\xlongequal{\text{令}u=\sin x}\lim_{u\to 0}\frac{\sin u}{u}=1 .$$

例 14　求 $\lim\limits_{x\to\infty}\left(1+\dfrac{2}{x}\right)^{-x}$.

解　$\lim\limits_{x\to\infty}\left(1+\dfrac{2}{x}\right)^{-x}=\lim\limits_{x\to\infty}\dfrac{1}{\left(1+\dfrac{2}{x}\right)^{x}}=\dfrac{1}{\lim\limits_{x\to\infty}\left[\left(1+\dfrac{2}{x}\right)^{\frac{x}{2}}\right]^{2}}\xlongequal{\text{令}u=\frac{x}{2}}\dfrac{1}{\lim\limits_{u\to\infty}\left[\left(1+\dfrac{1}{u}\right)^{u}\right]^{2}}=\mathrm{e}^{-2}$.

例 15　求 $\lim\limits_{x\to 0}(1+3x^2)^{\frac{1}{x^2}+1}$.

解

$$\lim_{x\to 0}(1+3x^2)^{\frac{1}{x^2}+1}=\lim_{x\to 0}[(1+3x^2)^{\frac{1}{3x^2}}]^3\cdot(1+3x^2)=\lim_{x\to 0}[(1+3x^2)^{\frac{1}{3x^2}}]^3\cdot\lim_{x\to 0}(1+3x^2)$$

$$=\lim_{x\to 0}[(1+3x^2)^{\frac{1}{3x^2}}]^3\xlongequal{\text{令}u=3x^2}\lim_{u\to 0}[(1+u)^{\frac{1}{u}}]^3=\mathrm{e}^3 .$$

2.2.7　无穷小量与无穷大量

1. 无穷小量

极限与无穷小量的关系密切，对无穷小量的认识过程在数学发展史上具有重要意义.

定义 3　若 $\lim\limits_{x\to x_0}f(x)=0$，则称函数 $f(x)$ 为 $x\to x_0$ 时的**无穷小量**(有时简称**无穷小**).

在此定义中，将 $x\to x_0$ 换成其他自变量的趋近方式，或将函数换成数列的情形，则可以定义不同形式的无穷小量. 例如：

$f(x)=\dfrac{1}{x}$ 是 $x\to\infty$ 时的无穷小量；

$a_n=\dfrac{1}{n^2}$ 是 $n\to\infty$ 时的无穷小量.

极限作为微积分的逻辑基础，它与无穷小量之间有密切关系，表现如下.

定理 5(变量、极限与无穷小量的关系定理)　任何存在极限的函数(或数列)，总可以将这个函数(或数列)表示为它的极限与一个无穷小量的和，反之亦然.

例如，$\lim\limits_{x\to x_0}f(x)=A\Leftrightarrow f(x)=A+\alpha(x)$,其中 $\lim\limits_{x\to x_0}\alpha(x)=0$.

根据极限的定义及四则运算法则，不难得到如下的无穷小量的三个性质.

性质 1 两个无穷小量的代数和仍为无穷小量.

性质 2 两个无穷小量的乘积仍为无穷小量.

性质 3 有界变量与无穷小量的乘积仍为无穷小量.

由性质 3，不难得到，$\frac{1}{n}\sin n$ 为无穷小量；$x\sin\frac{1}{x}$ 为 $x\to 0$ 时的无穷小量.

2. 无穷大量

定义 4 若 $x\to x_0$ 时，函数 $f(x)$ 的绝对值 $|f(x)|$ 无限增大，则称函数 $f(x)$ 为 $x\to x_0$ 时的**无穷大量**(有时简称**无穷大**)，记作 $\lim\limits_{x\to x_0} f(x)=\infty$.

在此定义中，将 $x\to x_0$ 换成其他自变量的趋近方式，或将函数换成数列的情形，则可以定义不同形式的无穷大量. 若 ∞ 为 $+\infty$ ($-\infty$)，则有正无穷大量(负无穷大量)的概念. 例如：

$f(x)=2^x$ 是 $x\to+\infty$ 时的正无穷大量；

$f(x)=\ln x$ 是 $x\to 0^+$ 时的负无穷大量；

$a_n=(-1)^n n^2$ 是 $n\to\infty$ 时的无穷大量.

无穷小量与无穷大量之间有如下关系.

定理 6 无穷小量(0 除外)的倒数是无穷大量，无穷大量的倒数是无穷小量.

例如：$a_n=n^2$ 是无穷大量，$\frac{1}{a_n}=\frac{1}{n^2}$ 是无穷小量. $f(x)=2^x$ 是 $x\to+\infty$ 时的正无穷大量，$\frac{1}{f(x)}=\frac{1}{2^x}$ 是 $x\to+\infty$ 时的无穷小量.

3. 无穷小量阶的比较

$\frac{1}{n},\frac{1}{n^2},\frac{1}{n^3}$ 都是 $n\to\infty$ 时的无穷小量，但它们趋于 0 的“速度”明显不同，在数学上，就有了无穷小量阶的比较的概念.

定义 5 设 α 与 β 是同一极限过程中的两个无穷小量，那么

(1) 若 $\frac{\beta}{\alpha}\to A(A\neq 0,1)$，则称 α 与 β 是**同阶无穷小**；

(2) 若 $\frac{\beta}{\alpha}\to 1$，则称 α 与 β 是**等价无穷小**，记为 $\alpha\sim\beta$；

(3) 若 $\frac{\beta}{\alpha}\to 0$，则称 β 是 α 的**高阶无穷小**，记为 $\beta=o(\alpha)$；

(4) 若 $\frac{\beta}{\alpha} \to \infty$，则称 β 是 α 的**低阶无穷小**.

注　(1) 这里“同阶”指 α 与 β 趋于 0 的速度处在同一级别；“高阶”则指 β 趋于 0 的速度比 α 趋于 0 的速度快得多；“低阶”则指 β 趋于 0 的速度比 α 趋于 0 的速度慢得多.

(2) 在谈论两个无穷小量阶的比较时，必须联系它们的极限过程，否则没有意义. 例如，$\frac{1}{n^2}=o\left(\frac{1}{n}\right)$ $(n \to \infty)$；$1-\cos x$ 与 x^2 是 $x \to 0$ 时的同阶无穷小；$\sin x \sim x\ (x \to 0)$ 等.

(3) 若 α 与 β 是同一极限过程中的两个无穷小量，则也称 $\frac{\beta}{\alpha}$ 是这一极限过程中的 $\frac{0}{0}$ 型未定式.

(4) 无穷大量也有类似于无穷小量的阶的比较. 若 α 与 β 是同一极限过程中的两个无穷大量，则也称 $\frac{\beta}{\alpha}$ 是这一极限过程中的 $\frac{\infty}{\infty}$ 型未定式.

2.3　函数的连续性——极限的应用特例

微积分应用极限作为工具，主要研究一类特殊的函数——连续函数. 这是因为，在客观世界里，许多事物的变化是连续的，气温的变化、岁月的斗转星移、液体的流动等，这些连绵不断发展变化的事物在数量的相依关系方面的体现就是函数的连续性.

2.3.1　连续的概念

1. 连续的两个定义

“函数是连续的”是指在自变量连续变化过程中，函数值是连续变化的，表现在几何图像上，则是函数图像是一条连而不断的曲线.

定义 1　设函数 $y=f(x)$ 在点 x_0 的某一邻域内有定义，若

$$\lim_{x \to x_0} f(x)=f(x_0),$$

则称函数 $f(x)$ 在点 x_0 **连续**. 点 x_0 称为函数 $f(x)$ 的**连续点**(图 2-9).

为引入函数 $f(x)$ 在点 x_0 连续的另一等价定义，先引入如下的概念：当自变量由 x_0 变到 x 时，对应的函数值由 $f(x_0)$ 变到 $f(x)$，记 $\Delta x = x - x_0$，称为自变量 x 在 x_0 处的**改变量(或增量)**，而 $f(x)-f(x_0)$ 称为函数对应的**改变量(或增量)**，记为 Δy，即 $\Delta y = f(x)-f(x_0)$.

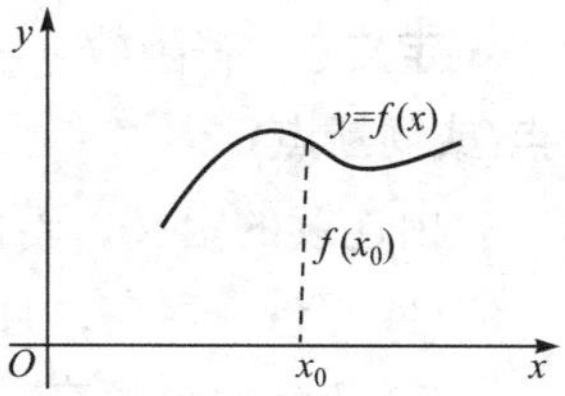

图 2-9

因为 $\lim\limits_{x\to x_0} f(x) = f(x_0)$ 与 $\lim\limits_{x\to x_0}[f(x)-f(x_0)] = 0$，即 $\lim\limits_{\Delta x\to 0}\Delta y = 0$ 一致，于是得到如下定义.

定义 2(增量形式的定义) 设函数 $y = f(x)$ 在点 x_0 的某一邻域内有定义，若 $\Delta x = x - x_0 \to 0$ 时，$\Delta y = f(x)-f(x_0)\to 0$，即 $\lim\limits_{\Delta x\to 0}\Delta y = 0$，则称函数 $f(x)$ 在点 x_0 **连续**.

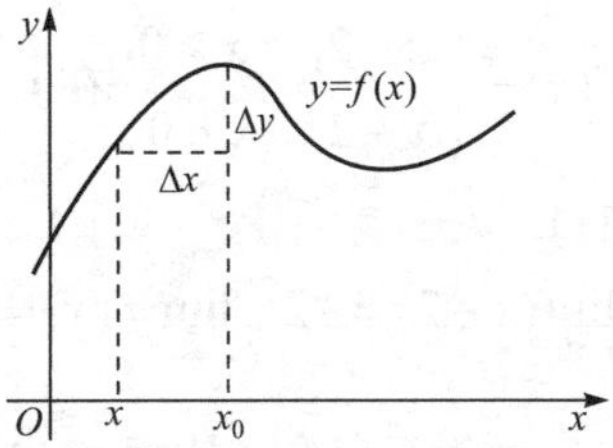

图 2-10

定义 2 揭示了函数在一点连续的本质特征：自变量变化很小时，函数值变化也很小(图 2-10). 气温作为时间的函数，正方形的面积作为边长的函数都有这样的特性.

若函数 $y = f(x)$ 在开区间 (a,b) 内的每一点都连续，则称 $f(x)$ **在区间 (a,b) 内是连续的**. 若函数 $f(x)$ 在开区间 (a,b) 内连续且有 $\lim\limits_{x\to a^+} f(x) = f(a)$，$\lim\limits_{x\to b^-} f(x) = f(b)$，则称 $f(x)$ **在区间 $[a,b]$ 上是连续的**.

例 1 讨论函数 $f(x)=\begin{cases} x\sin\dfrac{1}{x}, & x\neq 0, \\ 0, & x = 0 \end{cases}$ 在点 $x_0 = 0$ 处的连续性.

解 因为 $\lim\limits_{x\to 0} f(x) = \lim\limits_{x\to 0} x\sin\dfrac{1}{x} = 0 = f(0)$，故函数 $f(x)$ 在点 $x_0 = 0$ 处连续.

例 2 证明函数 $f(x)=x^3+2x-1$ 在区间 $(-\infty,+\infty)$ 内连续.

证 设 x_0 为 $(-\infty,+\infty)$ 内的任一点，由极限的四则运算法则，有

$$\lim_{x\to x_0} f(x) = \lim_{x\to x_0}(x^3+2x-1) = x_0^3+2x_0-1 = f(x_0),$$

故函数 $f(x)=x^3+2x-1$ 在区间 $(-\infty,+\infty)$ 内连续.

2. 函数的间断点

事物的发展有渐变，也有突变，函数值也是如此，除有连续变化外，还有间断情形. 例如：导线中的电流通常是连续变化的，但当电流增加到一定程度会烧断保险丝，电流突然变为 0，这时连续性被破坏，出现间断的现象.

定义 3　若函数 $y=f(x)$ 在点 x_0 是**不连续的**，则点 x_0 称为函数 $f(x)$ 的**不连续点(或间断点)**.

由连续的定义，若函数 $y=f(x)$ 在点 x_0 处连续，应同时满足下列三个条件：

(1) $f(x_0)$ 存在，且 $f(x)$ 在点 x_0 附近有定义；

(2) $\lim\limits_{x\to x_0} f(x)$ 存在；

(3) 极限值 $\lim\limits_{x\to x_0} f(x)$ 与函数值 $f(x_0)$ 相等.

因此，若上述条件中至少有一个不满足，则 $f(x)$ 在点 x_0 处就不连续，x_0 就是 $f(x)$ 的间断点．例如，$x=\dfrac{\pi}{2}$ 是函数 $y=\tan x$ 的间断点(无穷间断点)；$x=0$ 是 $y=\sin\dfrac{1}{x}$ 的间断点(振荡间断点).

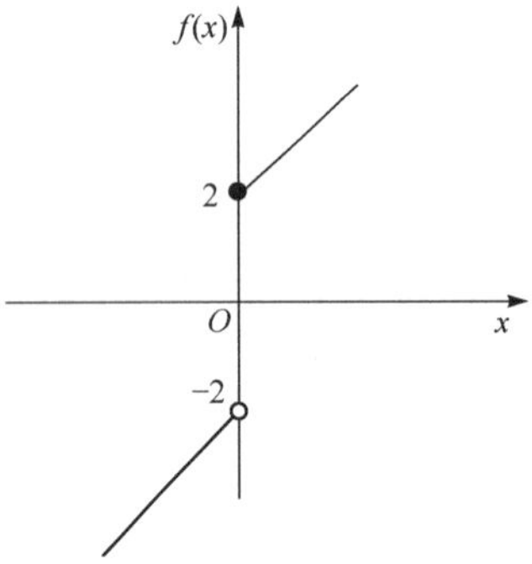

图 2-11

例 3　讨论函数 $f(x)=\begin{cases} x+2, & x\geqslant 0, \\ x-2, & x<0 \end{cases}$ 在点 $x_0=0$ 处的连续性(图 2-11).

解　因为 $\lim\limits_{x\to 0^-} f(x)=\lim\limits_{x\to 0^-}(x-2)=-2$，$\lim\limits_{x\to 0^+} f(x)=\lim\limits_{x\to 0^+}(x+2)=2$．故函数 $\lim\limits_{x\to 0} f(x)$ 不存在，从而 $f(x)$ 在点 $x_0=0$ 处不连续，$x_0=0$ 为 $f(x)$ 的间断点(跳跃间断点).

例 4　讨论函数 $f(x)=\dfrac{x^2-1}{x-1}$ 在点 $x_0=1$ 处的连续性.

解　对于函数 $f(x)=\dfrac{x^2-1}{x-1}$，因为在点 $x_0=1$ 处无定义，故 $x_0=1$ 为 $f(x)$ 的间断点(可去间断点)，尽管 $\lim\limits_{x\to 1} f(x)$ 存在，等于 2.

若补充 $f(x)$ 在 $x_0=1$ 处的定义为 2，则新的函数

$$g(x)=\begin{cases} \dfrac{x^2-1}{x-1}, & x\neq 1, \\ 2, & x=1 \end{cases}$$

就在点 $x_0=1$ 处连续.

3. 初等函数的连续性

利用连续的定义，可以证明如下的**连续函数的运算法则**:

(1) 两个连续函数的和、差、积、商(分母不为 0)仍是连续函数;

(2) 严格单调且连续的函数，其反函数仍是严格单调且连续的函数;

(3) 连续函数的复合函数仍是连续函数.

因为六类基本初等函数在各自的定义区间是连续的, 对于初等函数, 有如下结论.

定理 1　一切初等函数在其定义区间内是连续的.

这里所谓的定义区间是指包含在定义域内的区间.

由该定理，若函数 $f(x)$ 是初等函数，且点 x_0 是其定义区间内的点，则有 $\lim\limits_{x\to x_0} f(x)=f(x_0)$. 于是，求初等函数 $f(x)$ 在点 x_0 的极限，就转化为求函数 $f(x)$ 在点 x_0 的函数值.

例 5　对于多项式函数 $P_n(x)=a_0x^n+a_1x^{n-1}+\cdots+a_{n-1}x+a_n$，因为它为 $(-\infty,+\infty)$ 上的初等函数，故对 $\forall x_0\in(-\infty,+\infty)$，有

$$\lim_{x\to x_0} P_n(x)=P_n(x_0).$$

例 6　设 $f(x)=\dfrac{2+\ln(1+x^2)}{\cos x}$，求 $\lim\limits_{x\to 0} f(x)$.

解　因为 $f(x)$ 是初等函数，且点 $x_0=0$ 是 $f(x)$ 定义区间内的一点，故有

$$\lim_{x\to 0} f(x)=f(0)=\frac{2+\ln 1}{\cos 0}=2.$$

2.3.2　闭区间上连续函数的整体性质

函数在一点的连续性只是反映了函数的局部性质，而函数在闭区间上的连续性则反映了函数在整个区间上的整体性质. 下面介绍闭区间上连续函数的几个基本性质, 这些性质在几何直观上表现很明显, 但其严格证明涉及严密的实数理论.

定理 2(有界性定理)　若 $f(x)$ 在闭区间 $[a,b]$ 上连续, 则 $f(x)$ 在 $[a,b]$ 上有界.

若 $f(x)$ 在 $[a,b]$ 上的函数值满足 $m\leqslant f(x)\leqslant M$，其中 $f(x_1)=m$，$f(x_2)=M$，$x_1,x_2\in[a,b]$，则 m,M 分别称为函数 $f(x)$ 在 $[a,b]$ 上的**最小值**和**最大值**(统称**最值**).

定理 3(最值定理)　若 $f(x)$ 在闭区间 $[a,b]$ 上连续, 则 $f(x)$ 可以取到其在 $[a,b]$ 上的最大值 M 和最小值 m，即 $\exists x_1,x_2\in[a,b]$，使得对 $\forall x\in[a,b]$，有 $f(x_1)=m\leqslant f(x)\leqslant M=f(x_2)$ (图 2-12).

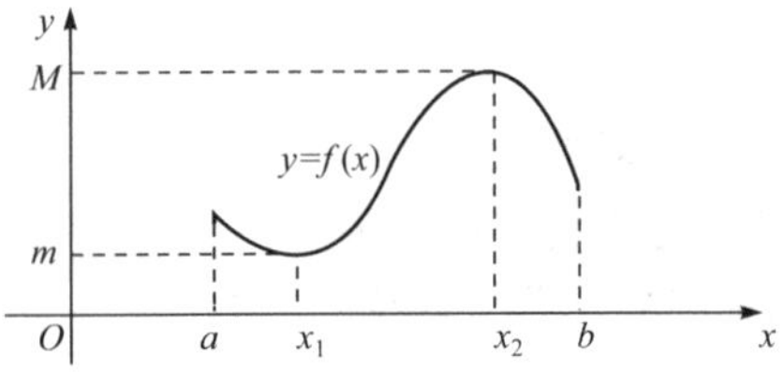

图 2-12

注 (1) 有界性定理可以作为最值定理的一个推论.

(2) 定理中的"闭区间"和"连续"这两个条件很重要，若将"闭区间"改为其他区间(开区间或半开区间)，或者将"连续"改为"不连续"，则定理的结论未必成立．例如，$f(x)=x$ 在 $(0,1)$ 上连续，但取不到最值；$f(x)=\operatorname{sgn}x$ 在 $(-1,1)$ 上不连续，但可以取到最值；$f(x)=\dfrac{1}{x}$ 在 $[-1,1]$ 上不连续，也取不到最值；$f(x)=|\operatorname{sgn}x|$ 在 $[-1,1]$ 上不连续，但可以取到最值．以上分析说明，函数在闭区间上连续是它在闭区间上取到最值的充分而非必要条件.

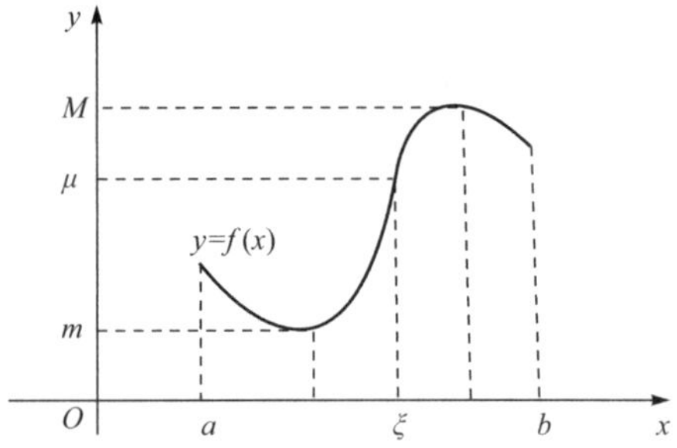

图 2-13

定理 4(介值定理) 若 $f(x)$ 在闭区间 $[a,b]$ 上连续，且 m 和 M 分别为 $f(x)$ 在 $[a,b]$ 上的最小值和最大值，则对于 $\forall\mu: m<\mu<M$，至少存在一点 $\xi\in(a,b)$，使得 $f(\xi)=\mu$ (图 2-13).

推论(根的存在性定理) 若 $f(x)$ 在闭区间 $[a,b]$ 上连续，且 $f(a)$ 与 $f(b)$ 异号，则至少存在一点 $\xi\in(a,b)$，使得 $f(\xi)=0$，即方程 $f(x)=0$ 在 (a,b) 内至少存在一个实根 ξ.

该推论的几何解释如图 2-14：若 $A(a,f(a))$，$B(b,f(b))$ 分别在 x 轴的两侧，则连接 AB 的连续曲线至少穿过 x 轴一次.

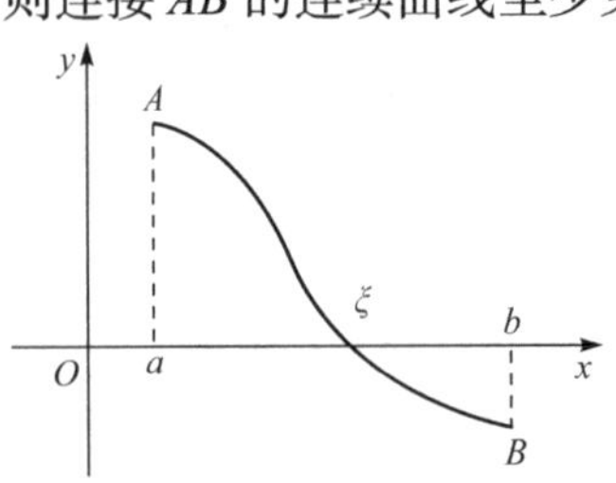

图 2-14

例 7 证明方程 $x=\sin x+2$ 至少有一个小于 3 的正根.

证 设 $f(x)=x-\sin x-2$，因为 $f(x)$ 是初等函数，在 $[0,3]$ 上连续，且

$$f(0)=-2<0,\quad f(3)=1-\sin 3>0.$$

由根的存在性定理知，方程 $x-\sin x-2=0$ 在 $(0,3)$ 内至少存在一个实根，即方程 $x=\sin x+2$ 至少有一个小于 3 的正根.

例 8 设 $f(x)$ 在 $[a,b]$ 上连续，且 $f(a)<a$，$f(b)>b$．证明：至少存在一点 $\xi\in(a,b)$，使得 $f(\xi)=\xi$.

证 令 $F(x)=f(x)-x$，由连续函数的运算法则，$F(x)$ 在 $[a,b]$ 上连续，又

$$F(a)=f(a)-a<0, \qquad F(b)=f(b)-b>0.$$

由根的存在性定理知，至少存在一点 $\xi\in(a,b)$，使得 $F(\xi)=0$，即 $f(\xi)=\xi$.

习 题 2

1. 求下列数列极限：

(1) $\lim\limits_{n\to\infty}\dfrac{n^3-3n^2+1}{6n^3+5n-9}$； (2) $\lim\limits_{n\to\infty}\dfrac{(-2)^{n+1}+3^{n+1}}{(-2)^n+3^n}$； (3) $\lim\limits_{n\to\infty}\dfrac{1+2+\cdots+n}{n^2}$；

(4) $\lim\limits_{n\to\infty}\left(\dfrac{1}{n^2}+\dfrac{1}{n^2+1}+\cdots+\dfrac{1}{n^2+n}\right)$； (5) $\lim\limits_{n\to\infty}\left(1+\dfrac{3}{n}\right)^n$.

2. 用“ε-N语言”或“ε-δ语言”证明下列极限：

(1) $\lim\limits_{n\to\infty}\left[3+\dfrac{(-1)^n 7}{n}\right]=3$； (2) $\lim\limits_{n\to\infty}\dfrac{2}{n}\sin n=0$； (3) $\lim\limits_{x\to 0}x\sin\dfrac{1}{x}=0$；

(4) $\lim\limits_{x\to 1}(2x-1)=1$； (5) $\lim\limits_{x\to 3}\dfrac{x^2-9}{x-3}=6$.

3. 讨论下列函数在点 $x_0=0$ 处的左、右极限：

(1) $f(x)=|\operatorname{sgn}x|$； (2) $f(x)=[x]$； (3) $f(x)=\begin{cases}x\sin\dfrac{1}{x}, & x>0,\\ 1, & x\leqslant 0.\end{cases}$

4. 求下列函数极限：

(1) $\lim\limits_{x\to 2}\dfrac{x^2-1}{4x^2-7x+3}$； (2) $\lim\limits_{x\to\infty}\dfrac{8x^2-3x+1}{x^2+9x-4}$； (3) $\lim\limits_{x\to 2}\left(\dfrac{1}{x-2}-\dfrac{12}{x^3-8}\right)$；

(4) $\lim\limits_{x\to 4}\dfrac{\sqrt{1+2x}-3}{x-4}$； (5) $\lim\limits_{x\to+\infty}(\sqrt{x+1}-\sqrt{x})$； (6) $\lim\limits_{x\to 1}\dfrac{(x-1)^2}{|x^2-1|}$.

5. 求下列函数极限：

(1) $\lim\limits_{x\to 0}\dfrac{\sin 3x}{\sin 2x}$； (2) $\lim\limits_{x\to\pi}\dfrac{\pi-x}{\sin x}$； (3) $\lim\limits_{x\to\infty}x\sin\dfrac{5}{x}$；

(4) $\lim\limits_{x\to 2}\dfrac{\sin(x-2)}{x^2-4}$； (5) $\lim\limits_{x\to\infty}\left(\dfrac{x}{1+x}\right)^x$； (6) $\lim\limits_{x\to\frac{\pi}{2}}(1+\cot x)^{2\tan x}$.

6. 已知 $\lim\limits_{x\to+\infty}\left(\dfrac{x^2+1}{x+1}-ax-b\right)=0$，求 a 与 b 的值.

7. 在给定的自变量的变化过程中，下列变量哪些是无穷小量，哪些是无穷大量？

(1) $y=\dfrac{x-1}{x^2}\ (x\to\infty)$； (2) $y=\ln x\ (x\to 0^+)$；

(3) $y=\sin\dfrac{1}{x}\ (x\to+\infty)$； (4) $y=\dfrac{1}{x-3}\ (x\to 3)$.

8. 讨论下列函数在点 $x_0 = 0$ 处的连续性：

(1) $y=\sin\frac{1}{x}$；(2) $y=|x|$；(3) $y=\begin{cases}\frac{\sin x}{x}, & x\neq 0,\\ 1, & x=0;\end{cases}$ (4) $y=\operatorname{sgn}|x|$.

9. 利用初等函数的连续性，求下列函数极限：

(1) $\lim\limits_{x\to\frac{\pi}{2}}\frac{\sin x}{x}$；(2) $\lim\limits_{x\to 0}\frac{e^x\cos x+5}{1+x^2+\ln(1-x)}$；(3) $\lim\limits_{x\to\frac{\pi}{4}}\left[\arcsin\left(\tan x-\frac{1}{2}\right)+e^{\cos 2x+1}\right]$.

10. 确定参数 k 的值，使得下列函数在其定义域内连续：

(1) $f(x)=\begin{cases}e^x+1, & x<0,\\ k+x, & x\geqslant 0;\end{cases}$ (2) $f(x)=\begin{cases}\frac{\sin(x-1)}{x-1}, & x\neq 1,\\ 2k-1, & x=1.\end{cases}$

11. 证明方程 $x^5-2x^2+7x=5$ 在 -1 与 1 之间至少存在一个实根.

自主探索

1. 回答下述问题：

(1) “ε-N 语言”中，N 是否是 ε 的函数？

(2) 数列 $\{a_n\}$ 的敛散性是否与其前有限项有关系？

(3) 无界数列是否一定发散？

(4) 对于定义在 $\mathbf{R}$ 上的周期函数 $f(x)$ 而言，$\lim\limits_{x\to+\infty}f(x)$ 是否存在？

(5) 无穷小量是不是一个很小的量？0 是否为无穷小量？无穷大量是不是一个很大的量？

(6) $\lim\limits_{n\to\infty}\frac{1+2+\cdots+n}{n^2}=\lim\limits_{n\to\infty}\frac{1}{n^2}+\lim\limits_{n\to\infty}\frac{2}{n^2}+\cdots+\lim\limits_{n\to\infty}\frac{n}{n^2}=0+0+\cdots+0=0$ 是错误的，$\lim\limits_{x\to\infty}\left(1+\frac{1}{x}\right)^x=1^x=1$ 也是错误的，为什么？

(7) 由连续的增量形式的定义，考察树木生长的高度，自由落体物体的下落距离作为时间的函数是否具有连续性？城市人口数量，股市股指的变化作为时间的函数是否也具有连续性？

2. 试给出 $\lim\limits_{x\to+\infty}f(x)=A$ 的严谨定义.

3. 某市一般居民用户的平均月用水量为 8 吨，在 8 吨内的用户，按照传统价格 2.5 元/吨收费，其收费可按线性函数

$$y=2.5x,\quad 0\leqslant x\leqslant 8$$

收取，对于超过 8 吨的部分要加大收费价格，若考虑以指数函数设计

$$y=a+2^{x-8},\quad x>8$$

收取，则得到水费的阶梯收费函数

$$y=\begin{cases}2.5x, & 0\leqslant x\leqslant 8,\\ a+2^{x-8}, & x>8,\end{cases}$$

其中 a 为待定常数，问 a 如何确定，才能使用户感觉合理？进一步，试讨论上述水费的阶梯收费函数设计是否合理？还有其他更好的设计方案么？

合作研究

1. 一男孩和女孩分别在离家直线方向相反的两所学校上学，每天同时放学后步行回家，一小狗由男孩处奔向女孩，又从女孩处奔向男孩，如此往返，如果男孩和女孩同时到家，问小狗何时到家？将问题数学化，给出逻辑推理严格的解释.

2. 某人上午 8 点从山下旅馆出发，沿一条路径上山，下午 5 点到达山顶并留宿，次日上午 8 点，此人沿同一路径下山，下午 5 点回到旅馆. 则可以断言：此人必在两天中的同一时刻经过路径的同一地点. 为什么？用本章所学的知识加以解释.

3. 查阅资料，阐述历史上第二次数学危机的起因及解决过程，从人们对无穷小量的不舍追踪，探讨数学危机给我们的启示.

第 3 章　导数与微分——变量的变化速度与局部改变量的估值

微积分是微分学和积分学的统称，其中**微分学**研究的内容是导数、微分及其应用，**积分学**研究的内容是不定积分、定积分及其应用.

微积分产生于 17 世纪下半叶，是由英国物理学家、数学家牛顿，德国哲学家、数学家莱布尼茨各自独立创建的，微积分的发明是划时代的，它为数学的迅猛发展，科学的长足进步，乃至人类文化的繁荣兴旺作出了卓越的贡献. 如今的微积分是高等数学的最基本、最重要的组成部分，是现代数学众多分支的基础，它所体现的精神、思想与方法已经成为高等教育中一种特别有效的工具.

3.1　导数——变量的变化速度

16 世纪的欧洲处在资本主义萌芽时期，远洋航海、机器制造、采矿冶炼、天象观测等大量实践中，出现了许多亟待解决的实际问题. 其中有三类与数学有关的问题导致了微积分的产生：

(1) 求变速直线运动的瞬时速度；

(2) 求曲线上一点处的切线；

(3) 求函数的极大值和极小值.

这三类问题都归结为变量的变化速度，即变化率问题.

3.1.1　抽象导数的两个现实原型

1. 几何原型：求曲线的切线斜率

设一曲线方程为 $y=f(x)$，求曲线在一点 $P_0(x_0,y_0)$ 的切线斜率 k.

在初等数学中，已经知道，曲线 $y=f(x)$ 上的两点 $P_0(x_0,y_0)$ 和 $P(x,y)$ 的连线 P_0P 是该曲线的一条割线，当点 P 沿曲线无限趋近点 P_0 时，割线 P_0P 绕点 P_0 转动，其极限位置 P_0T 即为曲线在点 P_0 处的切线(图 3-1).

若 $y=f(x)$ 的图像是直线，则只要在直线上取定两点，这两点的纵坐标之差 Δy 与横坐标之差 Δx 的比值 $\dfrac{\Delta y}{\Delta x}$ 就是该直线的斜率. 但现在的图像是曲线，这样就遇到了直与曲的矛盾. 下面分三步解决这个问题.

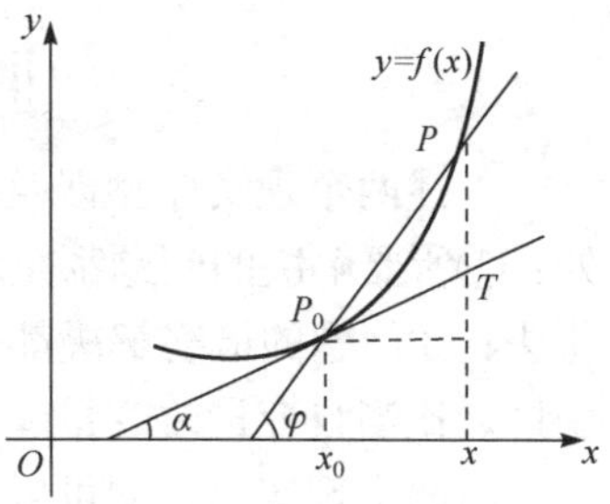

图 3-1

(1) 求增量　给 x_0 一个增量 Δx，则自变量由 x_0 变为 $x_0+\Delta x$ 时，曲线上点的纵坐标有相应的增量 $\Delta y=f(x_0+\Delta x)-f(x_0)$.

(2) 求增量的比　曲线上的点 $P_0(x_0,y_0)$ 变为点 $P(x_0+\Delta x,y_0+\Delta y)$ 时，当 Δx 很小时，若曲线上点的纵坐标没有较大改变，则可以用割线 P_0P 的斜率近似代替切线 P_0T 的斜率，割线 P_0P 的斜率为 $k_{P_0P}=\dfrac{\Delta y}{\Delta x}=\dfrac{f(x_0+\Delta x)-f(x_0)}{\Delta x}$.

(3) 取极限　当 $\Delta x\to 0$ 时，$P\to P_0$，割线 P_0P 的极限位置为 P_0T，因而割线 P_0P 的斜率的极限即为切线 P_0T 的斜率，即

$$k=\lim_{P\to P_0}k_{P_0P}=\lim_{\Delta x\to 0}\frac{\Delta y}{\Delta x}=\lim_{\Delta x\to 0}\frac{f(x_0+\Delta x)-f(x_0)}{\Delta x}.$$

2. 物理原型：求变速直线运动的瞬时速度

设一质点做变速直线运动，已知其运动方程(路程作为时间的函数)为：$s=s(t)$，求该质点在 t_0 时刻的瞬时速度 v_0.

若质点做匀速直线运动，则按照公式：速度=路程/时间，质点在任一时刻的速度都是一样的常数，即平均速度. 现在质点做变速直线运动，速度是随时间变化的变量，而平均速度只能说明一段时间内质点运动的快慢程度，求质点在 t_0 时刻的瞬时速度 v_0 无法通过仅考虑 t_0 这一时刻而得到，而必须设法将之放在运动变化的相互联系中. 下面分三步解决这个问题.

(1) 求增量　给 t_0 一个增量 Δt，则路程有相应的增量

$$\Delta s=s(t_0+\Delta t)-s(t_0).$$

(2) 求增量的比　当 Δt 很小时，若速度没有较大改变，则可以将质点在 Δt 间隔内的运动近似视为匀速运动，求 Δt 内的平均速度

$$\bar{v}=\frac{\Delta s}{\Delta t}=\frac{s(t_0+\Delta t)-s(t_0)}{\Delta t}.$$

(3) 取极限　当 Δt 越小，平均速度 $\bar{v}$ 就越接近于瞬时速度 v_0，当 $\Delta t\to 0$ 时，平均速度 $\bar{v}$ 就转化为瞬时速度 v_0，即

$$v_0 = \lim_{\Delta t \to 0} \bar{v} = \lim_{\Delta t \to 0} \frac{\Delta s}{\Delta t} = \lim_{\Delta t \to 0} \frac{s(t_0 + \Delta t) - s(t_0)}{\Delta t}.$$

上述两个现实原型涉及的领域虽然不同，但从数学的角度来看有许多相同之处：①所要解决的问题都是求变化率的问题；②处理问题的思想方法都是矛盾转化法；③问题的最终解决都是利用了相同的数学结构，即函数改变量与自变量改变量之比当自变量改变量趋于零时的极限.

由两个现实原型便可以抽象出导数的概念，而这种数学问题的解决思想方法及抽象出来的数学结构在除了数学、物理的其他众多领域也有广泛的应用.

3.1.2 导数的概念

定义 1 设函数 $y = f(x)$ 在点 x_0 的某一邻域内有定义，当自变量 x 在 x_0 处有增量 Δx 时，相应的函数有增量 $\Delta y = f(x_0 + \Delta x) - f(x_0)$，若极限 $\lim\limits_{\Delta x \to 0} \frac{\Delta y}{\Delta x}$ 存在，则称这个极限为函数 $y = f(x)$ **在点 x_0 处的导数**(或**微商**)，记作 $f'(x_0)$，即

$$f'(x_0) = \lim_{\Delta x \to 0} \frac{\Delta y}{\Delta x} = \lim_{\Delta x \to 0} \frac{f(x_0 + \Delta x) - f(x_0)}{\Delta x},$$

导数也可记作 $y'\big|_{x=x_0}$，$\left.\frac{\mathrm{d}y}{\mathrm{d}x}\right|_{x=x_0}$ 或 $\left.\frac{\mathrm{d}f}{\mathrm{d}x}\right|_{x=x_0}$，此时也称函数 $f(x)$ **在点 x_0 处可导**；若上述极限不存在，则称函数 $f(x)$ **在点 x_0 处不可导**.

有了导数的概念，3.1.1 节的两个原型就可以用导数来表示了. 曲线 $y = f(x)$ 在点 $P_0(x_0, y_0)$ 处的切线斜率是曲线所对应的函数 $y = f(x)$ 在点 x_0 处的导数. 由此可知：导数的**几何意义**是曲线切线的斜率.

变速直线运动的质点在 t_0 时刻的瞬时速度 v_0 是路程函数 $s = s(t)$ 在 t_0 时刻的导数，即 $v_0 = s'(t_0)$. 由此可知：导数的**力学意义**是做变速直线运动的质点的瞬时速度.

定义 2 若函数 $y = f(x)$ 在开区间 (a, b) 的每一点都可导，则称 $f(x)$ **在开区间 (a, b) 内可导**. 此时，对于任意的 $x \in (a, b)$，都有一个确定的导数 $f'(x)$ 与之对应，则 $f'(x)$ 是定义在 (a, b) 上的函数，称为函数 $f(x)$ **的导函数**(简称**导数**)，记作 $f'(x)$，y'，$\frac{\mathrm{d}y}{\mathrm{d}x}$ 或 $\frac{\mathrm{d}f}{\mathrm{d}x}$.

由定义 1 知，可以得到计算导函数的公式

$$f'(x) = \lim_{\Delta x \to 0} \frac{\Delta y}{\Delta x} = \lim_{\Delta x \to 0} \frac{f(x + \Delta x) - f(x)}{\Delta x}.$$

显然，函数 $y=f(x)$ 在点 x_0 处的导数 $f'(x_0)$，就是导函数 $f'(x)$ 在点 x_0 处的函数值，即

$$f'(x_0)=f'(x)\Big|_{x=x_0}.$$

例 1 求函数 $f(x)=x^2$ 的导数及在点 $x=1$ 处的导数 $f'(1)$.

解 对任意的 $x\in(-\infty,+\infty)$，给自变量 x 一个增量 Δx，则相应的函数增量为

$$\Delta y=f(x+\Delta x)-f(x)=(x+\Delta x)^2-x^2=2x\Delta x+(\Delta x)^2,$$

平均变化率为 $\dfrac{\Delta y}{\Delta x}=2x+\Delta x$，于是

$$f'(x)=\lim_{\Delta x\to 0}\frac{\Delta y}{\Delta x}=\lim_{\Delta x\to 0}(2x+\Delta x)=2x,$$

从而 $f'(1)=2x\Big|_{x=1}=2$.

例 2 求线性函数 $y=ax+b$ 的导数.

解 对任意的 $x\in(-\infty,+\infty)$，给自变量 x 一个增量 Δx，则相应的函数增量为

$$\Delta y=[a(x+\Delta x)+b]-(ax+b)=a\Delta x,$$

于是 $\dfrac{\Delta y}{\Delta x}=a$，从而 $y'=\lim\limits_{\Delta x\to 0}\dfrac{\Delta y}{\Delta x}=a$.

例 3 求函数 $y=\sqrt{x}$ 的导数，并求曲线 $y=\sqrt{x}$ 在点 $(1,1)$ 处的切线方程.

解 对任意的 $x\in(0,+\infty)$，给自变量 x 一个增量 Δx，则相应的函数增量为

$$\Delta y=\sqrt{x+\Delta x}-\sqrt{x},$$

于是 $\dfrac{\Delta y}{\Delta x}=\dfrac{\sqrt{x+\Delta x}-\sqrt{x}}{\Delta x}=\dfrac{1}{\sqrt{x+\Delta x}+\sqrt{x}}$，从而

$$y'=\lim_{\Delta x\to 0}\frac{\Delta y}{\Delta x}=\lim_{\Delta x\to 0}\frac{1}{\sqrt{x+\Delta x}+\sqrt{x}}=\frac{1}{2\sqrt{x}}.$$

由导数的几何意义，曲线 $y=\sqrt{x}$ 在点 $(1,1)$ 处切线的斜率为

$$k=(\sqrt{x})'\Big|_{x=1}=\frac{1}{2\sqrt{x}}\Big|_{x=1}=\frac{1}{2},$$

所以曲线 $y=\sqrt{x}$ 在点 $(1,1)$ 处的切线方程为

$$y-1=\frac{1}{2}(x-1).$$

3.1.3 函数的连续与可导的关系

定理 1 若函数 $y=f(x)$ 在点 x_0 处可导，则 $f(x)$ 在点 x_0 处连续.

证　因为 $y=f(x)$ 在点 x_0 处可导，故

$$f'(x_0)=\lim_{\Delta x\to 0}\frac{\Delta y}{\Delta x},$$

从而 $\lim\limits_{\Delta x\to 0}\Delta y=\lim\limits_{\Delta x\to 0}\frac{\Delta y}{\Delta x}\cdot\Delta x=f'(x_0)\cdot 0=0$，即 $f(x)$ 在点 x_0 处连续.

注　(1) 该定理常简述为“可导则连续”.

(2) 该定理的逆命题不成立，即“连续未必可导”. 例如，函数 $y=|x|$ 在点 $x_0=0$ 处连续，但它在点 $x_0=0$ 处不可导(图 3-2)，这是因为 $\frac{\Delta y}{\Delta x}=\frac{|\Delta x|}{\Delta x}$，而 $\lim\limits_{\Delta x\to 0^-}\frac{\Delta y}{\Delta x}=-1$，$\lim\limits_{\Delta x\to 0^+}\frac{\Delta y}{\Delta x}=1$，故 $\lim\limits_{\Delta x\to 0}\frac{\Delta y}{\Delta x}$ 不存在.

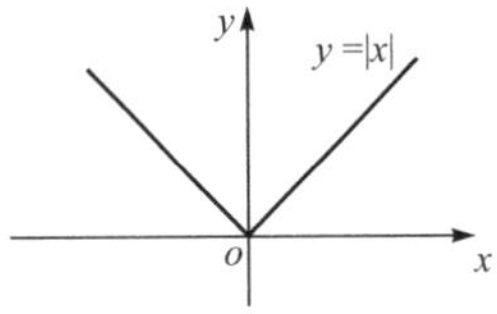

图 3-2

(3) 连续在几何直观上是“连而不断”，而可导在几何直观上体现的则是“光滑无尖点”.

(4) 1872 年，德国数学家魏尔斯特拉斯构造了一个处处连续处处不可导函数的例子.

3.2　求导数的运算法则与基本公式

3.2.1　用定义求几个基本初等函数的导数

例 1　设 $y=C$，求 y'.

解　对任意的 $x\in(-\infty,+\infty)$，给自变量 x 一个增量 Δx，则

$$\Delta y=C-C=0,$$

于是 $y'=\lim\limits_{\Delta x\to 0}\frac{\Delta y}{\Delta x}=\lim\limits_{\Delta x\to 0}0=0$，从而 $(C)'=0$.

例 2　设 $y=\sin x$，求 y'.

解　对任意的 $x\in(-\infty,+\infty)$，给自变量 x 一个增量 Δx，则

$$\Delta y=\sin(x+\Delta x)-\sin x=2\cos\left(x+\frac{\Delta x}{2}\right)\sin\frac{\Delta x}{2},$$

于是 $\frac{\Delta y}{\Delta x}=\frac{\sin\frac{\Delta x}{2}}{\frac{\Delta x}{2}}\cos\left(x+\frac{\Delta x}{2}\right)$，从而

$$y'=\lim_{\Delta x\to 0}\frac{\Delta y}{\Delta x}=\lim_{\Delta x\to 0}\frac{\sin\frac{\Delta x}{2}}{\frac{\Delta x}{2}}\lim_{\Delta x\to 0}\cos\left(x+\frac{\Delta x}{2}\right)=\cos x,$$

即 $(\sin x)'=\cos x$.

同理可证 $(\cos x)'=-\sin x$.

例 3 设 $y=\log_a x$ ($a>0$ 且 $a\neq 1$)，求 y' .

解 对任意的 $x\in(0,+\infty)$ ，给自变量 x 一个增量 Δx ，则

$$\Delta y=\log_a(x+\Delta x)-\log_a x=\log_a\left(1+\frac{\Delta x}{x}\right)=\frac{\Delta x}{x}\log_a\left(1+\frac{\Delta x}{x}\right)^{\frac{x}{\Delta x}},$$

从而

$$y'=\lim_{\Delta x\to 0}\frac{\Delta y}{\Delta x}=\lim_{\Delta x\to 0}\frac{1}{x}\log_a\left(1+\frac{\Delta x}{x}\right)^{\frac{x}{\Delta x}}=\frac{1}{x}\log_a \mathrm{e}=\frac{1}{x\ln a},$$

即 $(\log_a x)'=\dfrac{1}{x\ln a}$.

特别地，当 $a=\mathrm{e}$ 时，有 $(\ln x)'=\dfrac{1}{x}$. 自然对数的导数在形式上非常简洁，所以在科学研究中采用的对数一般是自然对数.

3.2.2 求导数的运算法则

从上节可以看到，用定义求导数通常不是一件简单的事情，尤其当遇到的函数形式可能比较复杂时，因此，寻找求导数的普遍法则是十分必要的. 莱布尼茨在这方面作出了卓越的贡献.

1. 导数的四则运算法则

定理 1 若函数 $u=u(x)$ ， $v=v(x)$ 在点 x 处可导，则它们的和 $u(x)+v(x)$ ，差 $u(x)-v(x)$ ，积 $u(x)v(x)$ ，商 $\dfrac{u(x)}{v(x)}$ ($v(x)\neq 0$)在点 x 处也可导，且有

(1) $[u(x)\pm v(x)]'=u'(x)\pm v'(x)$;

(2) $[u(x)v(x)]'=u'(x)v(x)+u(x)v'(x)$;

(3) $\left[\dfrac{u(x)}{v(x)}\right]'=\dfrac{u'(x)v(x)-u(x)v'(x)}{[v(x)]^2}$ ($v(x)\neq 0$).

证 采用导数的定义证明，这里仅证明(1).

令 $y=u(x)+v(x)$ ，给自变量 x 一个增量 Δx ，则

$$\Delta y = [u(x+\Delta x)+v(x+\Delta x)]-[u(x)+v(x)]$$
$$=[u(x+\Delta x)-u(x)]+[v(x+\Delta x)-v(x)]=\Delta u+\Delta v,$$

于是

$$y' = \lim_{\Delta x \to 0}\frac{\Delta y}{\Delta x} = \lim_{\Delta x \to 0}\left[\frac{\Delta u}{\Delta x}+\frac{\Delta v}{\Delta x}\right] = u'(x)+v'(x),$$

即 $u(x)+v(x)$ 在点 x 处可导，且

$$[u(x)\pm v(x)]' = u'(x)\pm v'(x).$$

注 (1) 定理 1(1)可推广至有限个函数代数和的情形：有限个函数代数和的导数等于导数的代数和.

(2) 在定理 1(2)中，当 $u(x)=C$ (常数)时，有 $[Cu(x)]' = Cu'(x)$，这表明：常数因子可以提到导数符号外.

(3) 在定理 1(3)中，当 $u(x)$=1(常数)时，有函数倒数的求导公式：

$$\left[\frac{1}{v(x)}\right]' = -\frac{v'(x)}{[v(x)]^2}.$$

例 4　设 $y = x^2\ln x - 3\sqrt{x}\sin x + 8$，求 y'.

解　$y' = (x^2\ln x - 3\sqrt{x}\sin x+8)' = (x^2\ln x)' - (3\sqrt{x}\sin x)' + (8)'$

$$= (x^2)'\ln x + x^2(\ln x)' - (3\sqrt{x})'\sin x - 3\sqrt{x}(\sin x)'$$
$$= 2x\ln x + x - \frac{3}{2}\frac{\sin x}{\sqrt{x}} - 3\sqrt{x}\cos x.$$

例 5　设 $y = \tan x$，求 y'.

解　$y' = (\tan x)' = \left(\dfrac{\sin x}{\cos x}\right)' = \dfrac{(\sin x)'\cos x - \sin x(\cos x)'}{(\cos x)^2}$

$$= \frac{\cos^2 x + \sin^2 x}{\cos^2 x} = \frac{1}{\cos^2 x} = \sec^2 x,$$

即 $(\tan x)' = \sec^2 x$.

同理可得 $(\cot x)' = -\csc^2 x$.

例 6　设 $y = \sec x$，求 y'.

解　$y' = (\sec x)' = \left(\dfrac{1}{\cos x}\right)' = \dfrac{-(\cos x)'}{(\cos x)^2} = \dfrac{\sin x}{\cos^2 x} = \sec x\tan x$，即

$$(\sec x)' = \sec x\tan x.$$

同理可得 $(\csc x)' = -\csc x\cot x$.

2. 复合函数的求导法则——链式法则

前面已经知道 $(\sin x)' = \cos x$，那么 $(\sin 3x)' = \cos 3x$ 是否正确呢？本节的复合函数的求导法则将告诉我们，这种直接代换是错误的.

定理 2 设函数 $y = f[g(x)]$ 是由函数 $y = f(u)$ 及 $u = g(x)$ 复合而成，并设 $u = g(x)$ 在点 x 处可导，$y = f(u)$ 在对应的点 $u = g(x)$ 处可导，则复合函数 $y = f[g(x)]$ 在点 x 处可导，且有求导的**链式法则**

$$\frac{\mathrm{d}y}{\mathrm{d}x} = \frac{\mathrm{d}y}{\mathrm{d}u} \cdot \frac{\mathrm{d}u}{\mathrm{d}x},$$

此式也可以表示为 $y'_x = y'_u \cdot u'_x$ 或 $y'_x = f'(u) \cdot g'(x)$,其中 y'_x 表示 y 对 x 的导数，y'_u，$f'(u)$ 表示因变量 y 对中间变量 u 的导数，而 u'_x，$g'(x)$ 表示中间变量 u 对自变量 x 的导数.

证明从略.

上述定理说明：复合函数的导数，等于因变量对中间变量的导数乘以中间变量对自变量的导数.

例 7 设 $y = \sin 3x$，求 y'.

解 令 $y = \sin u$，$u = 3x$，则 $y_u' = \cos u$，$u_x' = 3$，故

$$y' = y_x' = y_u' \cdot u_x' = 3\cos u = 3\cos 3x .$$

例 8 设 $y = \sqrt{a^2 - x^2}$，求 y'.

解 令 $y = \sqrt{u}$，$u = a^2 - x^2$，则 $y_u' = \dfrac{1}{2\sqrt{u}}$，$u_x' = -2x$，故

$$y' = y_x' = y_u' \cdot u_x' = \frac{1}{2\sqrt{u}}(-2x) = -\frac{x}{\sqrt{a^2 - x^2}} .$$

注 (1) 对链式法则熟练以后，计算时也可以不必将中间变量 u 写出来.

(2) 复合函数的中间变量有两个或两个以上时，也有相应的链式法则. 例如，对于 $y = f(u)$，$u = g(v)$，$v = h(x)$ 所形成的复合函数，有 $y_x' = y_u' \cdot u_v' \cdot v_x'$ 或 $\dfrac{\mathrm{d}y}{\mathrm{d}x} = \dfrac{\mathrm{d}y}{\mathrm{d}u} \cdot \dfrac{\mathrm{d}u}{\mathrm{d}v} \cdot \dfrac{\mathrm{d}v}{\mathrm{d}x}$.

(3) 对复合函数求导的关键就是对复合函数进行正确的分解(见第 1 章).

例 9 设 $y = \ln\cos\sqrt{x}$，求 y'.

解 令 $y = \ln u$，$u = \cos v$，$v = \sqrt{x}$，则

$$y_x' = y_u' \cdot u_v' \cdot v_x' = \frac{1}{u}(-\sin v)\frac{1}{2\sqrt{x}} = -\frac{\tan\sqrt{x}}{2\sqrt{x}} .$$

例 10　设 $y=\ln|x|$，求 y'.

解　因为 $y=\ln|x|=\begin{cases}\ln x, & x>0,\\ \ln(-x), & x<0,\end{cases}$ 则

当 $x>0$ 时，$y'=(\ln x)'=\dfrac{1}{x}$，

当 $x<0$ 时，$y'=[\ln(-x)]'=\dfrac{(-x)'}{-x}=\dfrac{1}{x}$.

综上，得 $(\ln|x|)'=\dfrac{1}{x}$.

例 11　一个在打气的圆气球，当半径 $r=120\ \text{mm}$时，其半径增长的速度为 $5\ \text{mm/s}$，试问此刻气球体积 V 的增长速度是多少？

解　已知 $r=120\ \text{mm}$，$\dfrac{\mathrm{d}r}{\mathrm{d}t}=5\ \text{mm/s}$. 因为 $V=\dfrac{4}{3}\pi r^3$，故

$$\frac{\mathrm{d}V}{\mathrm{d}t}=\frac{\mathrm{d}V}{\mathrm{d}r}\cdot\frac{\mathrm{d}r}{\mathrm{d}t}=\frac{4}{3}\pi\cdot 3r^2\cdot\frac{\mathrm{d}r}{\mathrm{d}t}=4\pi\cdot 120^2\cdot 5=288000\pi\approx 0.000904(\text{m}^3/\text{s}).$$

3. 用链式法则求隐函数的导数

在第 1 章，我们学习过隐函数. 若设隐函数 y 关于 x 可导，如何求这个导数呢？可以利用复合函数求导的链式法则来解决这个问题.

例 12　开普勒方程 $y-x-\dfrac{1}{2}\sin y=0$ 确定了 y 是 x 的函数，求 y'.

解　因为 y 是 x 的函数，所以 $\dfrac{1}{2}\sin y$ 是 x 的复合函数，方程两端同时对 x 求导，得

$$y'-1-\frac{1}{2}(\cos y)y'=0,$$

从而　$y'=\dfrac{2}{2-\cos y}$.

例 13　求椭圆 $\dfrac{x^2}{9}+\dfrac{y^2}{4}=2$ 上一点 $(3,-2)$ 处的切线方程与法线方程.

解　根据导数的几何意义，先求隐函数的导数，方程两端对 x 求导，得

$$\frac{2}{9}x+\frac{1}{2}yy'=0,$$

从而　$y'=-\dfrac{4x}{9y}$，故有

$$y'\big|_{(3,-2)}=-\frac{4x}{9y}\bigg|_{(3,-2)}=\frac{2}{3}.$$

据直线的点斜式方程，得到所求椭圆的切线方程为

$$y+2=\frac{2}{3}(x-3),$$

法线方程为

$$y+2=-\frac{3}{2}(x-3).$$

3.2.3 基本初等函数的求导公式

前面给出了常数函数、对数函数和三角函数的求导公式，这节给出其余的基本初等函数的求导公式.

1. 幂函数 $y=x^{\alpha}$ $(\alpha\in\mathbf{R})$ 的导数

对等式 $y=x^{\alpha}$，有

$$\ln|y|=\alpha\ln|x|.$$

两端对 x 求导，得

$$\frac{y'}{y}=\frac{\alpha}{x},$$

于是

$$y'=\frac{\alpha y}{x}=\frac{\alpha x^{\alpha}}{x}=\alpha x^{\alpha-1}.$$

即 $(x^{\alpha})'=\alpha x^{\alpha-1}$.

在上面的推导中，先对等式两端取自然对数，而后根据隐函数求导法求 y 对 x 的导数 y'，这种求导的方法称为**取对数求导法**.

2. 指数函数 $y=a^{x}$ ($a>0$，且 $a\neq1$)的导数

使用取对数求导法，有

$$\ln y=x\ln a,$$

两端对 x 求导，得

$$\frac{y'}{y}=\ln a,$$

于是

$$y' = y\ln a = a^x \ln a .$$

即 $(a^x)' = a^x \ln a$.

特别地，当 $a = \mathrm{e}$ 时，有 $(\mathrm{e}^x)' = \mathrm{e}^x$.

e^x 的导数仍是它自身，这是非常好的性质. 这个性质使得 e^x 在微分方程的求解过程中发挥重要作用.

3. 反三角函数的导数

对反正弦函数 $y = \arcsin x, x \in (-1,1), y \in \left(-\dfrac{\pi}{2},\dfrac{\pi}{2}\right)$ ，存在反函数 $x = \sin y$ ，等式两端对 x 求导，注意到 $\sin y$ 是 x 的复合函数及 $y \in \left(-\dfrac{\pi}{2},\dfrac{\pi}{2}\right)$ ，故有

$$1 = \cos y \cdot y' ,$$

从而

$$y' = \frac{1}{\cos y} = \frac{1}{\sqrt{1-\sin^2 y}} = \frac{1}{\sqrt{1-x^2}} ,$$

即 $(\arcsin x)' = \dfrac{1}{\sqrt{1-x^2}}$.

同理可得

$$(\arccos x)' = -\frac{1}{\sqrt{1-x^2}} ;$$

$$(\arctan x)' = \frac{1}{1+x^2} ;$$

$$(\operatorname{arc}\cot x)' = -\frac{1}{1+x^2} .$$

有了六类基本初等函数的求导公式，导数的四则运算法则，以及复合函数求导的链式法则，就可以求出我们通常遇到的初等函数的导数了.

为方便使用，下面将六类基本初等函数的求导公式与导数的四则运算及复合运算的求导法则列出.

4. 六类基本初等函数的求导公式

(1) 常数函数 $(C)' = 0$.

(2) 幂函数 $(x^\alpha)' = \alpha x^{\alpha-1}$ $(\alpha \in \mathbf{R})$.

(3) 对数函数 $(\log_a x)'=\dfrac{1}{x\ln a}$ ($a>0$ ，且 $a\neq 1$)；

$$(\ln x)'=\frac{1}{x}.$$

(4) 指数函数 $(a^x)'=a^x\ln a$ ($a>0$ ，且 $a\neq 1$)；

$$(e^x)'=e^x.$$

(5) 三角函数 $(\sin x)'=\cos x$ ；

$$(\cos x)'=-\sin x;$$
$$(\tan x)'=\sec^2 x;$$
$$(\cot x)'=-\csc^2 x;$$
$$(\sec x)'=\sec x\tan x;$$
$$(\csc x)'=-\csc x\cot x.$$

(6) 反三角函数 $(\arcsin x)'=\dfrac{1}{\sqrt{1-x^2}}$ ；

$$(\arccos x)'=-\frac{1}{\sqrt{1-x^2}};$$
$$(\arctan x)'=\frac{1}{1+x^2};$$
$$(\operatorname{arc\,cot} x)'=-\frac{1}{1+x^2}.$$

5. 导数的四则运算及复合运算的求导法则

(1) 四则运算法则 $[u(x)\pm v(x)]'=u'(x)\pm v'(x)$ ；

$$[u(x)v(x)]'=u'(x)v(x)+u(x)v'(x);$$
$$\left[\frac{u(x)}{v(x)}\right]'=\frac{u'(x)v(x)-u(x)v'(x)}{[v(x)]^2}\quad (v(x)\neq 0).$$

其中 $u=u(x)$ ， $v=v(x)$ 在点 x 处均可导.

(2) 复合运算法则 $y'_x=y'_u u'_x=f'(u)g'(x)$. 其中 $u=g(x)$ 在点 x 处可导， $y=f(u)$ 在相应的点 $u=g(x)$ 处可导.

前面已经知道，利用导数，可以考察现实生活中的某些与函数变化率有关的问题.下面再举两个例子.

例 14 已知某地点空气中某污染物的浓度 C (单位： μg/g)是该地点与污染源的距离 x (单位：km)的函数，设有 $C(x)=0.3e^{-2x}$ ，求污染物浓度关于距离的变化率. 当 $x=5\text{km}$ 时，变化率为多少？

解 $C'(x)=-0.6\mathrm{e}^{-2x}$，这里的“－”号表示污染物的浓度 C 随距离 x 的增加而减少. 当 $x=5\text{km}$ 时，变化率为 $C'(5)=-0.6\mathrm{e}^{-10}$.

例 15 将某种药物注射入人体，药物在人体内的浓度 P (单位：μg/ml)是药物注射入人体所经历的时间 t (单位：h)的函数，设有 $P(t)=\dfrac{1}{12t^3-5t+1}$，求药物浓度关于时间的变化率. 当 $t=2\text{h}$ 时，变化率为多少？

解 $P'(t)=-\dfrac{(36t^2-5)}{(12t^3-5t+1)^2}$，这里的“－”号表示药物的浓度 P 随注入时间 t 的增加而减少. 当 $t=2\text{h}$ 时，变化率为 $P'(2)=-\dfrac{139}{7569}((\mu\text{g/ml})/\text{h})$.

3.2.4 高阶导数

一般地，函数 $y=f(x)$ 的导数 $f'(x)$ (称为 $f(x)$ **的一阶导数**)也是 x 的函数，也可以考虑 $f'(x)$ 的变化率，即 $f'(x)$ 的导数问题，称函数 $y=f(x)$ 的导数 $f'(x)$ 的导数为函数 $y=f(x)$ 的**二阶导数**，记作 y''，即

$$y''=[f'(x)]',$$

也可记作 $f''(x)$，$\dfrac{\mathrm{d}^2y}{\mathrm{d}x^2}$ 或 $\dfrac{\mathrm{d}^2f}{\mathrm{d}x^2}$.

类似地，又可以定义 $f''(x)$ 的导数 $[f''(x)]'$ 为 $f(x)$ 的**三阶导数**，记为 y'''，$f'''(x)$，$\dfrac{\mathrm{d}^3y}{\mathrm{d}x^3}$ 或 $\dfrac{\mathrm{d}^3f}{\mathrm{d}x^3}$.

函数 $y=f(x)$ 的 n **阶导数**则定义为 $n-1$ 阶导数 $f^{(n-1)}(x)$ 的导数，记为 $y^{(n)}$，$f^{(n)}(x)$，$\dfrac{\mathrm{d}^ny}{\mathrm{d}x^n}$ 或 $\dfrac{\mathrm{d}^nf}{\mathrm{d}x^n}$.

二阶及二阶以上的导数称为**高阶导数**.

由导数的力学意义知，做变速直线运动的质点的瞬时速度 $v(t)$ 是路程函数 $s(t)$ 的一阶导数，而加速度 $s(t)$ 是速度 $v(t)$ 的一阶导数，从而加速度 $a(t)=v'(t)=[s'(t)]'=s''(t)$. 因此可知：**二阶导数的力学意义**是做变速直线运动的质点的加速度.

例 16 求下列函数的 n 阶导数：

(1) $y=x^n$；(2) $y=C\mathrm{e}^x$ (C 为一常数).

解 (1) $y'=nx^{n-1}$，$y''=n(n-1)x^{n-2}$，…，$y^{(n)}=n!$，即 $(x^n)^{(n)}=n!$；

(2) $y'=C\mathrm{e}^x$，$y''=C\mathrm{e}^x$，…，$y^{(n)}=C\mathrm{e}^x$，即 $(C\mathrm{e}^x)^{(n)}=C\mathrm{e}^x$.

例 17 已知由静止状态自由落体的物体，其运动方程为 $s=\frac{1}{2}gt^2$，求物体的加速度 $a(t)$.

解 $v(t)=s'(t)=gt$，$a(t)=v'(t)=s''(t)=g$.

3.3 微分——局部改变量的估值

3.3.1 微分的概念

1. 微分的背景及概念

在理论研究和实际应用中，常常需要考虑函数改变量的问题. 当函数 $y=f(x)$ 的表达式较复杂时，函数的改变量 $\Delta y=f(x+\Delta x)-f(x)$ 也比较复杂，这时，人们就设法将这个差值简单化：近似将 Δy 表示为 Δx 的线性函数，微分就是这样的工具.

设有一块边长为 x 的正方形铁皮，其面积为 $S=x^2$. 当铁皮被均匀加热后边长伸长 Δx 时，面积的改变量为

$$\Delta S=(x+\Delta x)^2-x^2=2x\Delta x+(\Delta x)^2,$$

这里 ΔS 由两部分构成，第一部分是两个长方形面积之和，第二部分是小正方形的面积(图 3-3)，且第一部分 $2x\Delta x$ 是 Δx 的线性函数，在 $\Delta x\to 0$ 的过程中，第二部分 $(\Delta x)^2$ 是 Δx 的高阶无穷小. 因此，在 $\Delta x\to 0$ 时，$\Delta S=2x\Delta x+(\Delta x)^2\approx 2x\Delta x$，我们将 $2x\Delta x$ 称为函数 $S=x^2$ 在点 x 处的微分.

由上述背景，可以抽象出微分的概念.

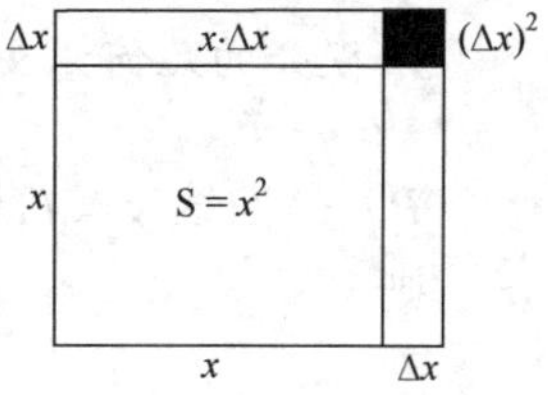

图 3-3

定义 1 设函数 $y=f(x)$ 在点 x 处有增量 Δx，若相应的函数增量 Δy 可表示为

$$\Delta y=A\Delta x+o(\Delta x),$$

其中 A 为与 x 有关，与 Δx 无关的常数，$A\Delta x$ 称为 Δy 的**线性主部**，$o(\Delta x)$ 是 Δx 高阶的无穷小，则称函数 $y=f(x)$ 在点 x 处**可微**，并称 $A\Delta x$ 为函数 $y=f(x)$ 在点 x 处的**微分**，记作 $\mathrm{d}y$ 或 $\mathrm{d}f(x)$，即

$$\mathrm{d}y=\mathrm{d}f(x)=A\Delta x,$$

从而有 $\Delta y=\mathrm{d}y+o(\Delta x)$.

2. 可微和可导的关系

定理 1　函数 $y=f(x)$ 在点 x 处可微与它在点 x 处可导等价.

证　设函数 $y=f(x)$ 在点 x 处可微，由可微的定义，有

$$\Delta y=A\Delta x+o(\Delta x),$$

从而 $\dfrac{\Delta y}{\Delta x}=A+\dfrac{o(\Delta x)}{\Delta x}\to A\ (\Delta x\to 0)$，故 $f'(x)=A$，即 $y=f(x)$ 在点 x 处可导，且 $f'(x)=A$.

设函数 $y=f(x)$ 在点 x 处可导，由可导的定义，有

$$\lim_{\Delta x\to 0}\frac{\Delta y}{\Delta x}=f'(x),$$

再由变量、极限与无穷小量的关系定理，知

$$\frac{\Delta y}{\Delta x}=f'(x)+\alpha(\Delta x)，其中\ \alpha(\Delta x)\to 0\ (\Delta x\to 0).$$

从而 $\Delta y=f'(x)\Delta x+\alpha(\Delta x)\Delta x$，即 Δy 可以分成两部分，一部分为 Δy 的线性主部，一部分是较 Δx 高阶的无穷小，且 $\mathrm{d}y=f'(x)\Delta x$，即 $y=f(x)$ 在点 x 处可微.

注　(1)自变量的微分等于自变量的增量：$\mathrm{d}x=\Delta x$. 这是因为，令 $y=x$，则有 $\Delta y=(x+\Delta x)-x=1\cdot\Delta x+0$，从而 $\mathrm{d}y=\mathrm{d}x=\Delta x$.

(2)由定理 1 的证明过程及注(1)知，函数 $y=f(x)$ 微分的计算公式为 $\mathrm{d}y=f'(x)\mathrm{d}x$.

(3)前面 $\dfrac{\mathrm{d}y}{\mathrm{d}x}$ 原本是作为导数记号的一个整体，有了微分的概念以后，它又可以解释为 $\mathrm{d}y$ 与 $\mathrm{d}x$ 之商，所以导数又称微商.

3. 微分的几何意义

P_0T 是曲线 $y=f(x)$ 上一点 $P_0(x_0,y_0)$ 处的切线，设它与 x 轴正向的夹角为 α. 则

$$f'(x_0)\Delta x=\tan\alpha\Delta x=\overline{NT}=\mathrm{d}y，而\ \Delta y=\overline{NP}.$$

$\mathrm{d}y$ 表示曲线上点 P_0 处切线纵坐标的增量，而 Δy 表示曲线 $y=f(x)$ 在点 P_0 处纵坐标的增量. 用直线纵坐标的增量近似代替曲线上纵坐标的增量(以直代曲)自然带来极大的方便. 尤其 $\Delta y-\mathrm{d}y=o(\Delta x)$，当 $\Delta x\to 0$ 时，这种近似替代就越来越精确(图 3-4).

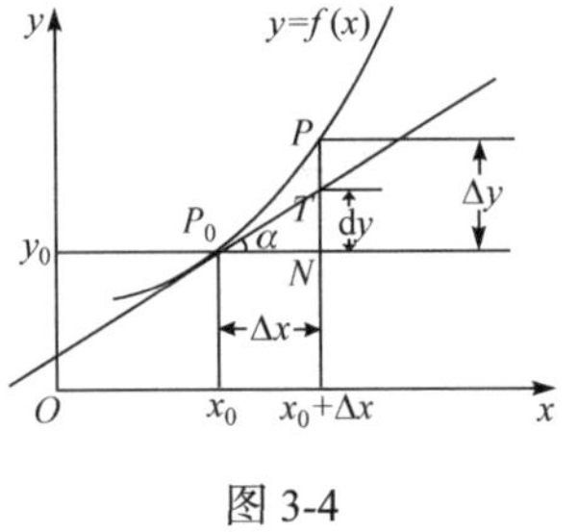

图 3-4

3.3.2 微分公式与法则

由微分的计算公式可知，只要求出 $y'=f'(x)$，代入公式 $dy=f'(x)dx$，即得函数 $y=f(x)$ 的微分 dy．因此，求微分就归结为求导数．求导数与求微分的方法则统称**微分法**．

为方便使用，下面将六类基本初等函数的求微分公式与微分的四则运算及复合运算法则列出．

1. 六类基本初等函数的微分公式

(1) 常数函数 $d(C)=0$．

(2) 幂函数 $d(x^\alpha)=\alpha x^{\alpha-1}dx$．

(3) 对数函数 $d(\log_a x)=\dfrac{dx}{x\ln a}$（$a>0$，且 $a\neq 1$）；

$$d(\ln x)=\frac{dx}{x}.$$

(4) 指数函数 $d(a^x)=a^x\ln a dx$（$a>0$，且 $a\neq 1$）；

$$d(e^x)=e^x dx.$$

(5) 三角函数 $d(\sin x)=\cos x dx$；

$$d(\cos x)=-\sin x dx;$$

$$d(\tan x)=\sec^2 x dx;$$

$$d(\cot x)=-\csc^2 x dx;$$

$$d(\sec x)=\sec x\tan x dx;$$

$$d(\csc x)=-\csc x\cot x dx.$$

(6) 反三角函数 $d(\arcsin x)=\dfrac{dx}{\sqrt{1-x^2}}$；

$$d(\arccos x)=-\frac{dx}{\sqrt{1-x^2}};$$

$$d(\arctan x)=\frac{dx}{1+x^2};$$

$$d(\operatorname{arccot} x)=-\frac{dx}{1+x^2}.$$

2. 微分的四则运算及复合运算法则

(1) 四则运算法则 $d(u\pm v)=du\pm dv$；

$$d(uv)=udv+vdu;$$

$$\mathrm{d}\left(\frac{u}{v}\right)=\frac{v\mathrm{d}u-u\mathrm{d}v}{v^2}\ (v\neq 0).$$

其中 $u=u(x)$，$v=v(x)$ 在点 x 处均可微.

(2) 复合运算法则

$$\mathrm{d}y=y_u'u_x'\mathrm{d}x=f'(u)g'(x)\mathrm{d}x.$$

其中 $u=g(x)$ 在点 x 处可微，$y=f(u)$ 在相应的点 $u=g(x)$ 处可微.

3.3.3 微分在近似计算中的简单应用

设函数 $y=f(x)$ 在点 x 处可微，则

$$\Delta y=f(x+\Delta x)-f(x)\approx \mathrm{d}y=f'(x)\Delta x,$$

也有

$$f(x+\Delta x)\approx f(x)+f'(x)\Delta x.$$

公式 $f(x+\Delta x)\approx f(x)+f'(x)\Delta x$ 可以用于计算函数 $y=f(x)$ 在点 x 的邻近点 $x+\Delta x$ 处函数的近似值. 公式 $\Delta y\approx \mathrm{d}y=f'(x)\Delta x$ 可以用于函数 $y=f(x)$ 在点 $x+\Delta x$ 处与点 x 处函数值改变量的估值. 这一事实正是微分在许多实际问题中的应用的基础.

例 1　利用微分，求 $\sqrt[3]{1.02}$ 的近似值.

解　设 $y=f(x)=\sqrt[3]{x}$，$x_0=1$，$x_0+\Delta x=1.02$. 利用公式

$$f(x+\Delta x)\approx f(x)+f'(x)\Delta x,$$

得

$$\sqrt[3]{1.02}=f(x_0+\Delta x)\approx f(x_0)+f'(x_0)\Delta x=f(1)+f'(1)\cdot 0.02.$$

又 $f(1)=1$，$f'(1)=(\sqrt[3]{x})'|_{x=1}=\dfrac{1}{3}$，故 $\sqrt[3]{1.02}\approx 1+\dfrac{0.02}{3}\approx 1.0067$.

例 2　一个外半径为 $r=10\,\mathrm{cm}$ 的球，球壳厚度为 $0.1\,\mathrm{cm}$，求球壳体积的近似值.

解　球的外半径为 $r=10\,\mathrm{cm}$，$\Delta r=-0.1\,\mathrm{cm}$，球的体积为

$$V=\frac{4}{3}\pi r^3.$$

球壳体积为 $|\Delta V|$，利用公式 $\Delta y=f(x+\Delta x)-f(x)\approx \mathrm{d}y=f'(x)\Delta x$，有

$$|\Delta V|\approx|\mathrm{d}V|=|V'(r)\Delta r|=\left|\left(\frac{4}{3}\pi r^3\right)'\Delta r\right|=4\pi r^2|\Delta r|\approx 125.6(\mathrm{cm}^3).$$

习 题 3

1. 根据导数的定义证明：

(1) $(x^6)'=6x^5$；(2) $(\cos x)'=-\sin x$；(3) $(\ln x)'=\dfrac{1}{x}$.

2. 已知一质点做变速直线运动，其运动方程为 $S=2t^2+5t$（t 的单位: s，S 的单位: m）. 求

(1) 质点在运动开始后，前 3 秒内的平均速度；

(2) 质点在 2 秒到 3 秒内的平均速度；

(3) 质点在 3 秒时的瞬时速度.

3. 已知抛物线 $y=x^2+3x+1$，

(1) 求它在点 $P_0(2,11)$ 处的切线方程和法线方程；

(2) 抛物线上哪一点处的切线平行于直线 $y=-5x+2$？

4. 求下列函数的导数：

(1) $y=\sin x+\cos x-\ln x+\pi$；　(2) $y=3\sqrt[3]{x}+\dfrac{1}{3}x^3-10$；

(3) $y=x^8\ln x$；　(4) $y=\dfrac{\tan x}{x}$；

(5) $y=x\cos x\ln x$；　(6) $y=\dfrac{2\sin x}{1+\cos x}$；

(7) $y=7x-\dfrac{1}{x^3}+\cos 2$；　(8) $y=x^3(5x+1)$.

5. 求下列函数的导数：

(1) $y=\sqrt{x^2+2x-1}$；　(2) $y=\ln\cos x$；

(3) $y=\sin(3t^2-2t+1)$；　(4) $y=(2x^2-7x+3)^6$；

(5) $y=\ln(x+\sqrt{1+x^2})$；　(6) $y=\arctan\dfrac{2x}{1-x^2}$；

(7) $y=\sin(\cos x)$；　(8) $y=\ln|x+1|$；

(9) $y=\dfrac{e^x-e^{-x}}{e^x+e^{-x}}$；　(10) $y=x^2\sin\dfrac{1}{x}$；

(11) $y=\arcsin(1-2x)$；　(12) $y=\ln\tan\dfrac{x}{2}$.

6. 一圆锥形容器，半锥角为 30°（图 3-5），求

(1) 注入水时，水的体积 V 对水面高度 H 的变化率；

(2) 注入水时，水的体积 V 对圆半径 R 的变化率.

图 3-5

7. 若函数 $y=f(x)$ 满足含有 x，y 和 y 的各阶导数的关系式(可不显含 x，y，但必须含有 y 的导数) $F(x,y,y',y'',\cdots,y^{(n)})=0$，则称 $y=f(x)$ 是微分方程 $F(x,y,y',y'',\cdots,y^{(n)})=0$ 的解.

(1) 验证函数 $y=\cos e^x+\sin e^x$ 是微分方程的 $y''-y'+ye^{2x}=0$ 解；

(2) 验证函数 $y=\sqrt{2x-x^2}$ 是微分方程 $y^3y''+1=0$ 的解.

8. 求下列函数的 n 阶导数：

(1) $y=\mathrm{e}^{\alpha x}\ (\alpha>0)$；(2) $y=\sin x$；(3) $y=2^x$.

9. 在括号内填入适当的函数：

(1) $\mathrm{d}(\quad)=\mathrm{e}^{2x}\mathrm{d}x$；　　(2) $\mathrm{d}(\quad)=\sin 2x\mathrm{d}x$；

(3) $\mathrm{d}(\quad)=\dfrac{\mathrm{d}x}{x+1}$；　　(4) $\mathrm{d}(\quad)=\dfrac{1}{x^2}\mathrm{d}x$；

(5) $\mathrm{d}(\quad)=\dfrac{1}{\sqrt{x}}\mathrm{d}x$；　　(6) $\mathrm{d}(\quad)=3x^2\mathrm{d}x$.

10. 求下列函数的微分：

(1) $y=\mathrm{e}^x\cos x$；　　(2) $y=\sin^2 x$；

(3) $y=\sqrt{x^2+2x-5}$；　　(4) $y=\cos^2(x^2+1)$；

(5) $y=\ln\left(\sin\dfrac{x}{2}\right)$；　　(6) $y=(x^2+1)\mathrm{e}^x$.

11. 求内直径 $d=100\mathrm{mm}$，管壁厚度为 $3\mathrm{mm}$ 的金属管横截面积的精确值，并利用微分计算其近似值.

12. 利用微分求下列各式的近似值：

(1) $\sqrt{34}$；　　(2) $\arctan 1.02$.

自主探索

1. 试推导求导法则：$(uv)'=u'v+uv'$.

2. 在对名画鉴别真伪时，人们常常考虑颜料中放射性物质的含量. 已知质量为 m_0 的某放射性物质，经过时间 t 以后，所剩的质量 m 与时间 t 的关系为 $m=m_0\mathrm{e}^{-0.00012t}$ (0.00012 为该物质的衰减系数)，试求出该物质的衰减率，并总结从结果中得到的结论.

3. 利用取对数求导法，计算下列函数的导数：

(1) $y=\sqrt{\dfrac{(x+1)(x+2)}{(x+3)(x+4)}}$；(2) $y=x^x\ (x>0)$.

4. 利用微分证明：当$|x|$很小时，下列近似计算公式成立：

(1) $\sin x\approx x$；(2) $\mathrm{e}^x\approx x+1$；(3) $\ln(x+1)\approx x$.

合作研究

1. 举例说明导数在经济学领域中的应用或在其他社会科学领域的应用.

2. 阐述有关牛顿和莱布尼茨的微积分发明权之争.

第 4 章 微分中值定理和微分学的应用

前一章介绍了导数与微分的概念、计算及简单的应用，为进一步利用微分学来解决较复杂函数的单调性、极值、最值及函数图像的绘制问题，需要先介绍微分学应用的理论基础——微分中值定理.

4.1 微分中值定理——联结局部与整体的桥梁

微分中值定理，又称微分学基本定理，揭示了函数在某区间的整体性质与该区间内部某一点的导数之间的关系.

4.1.1 费马定理

定义 1 若函数 $y=f(x)$ 在点 x_0 的某邻域内满足

$$f(x)\leqslant f(x_0)\ (\text{或 } f(x)\geqslant f(x_0)),$$

则称函数 $f(x)$ 在点 x_0 处取得**极大值(或极小值)** $f(x_0)$，x_0 称为 $f(x)$ 的**极大值点**(或**极小值点**). 极大值和极小值统称**极值**，极大值点和极小值点统称**极值点**.

例如，函数 $y=\sin x$ 在点 $x=-\dfrac{\pi}{2}$ 和 $x=\dfrac{\pi}{2}$ 处分别取得极小值-1 和极大值 1.

在几何图像上，不难发现，可导函数 $y=\sin x$ 的曲线在极值点 $x=-\dfrac{\pi}{2}$ 和 $x=\dfrac{\pi}{2}$ 处的切线平行于 x 轴. 下面的费马定理就叙述了这样的事实.

费马(Fermat)定理 若

(1) x_0 为函数 $f(x)$ 的极值点；

(2) $f(x)$ 在点 x_0 可导，

则 $f'(x_0)=0$.

由导数的定义及函数极限的局部保号性即可以证明费马定理.

注 (1) 满足 $f'(x)=0$ 的点 x_0 称为函数 $f(x)$ 的**驻点或稳定点**.

(2) 费马定理说明：$f'(x_0)=0$ 是可导函数 $y=f(x)$ 在点 x_0 取得极值的必要条件，即可导函数的极值点一定是驻点.

(3) 驻点未必是极值点．例如，$x=0$ 是 $f(x)=x^2$ 的驻点也是极小值点；$x=0$ 是 $f(x)=x^3$ 的驻点但不是极值点(图 4-1).

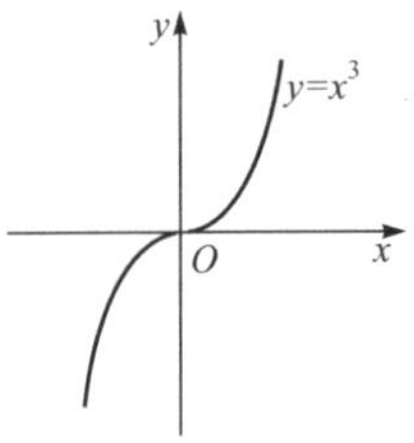

图 4-1

4.1.2　中值定理

1.　罗尔定理

罗尔(Rolle)定理　若函数 $y=f(x)$ 满足

(1) 在闭区间 $[a,b]$ 上连续；

(2) 在开区间 (a,b) 内可导；

(3) $f(a)=f(b)$，

则至少存在一点 $\xi\in(a,b)$，使得 $f'(\xi)=0$．

注　(1) 罗尔定理的几何意义：在坐标平面上，一条连续的、处处有切线的曲线，如果它的两端点的高度相同，则曲线上至少有一点，在这一点的切线是水平的(图 4-2).

(2) 定理中的三个条件缺少任何一条，定理的结论将不一定成立，即定理的条件仅是充分而非必要的．

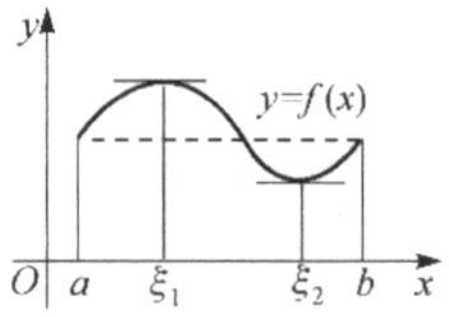

图 4-2

2.　拉格朗日定理

将罗尔定理的条件减弱，可得到如下应用更为广泛的拉格朗日定理．

拉格朗日(Lagrange)定理　若函数 $f(x)$ 满足

(1) 在闭区间 $[a,b]$ 上连续；

(2) 在开区间 (a,b) 内可导，

则至少存在一点 $\xi\in(a,b)$，使得以下的**拉格朗日公式**成立

$$f'(\xi)=\frac{f(b)-f(a)}{b-a}.$$

注　(1) 在拉格朗日定理中，只要补充条件 $f(a)=f(b)$，就变为罗尔定理．所以，罗尔定理是拉格朗日定理的特例．

(2) 拉格朗日定理的几何意义：光滑曲线 AB 上，除端点外，至少存在一点 $C(\xi,f(\xi))$，使得该点处的切线平行于线段 $AB(A(a,f(a)),B(b,f(b)))$(图 4-3).

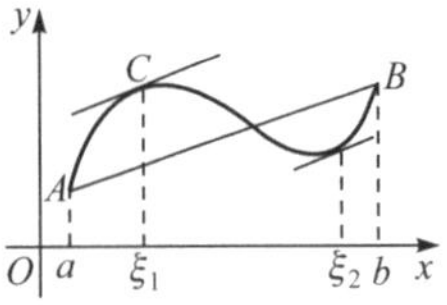

图 4-3

(3) 拉格朗日公式的右端 $\dfrac{f(b)-f(a)}{b-a}$ 表示函数 $f(x)$ 在 $[a,b]$ 上整体变化的平

均变化率，左端 $f'(\xi)$ 是表示 (a,b) 内的一点 ξ 处函数的局部瞬时变化率. 从力学角度看，公式表示整体上的平均速度等于某一内点处的瞬时速度. 所以，拉格朗日定理是由函数的局部性质来研究函数的整体性质的桥梁，其应用十分广泛.

(4) 拉格朗日定理可推广为**柯西(Cauchy)定理**(叙述略)，它是推导后面重要的洛必达法则的理论基础.

(5) 微分中值定理包括罗尔定理、拉格朗日定理和柯西定理. 一般情况下，微分中值定理是指拉格朗日定理.

从拉格朗日定理可以推出下面两个重要结论.

推论 1 若函数 $f(x)$ 在开区间 (a,b) 内的导数恒为零，则 $f(x)$ 是 (a,b) 内的常数函数.

证 对任意 $x_1, x_2 \in (a,b)$ 且 $x_1 < x_2$ ，因为 $f(x)$ 在 $[x_1, x_2]$ 上满足拉格朗日定理的条件，故存在 $\xi \in (x_1, x_2)$ ，使得

$$f(x_2) - f(x_1) = f'(\xi)(x_2 - x_1) .$$

由假设 $f'(\xi) = 0$ ，于是

$$f(x_1) = f(x_2) .$$

再由 x_1, x_2 的任意性，知 $f(x)$ 在 (a,b) 内任意点处的函数值都相等，因此，$f(x)$ 是 (a,b) 内的常数函数.

由推论 1，很容易得到如下的推论 2.

推论 2 若函数 $f(x)$ 与 $g(x)$ 在开区间 (a,b) 内的导数相等，则 $f(x)$ 与 $g(x)$ 在 (a,b) 内至多相差一个常数.

4.2 洛必达法则——计算未定式极限的有效方法

在 2.2 节，我们已经知道两个无穷小量的和、差或积仍均为无穷小量，而两个无穷小量的商却可能有多种情况，故称两个无穷小量的商为 $\frac{0}{0}$ 型未定式. 同理，两个无穷大量的商为 $\frac{\infty}{\infty}$ 型未定式.

利用上节提及的中值定理之一——柯西定理，我们可以证明洛必达法则——一种简明、有效地计算未定式极限的一般方法，本节只给出该法则的内容及具体应用实例，证明则从略.

4.2.1 $\dfrac{0}{0}$及$\dfrac{\infty}{\infty}$型未定式

1. $\dfrac{0}{0}$型未定式(仅以$x\to x_0$为例叙述)

定理 1　若函数$f(x)$和$g(x)$满足

(1) $\lim\limits_{x\to x_0}f(x)=\lim\limits_{x\to x_0}g(x)=0$；

(2) $f'(x)$和$g'(x)$存在，且$g'(x)\neq 0$；

(3) $\lim\limits_{x\to x_0}\dfrac{f'(x)}{g'(x)}$存在(或为无穷大)，

则

$$\lim_{x\to x_0}\frac{f(x)}{g(x)}=\lim_{x\to x_0}\frac{f'(x)}{g'(x)}.$$

注　(1) 定理 1 的意义在于，当满足定理条件时，$\dfrac{0}{0}$型未定式$\dfrac{f(x)}{g(x)}$的极限可以转化为$\dfrac{f'(x)}{g'(x)}$的极限，从而为求$\dfrac{0}{0}$型未定式极限提供了一种可能的新途径.

(2) 若在计算极限过程中，$\dfrac{f'(x)}{g'(x)}$仍为$\dfrac{0}{0}$型未定式，且$f'(x)$和$g'(x)$如$f(x)$和$g(x)$一样满足定理 1 的条件，则可以继续使用洛必达法则.

例 1　求$\lim\limits_{x\to 1}\dfrac{\ln x}{x-1}$.

解　$\lim\limits_{x\to 1}\dfrac{\ln x}{x-1}=\lim\limits_{x\to 1}\dfrac{\frac{1}{x}}{1}=1$.

例 2　求$\lim\limits_{x\to 0}\dfrac{1-\cos x}{x^2}$.

解　$\lim\limits_{x\to 0}\dfrac{1-\cos x}{x^2}=\lim\limits_{x\to 0}\dfrac{\sin x}{2x}=\dfrac{1}{2}$.

例 3　求$\lim\limits_{x\to 0}\dfrac{\sin x-x}{\tan x-x}$.

解　$\lim\limits_{x\to 0}\dfrac{\sin x-x}{\tan x-x}=\lim\limits_{x\to 0}\dfrac{\cos x-1}{\sec^2 x-1}=\lim\limits_{x\to 0}\dfrac{-\sin x}{2\sec^2 x\tan x}=\lim\limits_{x\to 0}\dfrac{-\cos^3 x}{2}=-\dfrac{1}{2}$.

2. $\dfrac{\infty}{\infty}$型未定式(仅以 $x \to x_0$ 为例叙述)

定理 2 若函数 $f(x)$ 和 $g(x)$ 满足

(1) $\lim\limits_{x \to x_0} f(x) = \lim\limits_{x \to x_0} g(x) = \infty$；

(2) $f'(x)$ 和 $g'(x)$ 存在，且 $g'(x) \neq 0$；

(3) $\lim\limits_{x \to x_0} \dfrac{f'(x)}{g'(x)}$ 存在(或为无穷大)，

则

$$\lim_{x \to x_0} \frac{f(x)}{g(x)} = \lim_{x \to x_0} \frac{f'(x)}{g'(x)}.$$

例 4 求 $\lim\limits_{x \to +\infty} \dfrac{x^n}{\ln x} (n \in \mathbf{N}^+)$.

解 $\lim\limits_{x \to +\infty} \dfrac{x^n}{\ln x} = \lim\limits_{x \to +\infty} \dfrac{nx^{n-1}}{\dfrac{1}{x}} = \lim\limits_{x \to +\infty} nx^n = +\infty$.

例 5 求 $\lim\limits_{x \to +\infty} \dfrac{x^3}{e^{2x}}$.

解 $\lim\limits_{x \to +\infty} \dfrac{x^3}{e^{2x}} = \lim\limits_{x \to +\infty} \dfrac{3x^2}{2e^{2x}} = \lim\limits_{x \to +\infty} \dfrac{3x}{2e^{2x}} = \lim\limits_{x \to +\infty} \dfrac{3}{4e^{2x}} = 0$.

4.2.2 其他类型的未定式

除了$\dfrac{0}{0}$型和$\dfrac{\infty}{\infty}$型未定式，还有$0 \cdot \infty$，$\infty - \infty$，1^∞，∞^0和0^0这五种常见类型的未定式. 这五种未定式均可以通过适当的变形化为前面讲过的两种基本的类型：$\dfrac{0}{0}$型和$\dfrac{\infty}{\infty}$型未定式.

例 6 求 $\lim\limits_{x \to 0} \left(\dfrac{1}{x} - \dfrac{1}{e^x - 1} \right)$.

解 当 $x \to 0$ 时，$\dfrac{1}{x} - \dfrac{1}{e^x - 1}$ 是 $\infty - \infty$ 型未定式，可通分后化为$\dfrac{0}{0}$型未定式，于是

$$\lim_{x \to 0} \left(\frac{1}{x} - \frac{1}{e^x - 1} \right) = \lim_{x \to 0} \frac{e^x - 1 - x}{x(e^x - 1)} = \lim_{x \to 0} \frac{e^x - 1}{e^x - 1 + xe^x} = \lim_{x \to 0} \frac{e^x}{2e^x + xe^x} = \frac{1}{2}.$$

例 7　求 $\lim\limits_{x\to+\infty} x\left(\dfrac{\pi}{2}-\arctan x\right)$.

解　当 $x\to+\infty$ 时，$x\left(\dfrac{\pi}{2}-\arctan x\right)$ 是 $0\cdot\infty$ 型未定式，可通过将乘积改写成商的形式化为 $\dfrac{0}{0}$ 型未定式，于是

$$\lim_{x\to+\infty} x\left(\frac{\pi}{2}-\arctan x\right)=\lim_{x\to+\infty}\frac{\dfrac{\pi}{2}-\arctan x}{\dfrac{1}{x}}=\lim_{x\to+\infty}\frac{-\dfrac{1}{1+x^2}}{-\dfrac{1}{x^2}}=\lim_{x\to+\infty}\frac{x^2}{1+x^2}=1.$$

例 8　求 $\lim\limits_{x\to0}(1+\sin x)^{\frac{1}{x}}$.

解　当 $x\to0$ 时，$(1+\sin x)^{\frac{1}{x}}$ 是 1^∞ 型未定式，利用公式 $f(x)^{g(x)}=\mathrm{e}^{g(x)\ln f(x)}$ $(f(x)>0)$ 及连续函数复合运算的求极限法则，则

$$\lim_{x\to0}(1+\sin x)^{\frac{1}{x}}=\lim_{x\to0}\mathrm{e}^{\frac{1}{x}\ln(1+\sin x)}=\mathrm{e}^{\lim\limits_{x\to0}\frac{1}{x}\ln(1+\sin x)},$$

而当 $x\to0$ 时，$\dfrac{\ln(1+\sin x)}{x}$ 是 $\dfrac{0}{0}$ 型未定式，于是

$$\lim_{x\to0}\frac{\ln(1+\sin x)}{x}=\lim_{x\to0}\frac{\dfrac{\cos x}{1+\sin x}}{1}=1,$$

故 $\lim\limits_{x\to0}(1+\sin x)^{\frac{1}{x}}=\mathrm{e}^1=\mathrm{e}$.

4.3　函数的单调性、极值与最值——利用导数研究函数的性质

4.3.1　单调性

中学代数里，对函数 $y=f(x)$ 的单调性的研究，常采用在函数定义域内任取两点 x_1,x_2，将差值 $f(x_2)-f(x_1)$ 与 0 比较或比值 $\dfrac{f(x_2)}{f(x_1)}$ 与 1 比较来讨论，但当 $f(x)$ 很复杂时，这种比较的方法往往很繁琐或失效. 用导数判断函数的单调性时，则无需对每一个具体函数借助特殊的技巧，因而更具一般性.

先从几何直观来考察．若曲线 $y=f(x)$ 上的每一点处切线的斜率与 x 轴正向夹角为锐角，即切线的斜率 $\tan\alpha=f'(x)$ 均为正值，则曲线沿 x 轴正向是上升的，即函数 $y=f(x)$ 是单调增加的(图 4-4)．

若曲线 $y=f(x)$ 上的每一点处切线的斜率与 x 轴正向夹角为钝角，即切线的斜率 $\tan\alpha=f'(x)$ 均为负值，则曲线沿 x 轴正向是下降的，即函数 $y=f(x)$ 是单调减少的(图 4-5)．

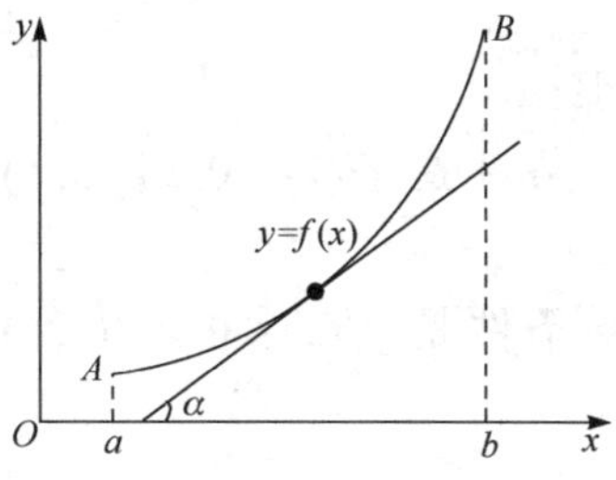

图 4-4

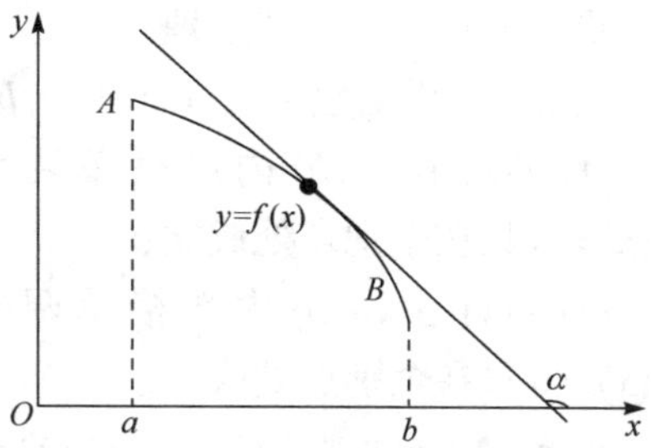

图 4-5

根据拉格朗日定理，易得到下面的关于函数单调性的重要定理．

定理 1　设函数 $f(x)$ 在 (a,b) 内可导，那么

(1) 若 $f'(x)>0, x\in(a,b)$，则 $f(x)$ 在 (a,b) 上严格单调增加；

(2) 若 $f'(x)<0, x\in(a,b)$，则 $f(x)$ 在 (a,b) 上严格单调减少．

证　(1)对任意的 $x_1,x_2\in(a,b)$，$x_1<x_2$，由拉格朗日定理，至少存在一点 $\xi\in(x_1,x_2)$，使得

$$f(x_2)-f(x_1)=f'(\xi)(x_2-x_1).$$

由假设知 $f'(\xi)>0$，于是上式右边 $f'(\xi)(x_2-x_1)>0$，即有 $f(x_2)-f(x_1)>0$，也就是 $f(x_2)>f(x_1)$，从而 $f(x)$ 在 (a,b) 上严格单调增加．

类似可以证明(2)．

据上述定理 1，可以由导数的正负号来判断函数的单调性．一般地，常用满足 $f'(x)=0$ 的点(即驻点)将函数的定义区间 (a,b) 分成几个子区间，再在这些子区间上据导数的符号来判定函数的单调性．

例 1　讨论函数 $f(x)=x^3-3x$ 的单调性．

解　(1) 函数的定义域为 $(-\infty,+\infty)$；

(2) $f'(x)=3x^2-3=3(x-1)(x+1)$；

(3) 令 $f'(x)=0$，得 $x_1=-1, x_2=1$，这两点将 $(-\infty,+\infty)$ 分成三部分；

(4) 列表

x	$(-\infty,-1)$	$(-1,1)$	$(1,+\infty)$
$f'(x)$	+	—	+
$f(x)$	严格单调增加	严格单调减少	严格单调增加

(5) 结论：$f(x)$ 在区间 $(-\infty,-1)$，$(1,+\infty)$ 上严格单调增加；在区间 $(-1,1)$ 上严格单调减少.

更一般地，有下述定理.

定理 2　设函数 $y=f(x)$ 在 (a,b) 内可导，那么

(1) $f(x)$ 在 (a,b) 内严格单调增加的充要条件是 $f'(x)\geqslant 0, x\in(a,b)$，而 $f'(x)=0$ 只在个别点处成立；

(2) $f(x)$ 在 (a,b) 内严格单调减少的充要条件是 $f'(x)\leqslant 0, x\in(a,b)$，而 $f'(x)=0$ 只在个别点处成立.

例 2　讨论函数 $f(x)=x^3$ 的单调性.

解　函数 $f(x)=x^3$ 的定义域为 $(-\infty,+\infty)$，且 $f'(x)=3x^2\geqslant 0$，$f'(x)=0$ 仅在 $x=0$ 时成立，故 $f(x)=x^3$ 在 $(-\infty,+\infty)$ 上严格单调增加.

4.3.2　函数的极值

在实际应用中，经常会遇到如何使材料最省，使成本最低，容积最大，收益最高等求最大值和最小值(简称最值)的问题. 要求函数的最值，必先讨论函数的极值.

1. 必要条件

求极值的关键是找出极值点. 费马定理告诉我们，可导函数 $y=f(x)$ 在点 x_0 取得极值的必要条件是 $f'(x_0)=0$ (即 x_0 为 $f(x)$ 的驻点). 因而求可导函数的极值点只能从驻点中寻找.

另外，函数的极值点也可能在不可导点取得. 例如，$f(x)=|x|$ 在点 $x_0=0$ 不可导，但它在 $x_0=0$ 处取得极小值.

综上，得到如下结论.

定理 3(极值存在的必要条件)　函数 $y=f(x)$ 在点 x_0 取得极值的必要条件是 $f'(x_0)=0$ 或 $f'(x_0)$ 不存在.

将 $f(x)$ 的驻点与不可导点统称为**极值嫌疑点**. 因此，在求函数极值时，我们只需要一一考察这些极值嫌疑点即可.

2. 充分条件

函数 $f(x)$ 在点 x_0 取得极值的充分条件，常用以下两个判别定理.

定理 4(极值存在的第一充分条件) 设函数 $f(x)$ 在点 x_0 连续，在点 x_0 的某去心邻域内可导. 那么

(1) 若 $x<x_0$ 时，$f'(x)<0$，且 $x>x_0$ 时，$f'(x)>0$，则 $f(x_0)$ 为极小值；

(2) 若 $x<x_0$ 时，$f'(x)>0$，且 $x>x_0$ 时，$f'(x)<0$，则 $f(x_0)$ 为极大值；

(3) 若在 x_0 左右两侧，$f'(x)$ 不变号，则 $f(x_0)$ 不是极值.

由导数符号判断函数单调性，易证本定理. 本定理适用于两类极值嫌疑点的判别.

例 3 求函数 $f(x)=x^3-3x^2-9x+5$ 的极值.

解 (1) 函数的定义域为 $(-\infty,+\infty)$；

(2) $f'(x)=3x^2-6x-9=3(x-3)(x+1)$；

(3) 令 $f'(x)=0$，得 $x_1=-1, x_2=3$ 为 $f(x)$ 的极值嫌疑点；

(4) 列表

x	$(-\infty,-1)$	-1	$(-1,3)$	3	$(3,+\infty)$
$f'(x)$	+	0	—	0	+
$f(x)$	严格单调增加	极大值 10	严格单调减少	极小值−22	严格单调增加

(5) 结论：$f(x)$ 在 $x=-1$ 处取得极大值 $f(-1)=10$；在 $x=3$ 处取得极小值 $f(3)=-22$.

例 4 求函数 $f(x)=\sqrt[3]{x}$ 的极值.

解 (1) 函数的定义域为 $(-\infty,+\infty)$；

(2) $f(x)$ 在点 $x_0=0$ 不可导，故 $x_0=0$ 为 $f(x)$ 的极值嫌疑点；

(3) $x\neq 0$ 时，$f'(x)=\dfrac{1}{3}x^{-\frac{2}{3}}>0$，故 $f(0)$ 不是极值，因而 $f(x)$ 在定义域中不存在极值.

对于驻点，还可以用二阶导数来判断其是否为极值点.

定理 5(极值存在的第二充分条件) 设函数 $f(x)$ 满足

(1) $f'(x_0)=0$；

(2) $f''(x_0)$ 存在.

那么

(1) 若 $f''(x_0)<0$，则 $f(x_0)$ 为极大值；

(2) 若 $f''(x_0)>0$，则 $f(x_0)$ 为极小值；

(3) 若 $f''(x_0)=0$，则不能判断 $f(x_0)$ 是否为极值.

由 $f''(x_0)$ 的定义及定理 4 可以证明本定理. 其中(3)的正确性可以用两个例子来说明，例如，函数 $f(x)=x^3$，满足 $f'(0)=f''(0)=0$，但 $f(0)=0$ 显然不是极值；而函数 $g(x)=x^4$，满足 $g'(0)=g''(0)=0$，但 $g(0)=0$ 显然是极小值.

例 5　求函数 $f(x)=\mathrm{e}^{-x^2}$ 的极值.

解　(1) 函数的定义域为 $(-\infty,+\infty)$；

(2) $f'(x)=(-2x)\mathrm{e}^{-x^2}$，令 $f'(x)=0$，得 $x=0$，又 $f''(x)=2(2x^2-1)\mathrm{e}^{-x^2}$，则 $f''(0)=-2<0$；

(3) 结论：$f(x)$ 在点 $x=0$ 取得极大值 $f(0)=1$(图 4-6).

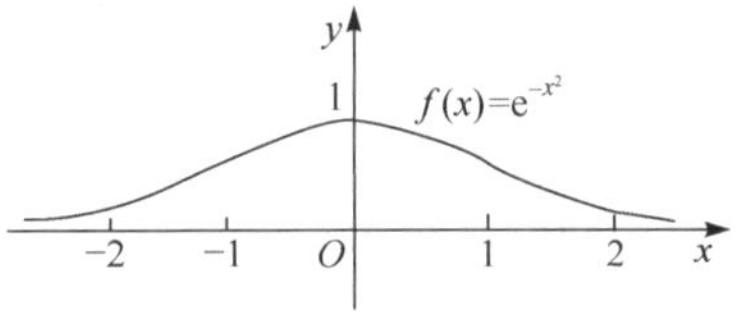

图 4-6

例 6　求函数 $f(x)=x^3+\dfrac{3}{x}$ 的极值.

解　(1) 函数的定义域为 $(-\infty,0)\cup(0,+\infty)$；

(2) $f'(x)=3x^2-\dfrac{3}{x^2}$，令 $f'(x)=0$，得 $x=-1,1$，又 $f''(x)=6\left(x+\dfrac{1}{x^3}\right)$，则 $f''(-1)=-12<0$ 及 $f''(1)=12>0$；

(3) 结论：$f(x)$ 在点 $x=-1$ 取得极大值 $f(-1)=-4$，在点 $x=1$ 取得极小值 $f(1)=4$.

4.3.3　函数的最值

上节讨论的极值是一个局部性的概念，而最值则是一个全局性的概念.

在实际问题中，通常遇到的函数是在某区间内只有一个极值点的可导函数，且从实际意义可以推断函数能够在区间内取得最值，因而，这唯一的极值就是最值.

例 7　要用铁皮制造一个容积为 V_0 的带盖圆柱形容器，问容器底圆半径 r 与容器高 h 满足怎样的比例时，用料最省？

解　设容器的表面积为 S，则

$$S=S(r)=2\pi r^2+2\pi rh .$$

由 $V_0=\pi r^2 h$ 得 $h=\dfrac{V_0}{\pi r^2}$，代入上式消去 h，得

$$S(r)=2\pi r^2+\frac{2V_0}{r}\text{，}\quad r\in(0,+\infty)\text{.}$$

令 $S'(r)=4\pi r-\frac{2V_0}{r^2}=0$，得唯一的驻点 $r_0=\sqrt[3]{\frac{V_0}{2\pi}}$，又因为 $S''(r)=4\pi+\frac{4V_0}{r^3}>0$，故 S 在 r_0 处取得极小值，由问题的实际意义知，$S(r)$ 在此驻点取得最小值．而此时容器底圆半径 r_0 与高 h_0 之比为

$$\frac{r_0}{h_0}=\frac{1}{\dfrac{V_0}{\pi\cdot\dfrac{V_0}{2\pi}}}=\frac{1}{2}\text{.}$$

从而得到结论，当底圆直径与高相等时，用料最省．

例 8　一个出版社要给一本新的技术书定价，使出书盈利最大．已知生产和销售 x 本这种书所需要的成本费为 $C(x)=25000+5x$ (元)．因为生产一本书的成本至少要 5 元，售价 P 必须比这个价格大得多，否则要蒙受亏损．已知销售 x 本书和售价 P 之间的经验公式为 $\frac{x}{1000}=6\left(1-\frac{P}{30}\right)$，问销售多少本书时盈利最大，此时书的定价应为多少合适？

解　据经验公式，为售出 x 本书，每本书的定价应为

$$P=30\left(1-\frac{x}{6000}\right)\text{，}$$

此时总收入为 $R(x)=xP=30x\left(1-\frac{x}{6000}\right)$．总收入减去总成本为总盈利 $L(x)$，即

$$L(x)=R(x)-C(x)=-\frac{x^2}{200}+25x-25000\text{.}$$

令 $L'(x)=25-\frac{x}{100}=0$，得唯一的驻点 $x=2500$．因此 $x=2500$ (本)为最优销售数量，此时 P=17.5 (元).

习　题　4

1. 验证下列函数在所给区间上是否满足拉格朗日定理的条件？若满足，求出符合定理的内点 ξ．

(1)　$f(x)=x^3-x+6$，$[-1,0]$；

(2)　$f(x)=\ln x+x$，$[1,\mathrm{e}]$．

2. 求下列函数极限：

(1) $\lim\limits_{x\to 3}\dfrac{x^3-27}{x-3}$；　(2) $\lim\limits_{x\to 0}\dfrac{1-\cos x}{x^3+x^2}$；　(3) $\lim\limits_{x\to +\infty}\dfrac{\ln x}{1-x}$；

(4) $\lim\limits_{x\to +\infty}\dfrac{x^5}{\mathrm{e}^x}$；　(5) $\lim\limits_{x\to 0}x\cot 3x$；　(6) $\lim\limits_{x\to 0}\left(\dfrac{1}{\sin x}-\dfrac{1}{x}\right)$；

(7) $\lim\limits_{x\to 0^+}x^x$；　(8) $\lim\limits_{x\to +\infty}\left(\dfrac{x}{x+2}\right)^{3x}$.

3. 求下列函数的单调区间、极值点和极值：

(1) $y=2x^3-6x^2-18x+17$；　(2) $y=x-\dfrac{4}{x^2}$；

(3) $y=x^2\mathrm{e}^{-x}$；　(4) $y=x-\dfrac{3}{2}x^{\frac{2}{3}}$.

4. 一种窗户的设计形状是由半圆置于矩形之上构成的. 若限制此窗的周长为 L，试确定半圆的半径 r 和矩形的高 h 各为多少时，窗的面积最大？

5. 轮船甲位于轮船乙以东 75 海里处，并以 12 海里/小时的速度向西航行，而轮船乙则以 6 海里/小时的速度向北行驶，问经过多少时间，两船相距最近？

6. 某企业生产某种产品，用 x 表示产品数量，生产 x 件产品时，总成本为 $C(x)=2x+300$，销售后得到的总收入为 $R(x)=-0.01x^2+6x$，问该企业生产多少件产品，才能使盈利最大？

自主探索

1．试列举以下实例：

(1) 是函数极值点的驻点；

(2) 不是函数极值点的驻点；

(3) 是函数极值点的不可导点；

(4) 不是函数极值点的不可导点.

2．函数的极大值一定大于极小值么？函数的最大值一定大于最小值么？给出回答，并说明理由.

3．求 $\dfrac{\infty}{\infty}$ 型未定式极限 $\lim\limits_{x\to\infty}\dfrac{x+\sin x}{x}$ 时，为什么洛必达法则失效？应该如何求这个极限？

合作研究

1．在实际测量中，对一个量 A，测量 n 次，得到 n 个数据 x_1，x_2，$\cdots$，x_n，人们常取这 n 个数据的算术平均值 $\dfrac{x_1+x_2+\cdots+x_n}{n}$ 作为 A 的近似值. 试用本章学

习的最值理论研究这么做的理由.

2. 夜晚看书学习，书桌上台灯放置的高度，对保护视力很重要. 所谓最合适的高度，是能给你视点处的照度最大的高度.

假设一灯泡悬挂在水平桌面的正上方，读书的人在桌面上视点距灯泡所在铅垂线的距离为 a，视点处受到的照度 A 与光线和视点处铅垂线夹角 α 的余弦成正比，与视点到灯泡的距离 r 的平方成反比. 要使视点处的照度最大，讨论灯泡应该挂在桌面上方多高(图 4-7)?

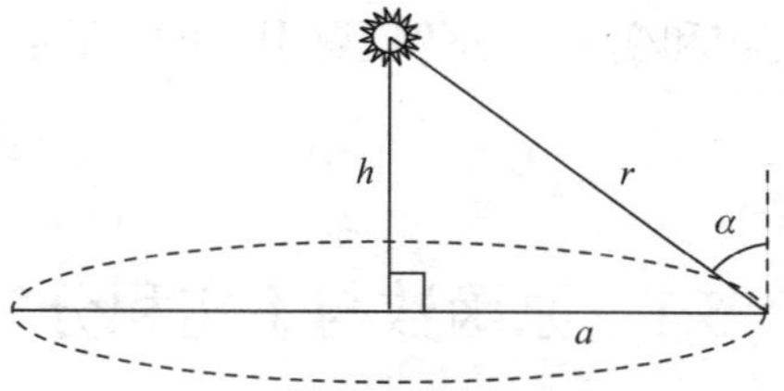

图 4-7

3. 这一章的学习中出现了数学家费马、罗尔、拉格朗日、柯西、洛必达，他们均为 17～19 世纪法国数学家，查阅资料，简述几个著名的法国数学家及其成就，并分析法国历史上产生众多一流数学家及法国成为数学强国的原因.

第 5 章　不定积分——微分的逆运算

从本章开始学习一元函数的积分学，包括不定积分和定积分两部分．不定积分是由已知速度求路程、已知切线求曲线等问题产生的．定积分则是由求一条封闭曲线所围成图形的面积和变力做功等问题引入的．不定积分与定积分二者又有密不可分的联系．

5.1　原函数与不定积分

微分学的一个基本问题是已知一个函数，求它的变化率，即导数的问题．例如，做变速直线运动的质点，其路程函数为 $s(t)$，则在时刻 t 的瞬时速度为 $v(t)=s'(t)$．但在许多自然科学及实际问题中，往往遇到相反的问题，即已知速度求路程，这是已知函数变化率，要反过来求原来函数的问题．

由导数(或微分)求原来函数的运算就是求不定积分．

5.1.1　原函数的概念

定义 1　设函数 $F(x)$ 与 $f(x)$ 在区间 I 上有定义．若在 I 上

$$F'(x)=f(x),$$

则称 $F(x)$ 为 $f(x)$ 在区间 I 上的一个**原函数**．

例如，$(x^2)'=2x$，所以 x^2 是 $2x$ 在区间 $(-\infty,+\infty)$ 上的一个原函数．此外，易知 x^2+1，x^2-1 也是 $2x$ 在区间 $(-\infty,+\infty)$ 上的原函数．更一般地，x^2+C (C 为任意常数)都是 $2x$ 在区间 $(-\infty,+\infty)$ 上的原函数．

从上面的例子可以看出，若一个函数 $f(x)$ 的原函数 $F(x)$ 存在，则必有无穷多个原函数．如此，就有两个问题需要澄清：

(1) 何种函数存在原函数？

(2) 若原函数存在，全体原函数有怎样的结构？

下面两个定理分别回答了上述这两个问题．

定理 1　若函数 $f(x)$ 在区间 I 上连续，则 $f(x)$ 在 I 上存在原函数 $F(x)$．

定理 1 的证明将在下一章给出．根据定理 1，可以得到，**一切初等函数在其**

有定义的区间上均存在原函数.

定理 2 若函数 $F(x)$ 为 $f(x)$ 在区间 I 上的一个原函数，则 $F(x)+C$ (C 为任意常数)也为 $f(x)$ 在 I 上的一个原函数，且 $f(x)$ 的任意两个原函数之间相差一个常数.

证 定理的前一部分显然成立. 下证后一部分结论.

设 $F(x)$ 和 $G(x)$ 是 $f(x)$ 在 I 上的任意两个原函数，则有

$$[F(x)-G(x)]'=F'(x)-G'(x)=f(x)-f(x)=0,$$

再据拉格朗日定理的推论知

$$F(x)-G(x)=C.$$

定理 2 表明，若函数 $f(x)$ 在区间 I 上存在一个原函数 $F(x)$，则必有无穷多个原函数，且原函数全体的结构就是 $F(x)+C$ (C 为任意常数).

5.1.2 不定积分的概念

据全体原函数的结构，可以进一步引入不定积分的概念.

1. 不定积分的定义

定义 2 函数 $f(x)$ 在区间 I 上原函数的全体称为 $f(x)$ 在区间 I 上的**不定积分**，记为

$$\int f(x)\,\mathrm{d}x,$$

其中 $\int$ 称为**积分号**，x 称为**积分变量**，$f(x)$ 称为**被积函数**，$f(x)\,\mathrm{d}x$ 称为**被积表达式**.

由定义 2，若 $F(x)$ 为 $f(x)$ 在区间 I 上的一个原函数，则

$$\int f(x)\,\mathrm{d}x=F(x)+C \quad (C\text{ 为任意常数}).$$

且不难得到两个简单性质：(1) $\left[\int f(x)\,\mathrm{d}x\right]'=f(x)$；(2) $\int f'(x)\,\mathrm{d}x=f(x)+C$.

由上述两个简单性质，导数与积分在一起时，若不计常数，则它们互相抵消，这表明求导运算与求不定积分运算互为逆运算. 求原函数的方法也称为**积分法**. 故积分法与微分法互为逆运算.

例 1 求 $f(x)=2x$ 的不定积分.

解 因为 $(x^2)'=2x$，故

$$\int 2x\,\mathrm{d}x=x^2+C.$$

例 2　求 $f(x)=\dfrac{1}{x}$ 的不定积分.

解　因为 $(\ln|x|)'=\dfrac{1}{x}$，故

$$\int\frac{1}{x}\,dx=\ln|x|+C\ .$$

2. 几何意义

若 $F'(x)=f(x)$，则称 $y=F(x)$ 的图像为 $f(x)$ 的一条**积分曲线**. 于是，不定积分 $\int f(x)\,dx=F(x)+C$ 的几何意义就是 $f(x)$ 的一族积分曲线. 这组曲线可由 $f(x)$ 的某一条积分曲线 $y=F(x)$ 沿 y 轴上下平移而得到. 易见，曲线族中的每一条曲线横坐标相同的点处的切线互相平行(图 5-1).

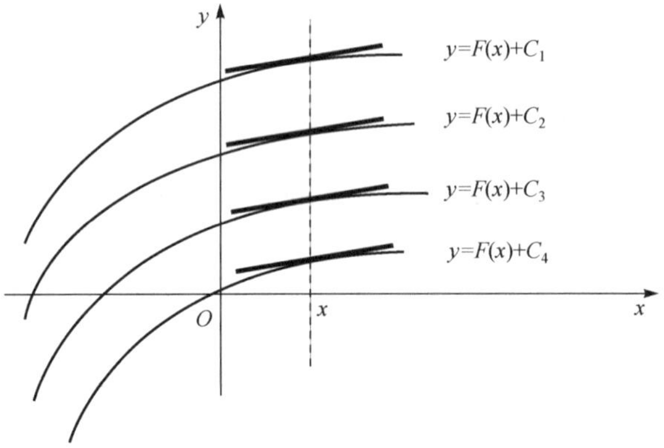

图 5-1

在许多具体的求原函数的问题中，常需要确定满足一个**初始条件** $F(x_0)=y_0$ 的原函数，也就是从积分曲线族中找出过点 (x_0,y_0) 的一条积分曲线.

例 3　求通过点 $\left(0,\dfrac{3}{2}\right)$ 且切线斜率为 e^x 的曲线.

解　设所求曲线为 $y=f(x)$，则由导数的几何意义，有 $y'=e^x$，故

$$y=\int e^x\,dx=e^x+C,$$

再由题设条件，知 $y|_{x=0}=\dfrac{3}{2}$，将 $x=0,y=\dfrac{3}{2}$ 代入 $y=e^x+C$，得 $C=\dfrac{1}{2}$. 故所求

曲线为 $y=e^x+\frac{1}{2}$.

5.1.3 不定积分的基本公式及线性运算法则

据不定积分的定义，若 $F'(x)=f(x)$ 或 $dF(x)=f(x)dx$ ，则有 $\int f(x)\,dx=F(x)+C$.因此，每一个导数或微分公式就对应一个不定积分公式，从而由基本初等函数的求导(或求微分)公式就相应得到**不定积分的基本公式**.

(1) $\int k\,dx=kx+C$ (k为一常数);

(2) $\int x^{\alpha}\,dx=\frac{x^{\alpha+1}}{\alpha+1}+C\ (\alpha\neq-1)$;

(3) $\int \frac{1}{x}\,dx=\ln|x|+C$;

(4) $\int e^x\,dx=e^x+C$;

(5) $\int a^x\,dx=\frac{a^x}{\ln a}+C\ (a>0,a\neq1)$;

(6) $\int \cos x\,dx=\sin x+C$;

(7) $\int \sin x\,dx=-\cos x+C$;

(8) $\int \sec^2 x\,dx=\tan x+C$;

(9) $\int \csc^2 x\,dx=-\cot x+C$;

(10) $\int \sec x\tan x\,dx=\sec x+C$;

(11) $\int \csc x\cot x\,dx=-\csc x+C$;

(12) $\int \frac{dx}{\sqrt{1-x^2}}=\arcsin x+C=-\arccos x+C'\left(\text{其中}C'=\frac{\pi}{2}+C\right)$;

(13) $\int \frac{dx}{1+x^2}=\arctan x+C=-\text{arccot}\,x+C'\left(\text{其中}C'=\frac{\pi}{2}+C\right)$.

不定积分是求导运算的逆运算，因此也可以由已知导数的线性运算法则得出不定积分的线性运算法则.

定理 3 设 $\int f(x)\,dx$ ，$\int g(x)\,dx$ 均存在，则

(1) $\int[f(x)\pm g(x)]dx$ 存在，且

$$\int[f(x)\pm g(x)]\mathrm{d}x=\int f(x)\,\mathrm{d}x\pm\int g(x)\,\mathrm{d}x\ .$$

即代数和的不定积分等于不定积分的代数和.

(2) $\int k\,f(x)\,\mathrm{d}x$存在(其中$k$为不等于 0 的实数)，且

$$\int k\,f(x)\,\mathrm{d}x=k\int f(x)\,\mathrm{d}x\ .$$

即常数因子可以从积分号里提出来.

利用不定积分的基本积分公式及线性运算法则，可以求一些简单函数的不定积分，这种求不定积分的方法称为**初等积分法**.

例 4　求$\int(2\sec^2 x+x^5-\mathrm{e}^x-7)\,\mathrm{d}x$.

解　$$\int(2\sec^2 x+x^5-\mathrm{e}^x-7)\,\mathrm{d}x=2\int\sec^2 x\,\mathrm{d}x+\int x^5\,\mathrm{d}x-\int\mathrm{e}^x\,\mathrm{d}x-\int 7\,\mathrm{d}x$$

$$=2\tan x+\frac{x^6}{6}-\mathrm{e}^x-7x+C\ .$$

例 5　求 $\int\frac{x^2}{1+x^2}\mathrm{d}x$.

解　$$\int\frac{x^2}{1+x^2}\,\mathrm{d}x=\int\left(1-\frac{1}{1+x^2}\right)\mathrm{d}x=\int 1\,\mathrm{d}x-\int\frac{1}{1+x^2}\mathrm{d}x$$

$$=x-\arctan x+C\ .$$

例 6　求 $\int\sin^2\frac{x}{2}\,\mathrm{d}x$.

解　$$\int\sin^2\frac{x}{2}\,\mathrm{d}x=\int\frac{1-\cos x}{2}\,\mathrm{d}x=\frac{1}{2}\left(\int 1\,\mathrm{d}x-\int\cos x\,\mathrm{d}x\right)=\frac{1}{2}(x-\sin x)+C\ .$$

5.2　换元积分法与分部积分法

利用基本积分公式和不定积分的线性运算法则求不定积分(即初等积分法)能求得的不定积分是十分有限的. 因此，需要进一步探讨求不定积分的基本方法.

5.2.1　第一换元积分法(凑微分法)

例 1　求$\int\mathrm{e}^{2x}\mathrm{d}x$.

解　$$\int\mathrm{e}^{2x}\,\mathrm{d}x=\int\frac{1}{2}\mathrm{e}^{2x}(2x)'\,\mathrm{d}x=\int\frac{1}{2}\mathrm{e}^{2x}\mathrm{d}(2x)$$

$$\xlongequal{u=2x}\frac{1}{2}\int e^u du=\frac{1}{2}e^u+C=\frac{1}{2}e^{2x}+C.$$

上例中，我们看到，基本积分表中查不到 e^{2x} 的不定积分，因此，通过将被积函数分解成两部分，其中一部分“吸收”到微分号中，通过换元替换，将原积分化为基本积分表中可查到的积分，则解决了原问题.

定理 1 (第一换元积分法) 设 $\int f(u)\,du=F(u)+C$，且 $u=g(x)$ 具有连续的导数，则

$$\int f[g(x)]g'(x)\,dx=F[g(x)]+C.$$

证 由假设

$$\frac{d}{du}F(u)=f(u),$$

进一步，又由复合函数求导的链式法则，有

$$\frac{d}{dx}F[g(x)]=\frac{d}{du}F(u)\cdot\frac{du}{dx}=f(u)g'(x)=f[g(x)]g'(x),$$

故得到

$$\int f[g(x)]g'(x)\,dx=F[g(x)]+C.$$

注 (1) 在不定积分的定义中，记号“$\int f(x)\,dx$”原来作为一个整体引入的，它表示 $f(x)$ 的一族原函数，其中“d”并非微分符号，现在可将“d”作为微分符号对待了.

(2) 运用第一换元积分法的关键是将被积函数 $f(x)$ 分解成两部分因式相乘的形式，其中一部分是 $g(x)$ 的函数，另一部分是 $g(x)$ 的导数，即 $f(x)=f[g(x)]g'(x)$，然后施行“凑微分”，令 $u=g(x)$，求 $\int f(u)\,du$ 即可.

例 2 求 $\int(1+2x)^3\,dx$.

解 $\int(1+2x)^3\,dx=\int(1+2x)^3\cdot\frac{1}{2}d(1+2x)=\frac{1}{2}\int(1+2x)^3d(1+2x)$

$$\xlongequal{u=1+2x}\frac{1}{2}\int u^3\,du=\frac{1}{8}u^4+C=\frac{1}{8}(1+2x)^4+C.$$

例 3 求 $\int x\cos x^2\,dx$.

解 $\int x\cos x^2\,dx=\int\cos x^2\cdot\frac{1}{2}d(x^2)=\frac{1}{2}\int\cos x^2\,d(x^2)$

$$\xlongequal{u=x^2}\frac{1}{2}\int\cos u\,\mathrm{d}u=\frac{1}{2}\sin u+C=\frac{1}{2}\sin x^2+C.$$

当运算熟练以后，中间变量不必写出，可直接给出结果.

例 4　求 $\int\tan x\,\mathrm{d}x$.

解　$\int\tan x\,\mathrm{d}x=\int\frac{\sin x}{\cos x}\mathrm{d}x=-\int\frac{\mathrm{d}(\cos x)}{\cos x}=-\ln|\cos x|+C$.

例 5　求 $\int\frac{\mathrm{d}x}{a^2+x^2}\ (a>0)$.

解　$\int\frac{\mathrm{d}x}{a^2+x^2}=\int\frac{1}{a\left[1+\left(\frac{x}{a}\right)^2\right]}\mathrm{d}\left(\frac{x}{a}\right)=\frac{1}{a}\arctan\frac{x}{a}+C$.

例 6　求 $\int\frac{\mathrm{d}x}{\sqrt{a^2-x^2}}\ (a>0)$.

解　$\int\frac{\mathrm{d}x}{\sqrt{a^2-x^2}}=\int\frac{1}{\sqrt{1-\left(\frac{x}{a}\right)^2}}\mathrm{d}\left(\frac{x}{a}\right)=\arcsin\frac{x}{a}+C$.

例 7　求 $\int\frac{\mathrm{d}x}{x^2-1}$.

解　$\int\frac{\mathrm{d}x}{x^2-1}=\frac{1}{2}\int\left(\frac{1}{x-1}-\frac{1}{x+1}\right)\mathrm{d}x=\frac{1}{2}\left[\int\frac{\mathrm{d}(x-1)}{x-1}-\int\frac{\mathrm{d}(x+1)}{x+1}\right]$

$$=\frac{1}{2}[\ln|x-1|-\ln|x+1|]+C=\frac{1}{2}\ln\left|\frac{x-1}{x+1}\right|+C.$$

例 8　求 $\int x\sqrt{1-x^2}\,\mathrm{d}x$.

解　$\int x\sqrt{1-x^2}\,\mathrm{d}x=-\frac{1}{2}\int\sqrt{1-x^2}\,\mathrm{d}(1-x^2)=-\frac{1}{3}(1-x^2)^{\frac{3}{2}}+C$.

5.2.2　第二换元积分法

若对不定积分 $\int f(x)\,\mathrm{d}x$，作变量代换 $x=\varphi(t)$ 后，得到的关于 t 的不定积分易求，则引出第二换元积分法.

定理 2 (第二换元积分法)　设 $f(x)$，$\varphi(t)$，$\varphi'(t)$ 均连续，且 $\varphi(t)$ 严格单调，若

$$\int f[\varphi(t)]\varphi'(t)\,\mathrm{d}t=G(t)+C,$$

则有

$$\int f(x)\,\mathrm{d}x \xlongequal{x=\varphi(t)} \int f[\varphi(t)]\varphi'(t)\,\mathrm{d}t = G(t)+C = G[\varphi^{-1}(x)]+C .$$

证明从略.

例 9 求 $\int \frac{\sqrt{x}}{1+x}\,\mathrm{d}x$.

解 为去掉被积函数中的根号，令 $x=t^2\ (t\geqslant 0)$，则有 $\mathrm{d}x=2t\mathrm{d}t$. 于是

$$\int \frac{\sqrt{x}}{1+x}\,\mathrm{d}x=\int \frac{t}{1+t^2}\cdot 2t\mathrm{d}t = 2\int \frac{t^2}{1+t^2}\,\mathrm{d}t = 2\int \frac{1+t^2-1}{1+t^2}\,\mathrm{d}t = 2\left(\int 1\,\mathrm{d}t - \int \frac{1}{1+t^2}\,\mathrm{d}t\right)$$

$$=2(t-\arctan t)+C = 2(\sqrt{x}-\arctan\sqrt{x})+C.$$

例 10 求 $\int \sqrt{a^2-x^2}\,\mathrm{d}x\ (a>0)$.

解 为去掉被积函数中的根号，令 $x=a\sin t$, $-\frac{\pi}{2}\leqslant t\leqslant \frac{\pi}{2}$(在 $x=a\sin t$ 的其他严格单调区间上也可类似讨论)，则

$$\mathrm{d}x=a\cos t\,\mathrm{d}t，\quad \sqrt{a^2-x^2}=\sqrt{a^2-a^2\sin^2 t}=\sqrt{a^2\cos^2 t}=a\cos t .$$

于是

$$\int \sqrt{a^2-x^2}\,\mathrm{d}x = \int a\cos t\cdot a\cos t\,\mathrm{d}t = a^2\int \cos^2 t\,\mathrm{d}t$$

$$= a^2\int \frac{1+\cos 2t}{2}\,\mathrm{d}t = \frac{a^2}{2}\left(t+\frac{1}{2}\sin 2t\right)+C = \frac{a^2}{2}(t+\sin t\cos t)+C$$

$$= \frac{a^2}{2}\left(\arcsin\frac{x}{a}+\frac{x}{a}\cdot\frac{\sqrt{a^2-x^2}}{a}\right)+C.$$

(注:可利用图5-2进行变量的回代)

例 11 求 $\int \frac{\mathrm{d}x}{\sqrt{x^2-a^2}}\ (a>0)$.

解 为去掉被积函数中的根号，令 $x=a\sec t$, $0<t<\frac{\pi}{2}$ (在 $x=a\sec t$ 的其他严格单调区间上也可类似讨论)，则

$$\mathrm{d}x=a\sec t\tan t\,\mathrm{d}t，$$

$$\sqrt{x^2-a^2}=\sqrt{a^2\sec^2 t-a^2}=\sqrt{a^2\tan^2 t}=a\tan t .$$

于是

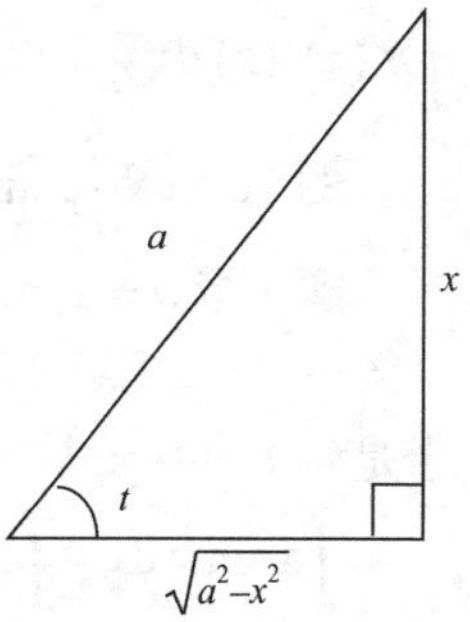

图 5-2

$$\int\frac{\mathrm{d}x}{\sqrt{x^2-a^2}}=\int\frac{a\sec t\tan t}{a\tan t}\mathrm{d}t=\int\sec t\,\mathrm{d}t=\int\frac{\sec t(\sec t+\tan t)}{\sec t+\tan t}\mathrm{d}t$$

$$=\ln|\sec t+\tan t|+C_1=\ln\left|\frac{x}{a}+\frac{\sqrt{x^2-a^2}}{a}\right|+C_1$$

$$=\ln\left|x+\sqrt{x^2-a^2}\right|+C,\qquad \text{(注：可利用图5-3进行变量的回代)}$$

其中 $C_1=C+\ln a$.

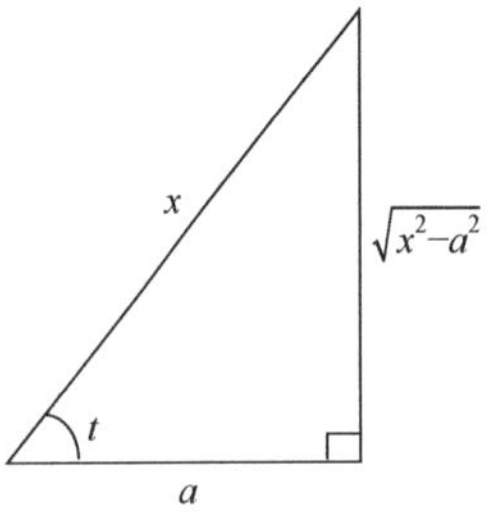

图 5-3

注 若在不定积分的被积表达式中含有根式 $\sqrt{a^2+x^2}$，$\sqrt{a^2-x^2}$，$\sqrt{x^2-a^2}$，为去掉根号，可以分别令 $x=a\tan t$， $x=a\sin t$， $x=a\sec t$.

5.2.3 分部积分法

分部积分法是由两个函数乘积的导数公式得到的.

定理 3(分部积分法) 若 $u'(x)$ 和 $v'(x)$ 均连续，则有

$$\int u(x)v'(x)\,\mathrm{d}x=u(x)v(x)-\int u'(x)v(x)\,\mathrm{d}x.$$

证 由导数公式 $[u(x)v(x)]'=u'(x)v(x)+u(x)v'(x)$，得

$$u(x)v'(x)=[u(x)v(x)]'-u'(x)v(x),$$

两边积分，得

$$\int u(x)v'(x)\,\mathrm{d}x=u(x)v(x)-\int u'(x)v(x)\,\mathrm{d}x.$$

这个公式称为**分部积分公式**.

注 (1) 分部积分公式常写成易于应用的形式：$\int u\,\mathrm{d}v=uv-\int v\mathrm{d}u$.

(2) 分部积分公式的思想是将不易求的积分 $\int u(x)v'(x)\,\mathrm{d}x$ 转化为易求的积分 $\int u'(x)v(x)\,\mathrm{d}x$.

例 12 求 $\int x\sin x\,\mathrm{d}x$.

解 取 $u=x,\mathrm{d}v=\sin x\mathrm{d}x$，则有

$$\mathrm{d}u=\mathrm{d}x,\quad v=-\cos x\ (\text{不计常数}).$$

于是

$$\int x\sin x\,\mathrm{d}x=\int x\,\mathrm{d}(-\cos x)=-x\cos x-\int(-\cos x)\mathrm{d}x=-x\cos x+\sin x+C.$$

例 13 求$\int \arcsin x\,\mathrm{d}x$.

解 取$u=\arcsin x, \mathrm{d}v=\mathrm{d}x$，则有

$$\mathrm{d}u=\frac{\mathrm{d}x}{\sqrt{1-x^2}}, v=x\,(\text{不计常数}).$$

于是

$$\begin{aligned}\int \arcsin x\,\mathrm{d}x &= x\arcsin x-\int x\mathrm{d}(\arcsin x)\\ &= x\arcsin x-\int \frac{x}{\sqrt{1-x^2}}\mathrm{d}x = x\arcsin x+\sqrt{1-x^2}+C.\end{aligned}$$

分部积分公式运用熟练后，u和v可以不用写出来.

例 14 求$\int x^2 \mathrm{e}^x\,\mathrm{d}x$.

解 $\int x^2\mathrm{e}^x\,\mathrm{d}x=\int x^2\,\mathrm{d}(\mathrm{e}^x)=x^2\mathrm{e}^x-2\int x\mathrm{e}^x\,\mathrm{d}x$，对$\int x\mathrm{e}^x\,\mathrm{d}x$再次运用分部积分法，

$$\int x\mathrm{e}^x\,\mathrm{d}x=\int x\,\mathrm{d}(\mathrm{e}^x)=x\mathrm{e}^x-\int \mathrm{e}^x\,\mathrm{d}x=x\mathrm{e}^x-\mathrm{e}^x+C_1.$$

于是，

$$\int x^2\,\mathrm{e}^x\,\mathrm{d}x=x^2\,\mathrm{e}^x-2(x\,\mathrm{e}^x-\mathrm{e}^x+C_1)=\mathrm{e}^x(x^2-2x+2)+C,$$

其中$C_1=-\frac{1}{2}C$.

例 15 求$\int \mathrm{e}^x\cos x\,\mathrm{d}x$及$\int \mathrm{e}^x\sin x\,\mathrm{d}x$.

解 $\int \mathrm{e}^x\cos x\,\mathrm{d}x=\int \mathrm{e}^x\,\mathrm{d}(\sin x)=\mathrm{e}^x\sin x-\int \sin x\,\mathrm{d}(\mathrm{e}^x)=\mathrm{e}^x\sin x-\int \mathrm{e}^x\sin x\,\mathrm{d}x$,

$\int \mathrm{e}^x\sin x\,\mathrm{d}x=\int \mathrm{e}^x\mathrm{d}(-\cos x)=-\mathrm{e}^x\cos x+\int \cos x\,\mathrm{d}(\mathrm{e}^x)=-\mathrm{e}^x\cos x+\int \mathrm{e}^x\cos x\,\mathrm{d}x$,

由上述两式，易得

$$\int \mathrm{e}^x\cos x\,\mathrm{d}x=\frac{1}{2}\mathrm{e}^x(\sin x+\cos x)+C,$$

$$\int \mathrm{e}^x\sin x\,\mathrm{d}x=\frac{1}{2}\mathrm{e}^x(\sin x-\cos x)+C.$$

在本节最后，需要指出的是，有些不定积分，例如，$\int \mathrm{e}^{-x^2}\,\mathrm{d}x$，$\int \frac{\sin x}{x}\mathrm{d}x$，$\int \sin x^2\,\mathrm{d}x$虽然形式上很简单，被积函数是初等函数，但它们的原函数却不是初等函数，人们习惯称这些函数“积不出来”．对积不出来的函数，我们就需要用另外的方法讨论不定积分了.

习 题 5

1. 应用初等积分法求下列不定积分：

(1) $\int\left(x-\dfrac{3}{x}+\pi\right)\mathrm{d}x$；　(2) $\int\left(2^x+\dfrac{1}{x^4}\right)\mathrm{d}x$；

(3) $\int\cos^2\dfrac{x}{2}\,\mathrm{d}x$；　(4) $\int\dfrac{\cos 2x}{\cos x-\sin x}\mathrm{d}x$；

(5) $\int\dfrac{3-x^4}{1+x^2}\mathrm{d}x$；　(6) $\int\dfrac{1+2x^2}{x^2(1+x^2)}\mathrm{d}x$；

(7) $\int\left(\dfrac{2}{\sqrt{1-x^2}}-3\mathrm{e}^x+1\right)\mathrm{d}x$；　(8) $\int\dfrac{(\sqrt{x}-1)^3}{x}\mathrm{d}x$.

2. 应用第一换元积分法求下列不定积分：

(1) $\int\cos(2x+3)\,\mathrm{d}x$；　(2) $\int(x+1)^{100}\,\mathrm{d}x$；

(3) $\int x\mathrm{e}^{-x^2}\,\mathrm{d}x$；　(4) $\int\dfrac{a^x}{a^{2x}+1}\mathrm{d}x\ (a>0)$；

(5) $\int\dfrac{\mathrm{d}x}{\sqrt{9-16x^2}}$；　(6) $\int\dfrac{1}{x}\cos(\ln x)\,\mathrm{d}x$；

(7) $\int\sec^2(2x-1)\,\mathrm{d}x$；　(8) $\int\dfrac{1-\sin x}{x+\cos x}\mathrm{d}x$.

3. 应用第二换元法求下列不定积分：

(1) $\int\dfrac{\mathrm{d}x}{1+\sqrt{x}}$；　(2) $\int\dfrac{\sqrt{1-x^2}}{x^2}\mathrm{d}x$；

(3) $\int x\sqrt{x-3}\,\mathrm{d}x$；　(4) $\int\dfrac{\mathrm{d}x}{\sqrt{x^2+a^2}}\ (a>0)$.

4. 应用分部积分法求下列不定积分：

(1) $\int\arctan x\,\mathrm{d}x$；　(2) $\int x^2\cos x\,\mathrm{d}x$；

(3) $\int x^2\mathrm{e}^{-x}\,\mathrm{d}x$；　(4) $\int\ln(1+x^2)\,\mathrm{d}x$.

自主探索

本章学习的不定积分具有线性运算法则，在微积分中还有哪些运算具有线性运算法则？这里的“线性”是什么意思？比较线性函数、函数改变量的线性主部、不定积分的线性运算中“线性”的不同含义.

合作研究

在多年的数学学习过程中，遇到过哪些互为逆运算的运算，逆运算的讨论是出于什么动机，探讨数学研究中考虑逆运算的意义.

第 6 章　定积分——无限小量的累加和

上一章的不定积分是作为导数问题的逆问题引入的，它属于积分学的第一类基本问题，这一章将讨论积分学的第二类基本问题——定积分. 这两类积分来源于不同的背景，概念的表现上完全不同，起初两者的发展是完全独立的. 直到 17 世纪后半叶，牛顿和莱布尼茨在前人工作的基础上，各自独立地发现了不定积分与定积分之间的内在联系，沟通了微分学与积分学，建立了理论体系完整的积分学，使之成为近代科学发展的强有力的工具.

6.1　定积分的概念

6.1.1　抽象定积分概念的两个现实原型

原型 I　求曲边梯形的面积

曲边梯形是由非负连续曲线 $y=f(x)\ (a\leqslant x\leqslant b)$，$x$ 轴以及直线 $x=a$ 与 $x=b$ 所围成的图形(图 6-1). 试求此曲边梯形的面积 A.

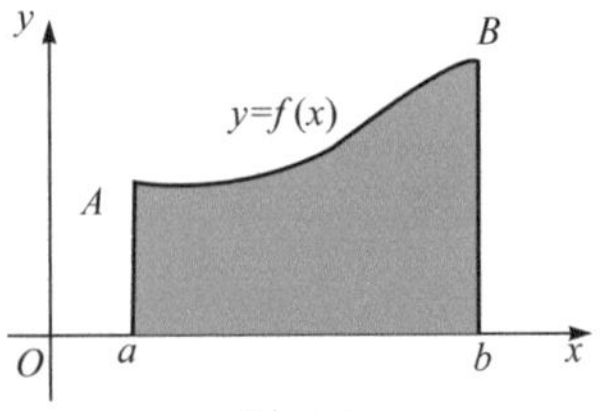

图 6-1

求上述面积的困难在于一边是曲的，为克服这一困难，可借助 2.1 节中提及的“割圆术”思想：将大的曲边梯形分成若干小的曲边梯形，每个小的曲边梯形近似看成一个小矩形，将诸矩形面积相加得曲边梯形面积的近似值，当小矩形底的长度都趋于零时，便得到曲边梯形面积的精确值了.

具体作法如下：

(1) 分割　在 $[a,b]$ 内任取 $n-1$ 个分点，设从小到大排列为

$$a=x_0<x_1<x_2<\cdots<x_{n-1}<x_n=b,$$

这些分点将 $[a,b]$ 分割成 n 个小区间 $[x_{i-1},x_i]$，第 i 个小区间的长度为 $\Delta x_i=x_i-x_{i-1}\ (i=1,2,\cdots,n)$，并记 $\lambda=\max\limits_{1\leqslant i\leqslant n}\{\Delta x_i\}$. 过每个分点 $x=x_i(i=1,2,\cdots,n)$ 作 x 轴的垂线，将原曲边梯形分成 n 个小曲边梯形，小曲边梯形的面积记为 ΔA_i $(i=1,2,\cdots,n)$.

(2) 近似替代(以直代曲) 在每个小区间$[x_{i-1}, x_i]$上任取一点 ξ_i，作以 $f(\xi_i)$为高，$[x_{i-1}, x_i]$为底的小矩形. 因为$y=f(x)$ 连续，当分割$[a,b]$的分点较细密时，$f(x)$ 在$[x_{i-1}, x_i]$上的值的变化不大，便可以用小矩形的面积近似代替与之同底的小曲边梯形的面积了(图 6-2)，即

$$\Delta A_i \approx f(\xi_i)\Delta x_i, \quad i=1,2,\cdots,n .$$

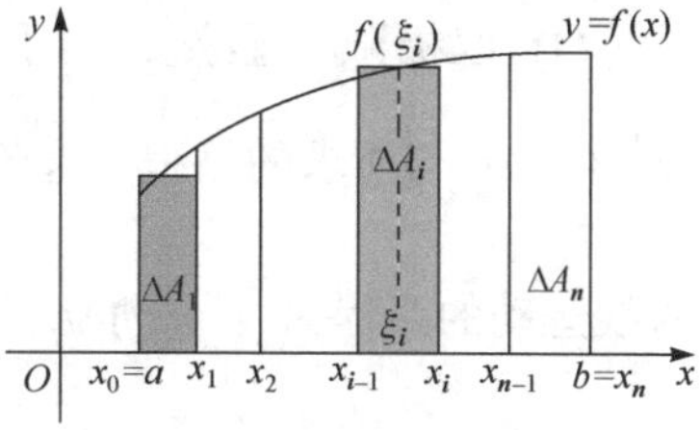

图 6-2

(3) 求和 由(2)知，所求曲边梯形面积A可以用n个小矩形的面积之和来近似代替，即

$$A=\sum_{i=1}^{n}\Delta A_i \approx \sum_{i=1}^{n} f(\xi_i)\Delta x_i .$$

(4) 取极限 显然，当上述分割越来越精细，即分点细密，各小区间长度越来越小时，这个阶梯形面积$\sum_{i=1}^{n} f(\xi_i)\Delta x_i$与曲边梯形的面积$A$越来越接近，且有$\lambda \to 0$时，$\sum_{i=1}^{n} f(\xi_i)\Delta x_i \to A$. 即曲边梯形的面积为$\sum_{i=1}^{n} f(\xi_i)\Delta x_i$当$\lambda \to 0$时的极限.

原型Ⅱ 求变速直线运动的路程

设一质点做变速直线运动，速度为连续函数$v=v(t)$. 求在时间间隔$[a,b]$内，质点所经过的路程s.

若质点做匀速直线运动，速度为连续函数，则$v(t)\equiv v_0$(常量)，故$s=v_0(b-a)$. 但现在质点做变速直线运动，又该如何处理呢？因为这里$v(t)$连续，因此对时间间隔$[a,b]$进行分割，在每个充分小的时间间隔里，可近似将质点的运动看作是匀速直线运动，按照匀速直线运动计算路程，将每段路程相加，得到总路程的近似值，则当时间间隔都趋于零时，便得到所求路程的精确值了.

具体作法如下：

(1) 分割 在$[a,b]$内任取$n-1$个分点，设从小到大排列为

$$a=t_0<t_1<t_2<\cdots<t_{n-1}<t_n=b ,$$

这些分点将$[a,b]$分割成n个小区间$[t_{i-1}, t_i]$，第i个小区间的长度为$\Delta t_i = t_i - t_{i-1}$ $(i=1,2,\cdots,n)$，并记$\lambda=\max\limits_{1\leqslant i\leqslant n}\{\Delta t_i\}$.

(2) 近似替代(以常代变) 在每个小区间$[t_{i-1}, t_i]$上任取一点τ_i，因为$v(t)$连续，当分割$[a,b]$的分点较细密时，$v(t)$在$[t_{i-1}, t_i]$上的值的变化不大，可近似看作匀速直线运动，即第i个时间段质点经过的路程

$$\Delta s_i \approx v(\tau_i)\Delta t_i,\quad i=1,2,\cdots,n.$$

(3) 求和　由(2)知，所求变速直线运动的路程 s 可以用 n 段匀速直线运动的路程之和来近似代替，即

$$s=\sum_{i=1}^{n}\Delta s_i \approx \sum_{i=1}^{n} v(\tau_i)\Delta t_i .$$

(4) 取极限　显然，当上述分割越来越精细，即时间间隔越来越小时，$\sum_{i=1}^{n} v(\tau_i)\Delta t_i$ 与所求的路程 s 越来越接近，且有 $\lambda\to 0$ 时，$\sum_{i=1}^{n} v(\tau_i)\Delta t_i \to s$. 即变速直线运动的路程为 $\sum_{i=1}^{n} v(\tau_i)\Delta t_i$ 当 $\lambda\to 0$ 时的极限.

6.1.2　定积分的概念

从 6.1.1 节中看到，尽管原型Ⅰ与原型Ⅱ来自不同的背景，但从数学角度来看，它们具有相同之处：一是思想方法相同，即都采用分割、近似替代、求和、取极限四步处理问题；二是最终解决问题而化归的数学结构相同：一种特定和式的极限.

用类似的数学思想方法处理的实际问题很多，例如，求变力所做的功，计算旋转体的体积等. 由此可以概括和抽象出定积分的概念.

定义 1　设函数 $f(x)$ 在闭区间 $[a,b]$ 上有界，任取 $n-1$ 个分点(称为 $[a,b]$ 的一个**分法**)：

$$a=x_0<x_1<x_2<\cdots<x_{n-1}<x_n=b,$$

将闭区间 $[a,b]$ 分割成 n 个小区间 $[x_{i-1},x_i]$，第 i 个小区间的长度为 $\Delta x_i=x_i-x_{i-1}$ $(i=1,2,\cdots,n)$，记 $\lambda=\max\limits_{1\leqslant i\leqslant n}\{\Delta x_i\}$. 在每个小区间 $[x_{i-1},x_i]$ 上任取一点 ξ_i，作和式

$$\sum_{i=1}^{n} f(\xi_i)\Delta x_i ,$$

若当 $\lambda\to 0$ 时，此和式的极限存在，且极限与 $[a,b]$ 的分法及点 ξ_i 的取法无关，则称函数 $f(x)$ 在 $[a,b]$ 上**可积**，并称此极限为 $f(x)$ 在 $[a,b]$ 上的**定积分**，记为 $\int_a^b f(x)\mathrm{d}x$，即

$$\int_a^b f(x)\mathrm{d}x=\lim_{\lambda\to 0}\sum_{i=1}^{n} f(\xi_i)\Delta x_i .$$

$\int_a^b f(x)\mathrm{d}x$ 作为一个整体的记号，其中 $f(x)$ 称为**被积函数**，$f(x)\,\mathrm{d}x$ 称为**被积表达式**，a 和 b 分别称为**积分下限**和**积分上限**，$[a,b]$ 称为**积分区间**，x 称为**积分变量**.

有了定积分概念以后，6.1.1 节中两个现实原型的结果就可以用定积分表示了.

对于原型Ⅰ，当 $f(x)$ 是 $[a,b]$ 上的非负连续函数时，由曲线 $y=f(x)$，直线 $x=a$，$x=b$ 及 x 轴所围成的曲边梯形的面积为 $A=\int_a^b f(x)\mathrm{d}x$，这就是**定积分的几何意义**. 但若 $f(x)\leqslant 0$，可知 $\int_a^b f(x)\mathrm{d}x\leqslant 0$，此时定积分 $\int_a^b f(x)\mathrm{d}x$ 表示面积的负值. 对一般的连续函数 $f(x)$，$\int_a^b f(x)\mathrm{d}x$ 表示的是曲线 $y=f(x)$，直线 $x=a$，$x=b$ 及 x 轴所围成图形面积的代数和，即在 x 轴上方的图形面积与在 x 轴下方的图形面积之差.

对于原型Ⅱ，做变速直线运动的质点，其瞬时速度 $v=v(t)$ 为连续函数时，在时间间隔 $[a,b]$ 内，质点所经过的路程 $s=\int_a^b v(t)\mathrm{d}t$，这可以看成定积分在物理方面的应用之一.

注 (1) 定积分 $\int_a^b f(x)\mathrm{d}x$ 是一个常数，与积分变量用什么字母表示无关，即有

$$\int_a^b f(x)\mathrm{d}x=\int_a^b f(t)\mathrm{d}t=\int_a^b f(u)\mathrm{d}u .$$

(2) 在定积分的定义中，下限 a 总是小于上限 b，但为应用方便，特约定：当 $a>b$ 时，$\int_a^b f(x)\mathrm{d}x=-\int_b^a f(x)\mathrm{d}x$；当 $a=b$ 时，$\int_a^a f(x)\mathrm{d}x=0$.

6.1.3 可积的条件

在定积分的理论中，自然需要考虑一个可积函数应满足什么条件及满足什么条件的函数一定可积的问题，即可积的必要条件和充分条件. 下面列出一些结果，其证明从略.

定理 1(可积的必要条件) 若 $f(x)$ 在 $[a,b]$ 上可积，则 $f(x)$ 在 $[a,b]$ 上有界.

定理 1 指出，$[a,b]$ 上的可积函数一定有界，与之等价的逆否命题是：$[a,b]$ 上的无界函数一定不可积.

定理 2(可积的充分条件) 若 $f(x)$ 在 $[a,b]$ 上连续，或者 $f(x)$ 在 $[a,b]$ 上单调有界，或者 $f(x)$ 在 $[a,b]$ 上有界且只有有限个间断点，则 $f(x)$ 在 $[a,b]$ 上可积.

6.1.4 定积分的性质

定理 3(线性性质) 若 $f(x)$，$g(x)$ 在 $[a,b]$ 上可积，k 为一常数，则 $f(x)\pm g(x)$，$kf(x)$ 均在 $[a,b]$ 上也可积，且

$$\int_a^b [f(x) \pm g(x)]\mathrm{d}x = \int_a^b f(x)\,\mathrm{d}x \pm \int_a^b g(x)\,\mathrm{d}x ,$$

$$\int_a^b kf(x)\,\mathrm{d}x = k\int_a^b f(x)\,\mathrm{d}x .$$

这条性质可叙述为：代数和或数乘的定积分等于定积分的代数和或数乘，且此性质可以推广到有限个可积函数的代数和与数乘的情形.

定理 4(对积分区间的可加性)　有界函数 $f(x)$ 在 $[a,c]$，$[c,b]$ 上均可积的充要条件是 $f(x)$ 在 $[a,b]$ 上可积，且

$$\int_a^b f(x)\,\mathrm{d}x = \int_a^c f(x)\,\mathrm{d}x + \int_c^b f(x)\,\mathrm{d}x .$$

定理 5(保序性)　设 $f(x)$ 和 $g(x)$ 为定义在 $[a,b]$ 上的两个可积函数，若 $f(x) \leqslant g(x)$，$x \in [a,b]$，则

$$\int_a^b f(x)\,\mathrm{d}x \leqslant \int_a^b g(x)\,\mathrm{d}x .$$

定理 6(估值定理)　设 m，M 分别为 $f(x)$ 在 $[a,b]$ 上的最小值和最大值. 若 $f(x)$ 在 $[a,b]$ 上可积，则

$$m(b-a) \leqslant \int_a^b f(x)\,\mathrm{d}x \leqslant M(b-a) .$$

定理 7(绝对值不等式)　若 $f(x)$ 在 $[a,b]$ 上可积，则 $|f(x)|$ 在 $[a,b]$ 上也可积，且

$$\left|\int_a^b f(x)\,\mathrm{d}x\right| \leqslant \int_a^b |f(x)|\,\mathrm{d}x .$$

定理 8(积分中值定理)　若 $f(x)$ 在 $[a,b]$ 上连续，则在 $[a,b]$ 上至少存在一点 ξ，使得

$$\int_a^b f(x)\,\mathrm{d}x = f(\xi)(b-a) .$$

积分中值定理的**几何意义**：若 $f(x)$ 在 $[a,b]$ 上连续且非负，则以 $[a,b]$ 为底边，以曲线 $y=f(x)$ 为曲顶的曲边梯形的面积，等于与它同底且高为

$$f(\xi) = \frac{\int_a^b f(x)\,\mathrm{d}x}{b-a}$$

的矩形的面积(图 6-3). 这里 $\dfrac{\int_a^b f(x)\,\mathrm{d}x}{b-a}$ 称为 $f(x)$ 在 $[a,b]$ 上的**平均值**，它可以理解为 $f(x)$ 在 $[a,b]$ 上无穷多个函数值的平均，因而它可视为有限个数的算术平均值的拓广.

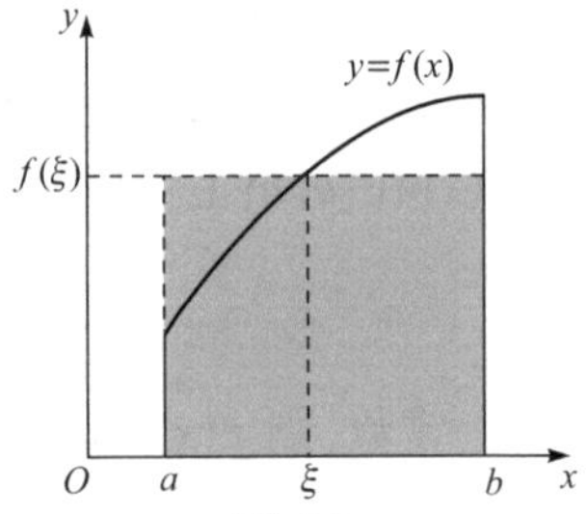

图 6-3

6.2　微积分基本定理及定积分的计算

先看一个例子.

例 1　利用定积分的定义计算由 $y=x^2$，x 轴，$x=1$ 所围成的曲边三角形 AOB 的面积(图 6-4).

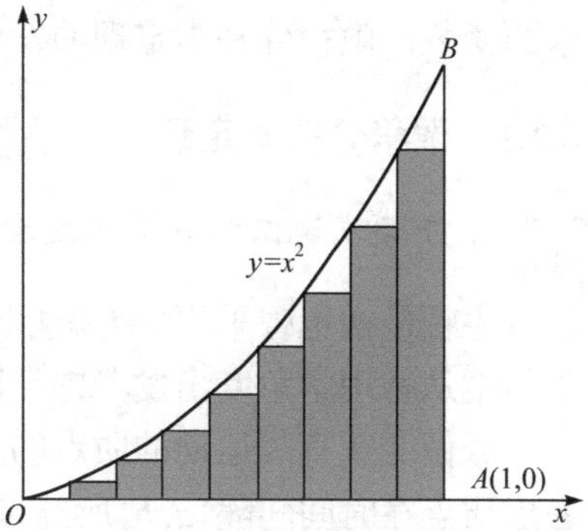

图 6-4

解　按照定积分的几何意义，所求曲边三角形 AOB 的面积即为 $\int_0^1 x^2\mathrm{d}x$. 利用定积分的定义，用下列各点

$$0,\frac{1}{n},\ \frac{2}{n},\ \cdots,\ \frac{n-1}{n},1$$

把区间 $[0,1]$ 分成 n 个相等的小段，算出阴影部分的矩形面积之和，为

$$S_n=0\cdot\frac{1}{n}+\left(\frac{1}{n}\right)^2\cdot\frac{1}{n}+\left(\frac{2}{n}\right)^2\cdot\frac{1}{n}+\left(\frac{3}{n}\right)^2\cdot\frac{1}{n}+\cdots+\left(\frac{n-1}{n}\right)^2\cdot\frac{1}{n}$$

$$=\frac{1}{n^3}[1^2+2^2+3^2+\cdots+(n-1)^2]\ ,$$

利用数学归纳法，可以证明

$$1^2+2^2+3^2+\cdots+(n-1)^2=\frac{1}{6}(n-1)n(2n-1)\ .$$

于是，

$$S_n=\frac{1}{6n^3}(n-1)n(2n-1)\ ,$$

这个值可以看作曲边三角形 AOB 面积的近似值，若要得到面积的精确值，需要取极限，即

$$\lim_{n\to\infty}\frac{1}{6n^3}(n-1)n(2n-1)=\frac{1}{3}\ ,$$

这就是曲边三角形 AOB 的面积，故 $\int_0^1 x^2\mathrm{d}x=\frac{1}{3}$.

上述例子中定积分的计算是古希腊的阿基米德(Archimedes，约前 287—前 212)曾采用的方法——穷竭法，该问题的计算还不算繁琐，但当被积函数比较复杂时，这种计算方法将十分困难，甚至求不出来. 因此，寻找一种计算定积分的有效方法便成为积分学中的重要问题. 第 5 章已经讨论了不定积分，不定积分的实质是一族原函数，而定积分的实质是一种特定和式的极限，这二者似乎是完全不相干的两个概念. 但在 17 世纪后半叶，牛顿和莱布尼茨却分别从物理力学和几何学出发，研究发现了这两个概念之间深刻的内在联系——**微积分基本定理**，并由此开辟了求定积分的有效途径——**牛顿-莱布尼茨公式**，将求定积分转化为求原函数. 微积分基本定理的发现是微积分历史上的一个重要的里程碑.

6.2.1 微积分基本定理

1. 牛顿发现微积分基本定理的思路

牛顿最初也曾采用“穷竭法”研究过一般的求定积分的问题，但都没有成功，于是他从物理学角度出发考虑，以非凡的洞察力，终于有了惊人的发现.

若做变速直线运动的质点的路程函数为 $s=s(t)$，则瞬时速度为 $v(t)=s'(t)$. 若考虑质点在时间间隔 $[a,b]$ 所经过的路程 s，那么，一方面，这段路程等于质点在 b 时刻之前经过的路程 $s(b)$ 减去质点在 a 时刻之前经过的路程 $s(a)$，即 $s=s(b)-s(a)$. 另一方面，由 6.1 节知，$s=\int_a^b v(t)\mathrm{d}t$. 于是，$\int_a^b v(t)\,\mathrm{d}t=s(b)-s(a)$. 而这里 $s(t)$ 为 $v(t)$ 的原函数，于是求 $v(t)$ 在 $[a,b]$ 上的定积分就转化为求 $v(t)$ 的原函数 $s(t)$ 的问题了——这就是定积分与不定积分的联系.

2. 微积分基本定理

首先引入变上限定积分的概念.

定义 1 若 $f(x)$ 在 $[a,b]$ 上可积，则称由积分

$$\int_a^x f(t)\,\mathrm{d}t, \quad x\in[a,b]$$

所定义的函数 $F(x)$ 为**变上限定积分**，即 $F(x)=\int_a^x f(t)\,\mathrm{d}t$.

显然，因为 $f(x)$ 在 $[a,b]$ 上可积，则对任意给定的 $x\in[a,b]$，$\int_a^x f(t)\,\mathrm{d}t$ 是一个确定的数.

关于变上限定积分 $F(x)$ 的导数，有如下的重要定理.

定理 1(微积分基本定理) 若 $f(x)$ 在 $[a,b]$ 上连续，则变上限定积分

$$F(x)=\int_a^x f(t)\,\mathrm{d}t, \quad x\in[a,b]$$

是 $f(x)$ 在 $[a,b]$ 上的一个原函数，即

$$F'(x)=f(x), \quad x\in[a,b].$$

证 设 $x\in(a,b)$，取 Δx 充分小，使 $x+\Delta x\in(a,b)$，于是，由积分中值定理，得

$$F(x+\Delta x)-F(x)=\int_a^{x+\Delta x} f(t)\,\mathrm{d}t-\int_a^x f(t)\,\mathrm{d}t=\int_x^{x+\Delta x} f(t)\,\mathrm{d}t=f(\xi)\Delta x,$$

ξ 在 x 与 $x+\Delta x$ 之间，故

$$F'(x)=\lim_{\Delta x\to 0}\frac{F(x+\Delta x)-F(x)}{\Delta x}=\lim_{\Delta x\to 0} f(\xi)=f(x),$$

最后的等式成立是因为 $f(x)$ 在点 x 连续.

当 $x=a$ 或 $x=b$ 时，类似可证.

注 (1) 定理 1 表明：若 $f(x)$ 在 $[a,b]$ 上连续，则 $f(x)$ 在 $[a,b]$ 上一定存在原函数，且变上限定积分 $\int_a^x f(t)\,\mathrm{d}t$ 就是 $f(x)$ 的一个原函数. 这就证明了 5.1 节的定理 1.

(2) 因为定理 1 揭示了导数与定积分两个不同概念之间的联系：变上限定积分的导数即为被积函数在积分上限的取值. 所以定理 1 也称为**微积分基本定理**.

(3) 定理 1 的物理意义 设质点做变速直线运动的瞬时速度为 $v=v(t)$，计时开始时刻为 $t=a$，则在时刻 $t\ (t\geqslant a)$，该质点所经过的路程为：$s(t)=\int_a^t v(\tau)\,\mathrm{d}\tau$，设速度 $v(t)$ 连续，由定理 1，有

$$s'(t)=\left[\int_a^t v(\tau)\,\mathrm{d}\tau\right]'=v(t),$$

即路程函数对时间的导数为速度函数. 这与 3.1 节的结论及物理学知识是一致的.

6.2.2 微积分基本公式及定积分的计算

定理 2 设 $f(x)$ 在 $[a,b]$ 上连续，且 $F(x)$ 是 $f(x)$ 在 $[a,b]$ 上的一个原函数，则

$$\int_a^b f(x)\,\mathrm{d}x=F(b)-F(a).$$

证 因为 $f(x)$ 在 $[a,b]$ 上连续，所以由微积分基本定理知，变上限定积分 $\int_a^x f(t)\,\mathrm{d}t$ 就是 $f(x)$ 在 $[a,b]$ 上的一个原函数，又因为由假设条件，$F(x)$ 是 $f(x)$ 在 $[a,b]$ 上的一个原函数，故

$$F(x)=\int_a^x f(t)\,\mathrm{d}t+C.$$

若令 $x=a$，则得到 $C=F(a)$，于是

$$\int_a^x f(t)\,\mathrm{d}t=F(x)-F(a).$$

再令 $x=b$，因为定积分与积分变量用什么字母表示无关，于是

$$\int_a^b f(x)\,\mathrm{d}x=\int_a^b f(t)\,\mathrm{d}t=F(b)-F(a).$$

上述公式称为**牛顿-莱布尼茨公式**(也称为**微积分基本公式**).

牛顿-莱布尼茨公式也常记为

$$\int_a^b f(x)\,\mathrm{d}x = F(x)\big|_a^b = F(b) - F(a).$$

定理 2 表明：对定积分的计算可转化为对其原函数在区间端点处函数值的计算，即可转化为求不定积分．因此，定理 2 从另一角度揭示了不定积分与定积分的联系．

例 2　计算 $\int_{-1}^{1}\frac{1}{1+x^2}\,\mathrm{d}x$.

解　$\int_{-1}^{1}\frac{1}{1+x^2}\,\mathrm{d}x = \arctan x\big|_{-1}^{1} = \frac{\pi}{4} - \left(-\frac{\pi}{4}\right) = \frac{\pi}{2}$.

例 3　计算 $\int_0^{\pi}\sin^2 x\,\mathrm{d}x$.

解　先求不定积分

$$\int\sin^2 x\,\mathrm{d}x = \int\frac{1-\cos 2x}{2}\,\mathrm{d}x = \frac{x}{2} - \frac{1}{4}\sin 2x + C,$$

因此，由牛顿-莱布尼茨公式

$$\int_0^{\pi}\sin^2 x\,\mathrm{d}x = \left(\frac{x}{2} - \frac{1}{4}\sin 2x\right)\Bigg|_0^{\pi} = \frac{\pi}{2}.$$

6.3　定积分的应用

6.3.1　微元法

用定积分处理实际问题的关键是将所求的量用定积分正确地表示，那么首先要解决两个问题：

(1) 什么样的量适合用定积分计算？

(2) 如何将所求的量用定积分正确表达？

对问题(1)的回答如下：一个量 Q ，若连续不均匀分布在 $[a,b]$ 上，且对区间具有可加性(即在 $[a,b]$ 上的总量等于它在 $[a,b]$ 的各个子区间上的部分量之和)，则适合用定积分计算．

对问题(2)，一般可以按照“分割、近似替代、求和、取极限”四步骤将所求的量表示为定积分．但在实际应用中，往往简化为如下的“微元法”．

设 $f(x)$ 在 $[a,b]$ 上连续，求与 $f(x)$ 有关的量 Q .

第一步 任意选取$[x,x+\mathrm{d}x]\subset[a,b]$，选择函数$f(x)$，以“不变代变”求总量$Q$相应于区间$[x,x+\mathrm{d}x]$的局部量$\Delta Q$的近似值$f(x)\,\mathrm{d}x$，即

$$\Delta Q\approx f(x)\,\mathrm{d}x,$$

并且$f(x)\,\mathrm{d}x$就是总量Q的微元(即Q的微分)$\mathrm{d}Q$，即$\mathrm{d}Q=f(x)\,\mathrm{d}x$.

第二步 当$\mathrm{d}x\to 0$时，将微元$\mathrm{d}Q=f(x)\,\mathrm{d}x$在$[a,b]$上求和，写出定积分，求得总量$Q$，即$Q=\int_a^b f(x)\,\mathrm{d}x$.

6.3.2 定积分应用实例

1. 平面图形的面积

求由连续曲线$y=f(x)$，$y=g(x)$ ($f(x)\geqslant g(x)$)，直线$x=a$，$x=b$所围成的平面图形的面积A.

任取$[x,x+\mathrm{d}x]\subset[a,b]$，相应于这个小区间的面积$\Delta A$可用长$f(x)-g(x)$，宽$\mathrm{d}x$的小矩形面积来近似替代(图 6-5)，于是得面积微元为

$$\mathrm{d}A=[f(x)-g(x)]\mathrm{d}x,$$

将$\mathrm{d}A$在$[a,b]$上累积求和，于是，得到所求的面积为

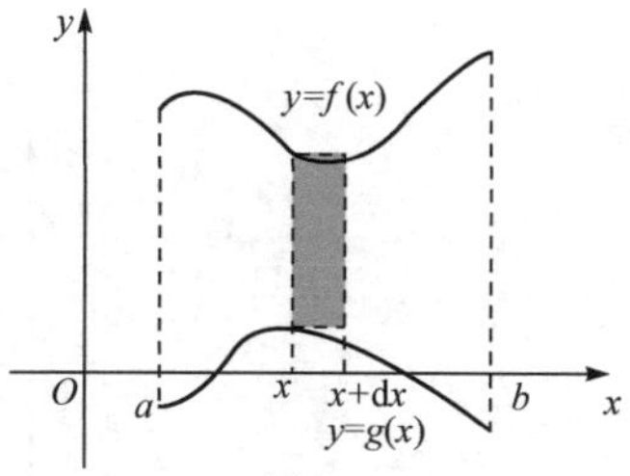

图 6-5

$$A=\int_a^b \mathrm{d}A=\int_a^b[f(x)-g(x)]\mathrm{d}x.$$

例 1 求由曲线$y=x^2$与$x=y^2$所围图形的面积A.

解 先画出草图(图 6-6)，求出$y=x^2$与$x=y^2$的交点$O(0,0)$与$P(1,1)$，于是

$$A=\int_0^1(\sqrt{x}-x^2)\mathrm{d}x=\frac{1}{3}.$$

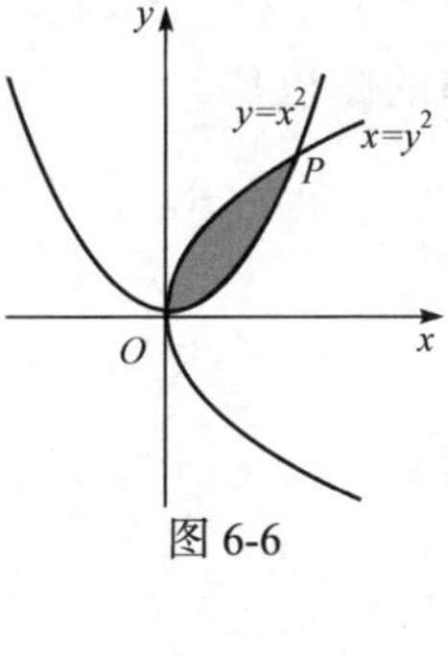

图 6-6

例 2 求椭圆$\dfrac{x^2}{a^2}+\dfrac{y^2}{b^2}=1$的面积$A$.

解 由椭圆的对称性(图 6-7)，有

$$A=4A_1=4\int_0^a y\mathrm{d}x=4\int_0^a\frac{b}{a}\sqrt{a^2-x^2}\mathrm{d}x=\pi ab,$$

其中A_1为椭圆位于第一象限部分的面积.

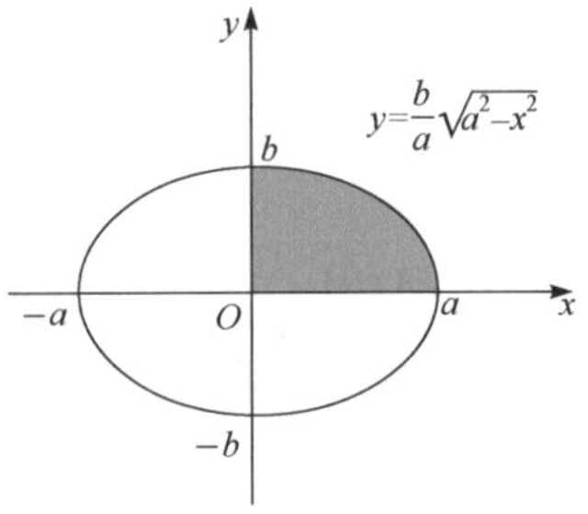

图 6-7

2. 旋转体的体积

设有连续曲线 $y=f(x)$ ($a\leqslant x\leqslant b$)绕 x 轴旋转一周，求所成旋转体的体积 V .

任取 $[x,x+\mathrm{d}x]\subset[a,b]$ ，在 x 轴上分别过横坐标为 x ， $x+\mathrm{d}x$ 的点作垂直于 x 轴的平面，则夹在这两个平面之间的那部分旋转体可近似看成底面半径为 $|f(x)|$ ，高为 $\mathrm{d}x$ 的圆柱体(图 6-8)，从而得体积微元

$$\mathrm{d}V=\pi|f(x)|^2\,\mathrm{d}x ,$$

将体积微元 $\mathrm{d}V$ 在 $[a,b]$ 上累积求和，得所求旋转体的体积

$$V=\int_a^b \mathrm{d}V=\int_a^b \pi f^2(x)\,\mathrm{d}x=\pi\int_a^b f^2(x)\,\mathrm{d}x .$$

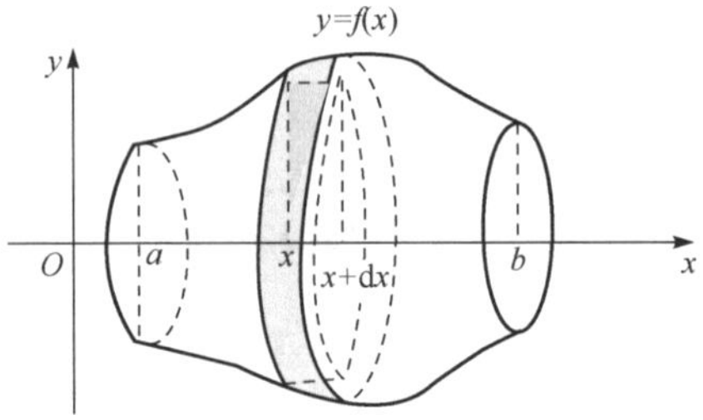

图 6-8

例 3　求椭圆 $\frac{x^2}{a^2}+\frac{y^2}{b^2}=1$ 绕 x 轴旋转一周所形成的椭球体的体积 V .

解　由椭圆方程，有

$$y^2=b^2\left(1-\frac{x^2}{a^2}\right),$$

再由椭圆的对称性，得

$$V=2\pi\int_0^a b^2\left(1-\frac{x^2}{a^2}\right)\mathrm{d}x=\frac{4}{3}\pi ab^2 .$$

特别地，当 $a=b=r$ 时，可以得到半径为 r 的球体的体积公式

$$V_{球}=\frac{4}{3}\pi r^3 .$$

3. 变力所做的功

设物体在变力 $y=f(x)$ ($f(x)$为连续函数)的作用下，沿 x 轴正向从点 a 移动到点 b，求力所做的功 W.

任取 $[x,x+\mathrm{d}x]\subset[a,b]$，则变力在区间间隔 $[x,x+\mathrm{d}x]$ 所做的功的微元为

$$\mathrm{d}W=f(x)\,\mathrm{d}x\,,$$

将功的微元 $\mathrm{d}W$ 在 $[a,b]$ 上累积求和，得到所求的功为

$$W=\int_a^b \mathrm{d}W=\int_a^b f(x)\,\mathrm{d}x\,.$$

这说明：变力所做的功等于变力在所移动的区间上的定积分.

例 4 根据胡克定律，弹簧的弹力与形变的长度成正比. 已知汽车车厢下的减震弹簧压缩 1cm 需力 14000N，求弹簧压缩 3cm 时所做的功.

解 据题意，设弹簧的弹力为 $f(x)=kx$ (k 为正比例系数)，将 $x=0.01\mathrm{m}$，$f(x)=14000\mathrm{N}$ 代入，得 $k=1.4\times10^6$，故弹力函数为

$$f(x)=1.4\times10^6 x\,,$$

从而，所求的功为

$$W=\int_0^{0.03} 1.4\times10^6 x\,\mathrm{d}x=630\ (\mathrm{J})\,.$$

6.4 广义积分——定积分的拓广

从定积分的概念中，可以看到两个特点：一是积分区间 $[a,b]$ 为有限的，二是被积函数 $f(x)$ 是有界的. 但在某些实际应用中，需要用到积分区间无限或被积函数无界的情形. 因此定积分可以向两个方面拓广：无穷区间上的积分和无界函数的积分. 这两类积分均称为**广义积分**.

以下仅简单介绍无穷限广义积分.

定义 1 设函数 $f(x)$ 在无穷区间 $[a,+\infty)$ 上有定义，且在任何有限区间 $[a,A]$ 上可积. 若存在极限

$$\lim_{A\to+\infty}\int_a^A f(x)\,\mathrm{d}x=I \quad (\text{有限数}),$$

则称此极限值 I 为函数 $f(x)$ 在 $[a,+\infty)$ 上的**无穷限广义积分**(简称**无穷限积分**)，记作

$$\int_a^{+\infty} f(x)\,\mathrm{d}x=I\,,$$

并称广义积分 $\int_a^{+\infty} f(x)\mathrm{d}x$ **收敛**．若 $\lim\limits_{A\to+\infty}\int_a^A f(x)\mathrm{d}x$ 不存在，则称广义积分 $\int_a^{+\infty} f(x)\mathrm{d}x$ **发散**.

由上述定义可以看出，无穷限积分定义为有限区间上正常的定积分的极限．类似可定义，

$$\int_{-\infty}^{b} f(x)\mathrm{d}x = \lim_{B\to-\infty}\int_B^b f(x)\mathrm{d}x \;;$$

$$\int_{-\infty}^{+\infty} f(x)\mathrm{d}x = \int_{-\infty}^{a} f(x)\mathrm{d}x + \int_{a}^{+\infty} f(x)\mathrm{d}x \text{(其中 } a \text{ 为任意常数)}.$$

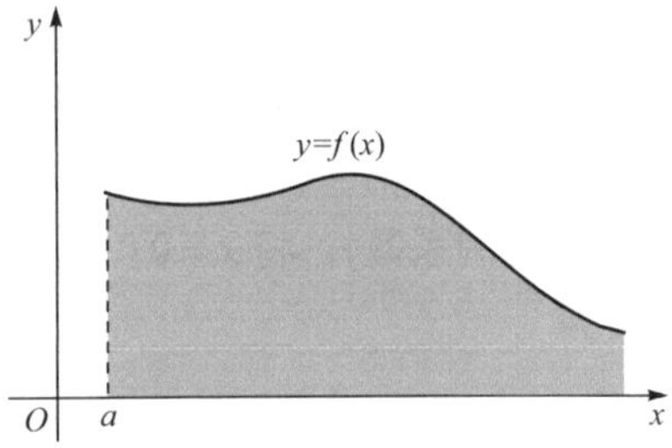

图 6-9

无穷限积分的几何意义　若 $f(x)\geqslant 0$，$x\in[a,+\infty)$，且 $f(x)$ 在 $[a,+\infty)$ 上连续，则收敛的无穷限积分 $\int_a^{+\infty} f(x)\mathrm{d}x$ 的几何意义是介于区间 $[a,+\infty)$ 上方，曲线 $y=f(x)$ 下方，向右无限延伸的非封闭平面图形的面积(图 6-9)，这个面积就是 $\lim\limits_{A\to+\infty}\int_a^A f(x)\mathrm{d}x$ 的值.

例 1　计算 $\int_{-\infty}^{1}\frac{1}{1+x^2}\mathrm{d}x$，$\int_{1}^{+\infty}\frac{1}{1+x^2}\mathrm{d}x$.

解　$$\int_{-\infty}^{1}\frac{1}{1+x^2}\mathrm{d}x = \lim_{B\to-\infty}\int_B^1\frac{1}{1+x^2}\mathrm{d}x = \lim_{B\to-\infty}(\arctan 1-\arctan B) = \frac{3\pi}{4}\;;$$

$$\int_{1}^{+\infty}\frac{1}{1+x^2}\mathrm{d}x = \lim_{A\to+\infty}\int_1^A\frac{1}{1+x^2}\mathrm{d}x = \lim_{A\to+\infty}(\arctan A-\arctan 1) = \frac{\pi}{4}.$$

例 2　求介于区间 $[0,+\infty)$ 上方，曲线 $y=\mathrm{e}^{-x}$ 下方的非封闭平面图形的面积.

解　由无穷限积分的几何意义，所求面积为

$$\int_0^{+\infty}\mathrm{e}^{-x}\mathrm{d}x = \lim_{A\to+\infty}\int_0^A \mathrm{e}^{-x}\mathrm{d}x = \lim_{A\to+\infty}(\mathrm{e}^0-\mathrm{e}^{-A}) = 1.$$

习　题　6

1. 利用定积分的定义的四步骤计算 $\int_0^{10} x\,\mathrm{d}x$，并解释这个定积分的几何意义.

2. 不计算定积分，比较下列各组定积分的大小：

(1) $\int_0^1 x\,\mathrm{d}x$ 与 $\int_0^1 x^2\,\mathrm{d}x$；

(2) $\int_0^{\frac{\pi}{2}}\sin x\,\mathrm{d}x$ 与 $\int_0^{\frac{\pi}{2}}\sin^2 x\,\mathrm{d}x$；

(3) $\int_0^1 e^{-x}\,dx$ 与 $\int_0^1 e^{-x^2}\,dx$.

3. 设 $f(x)$ 为 $[a,b]$ 上的严格单调增加的连续函数，证明：

$$f(a)(b-a) \leqslant \int_a^b f(x)\,dx \leqslant f(b)(b-a),$$

并给出几何解释.

4. 求下列定积分：

(1) $\int_{-\frac{1}{2}}^{\frac{1}{2}} \frac{1}{\sqrt{1-x^2}}dx$ ；　(2) $\int_0^1 \frac{x^2}{1+x^2}dx$ ；

(3) $\int_{-1}^0 \frac{dx}{(3x+7)^2}$ ；　(4) $\int_0^{\ln 2} e^x(1+e^x)^3\,dx$ ；

(5) $\int_0^{\frac{\pi}{2}} 3\sin^2 x\cos x\,dx$ ；　(6) $\int_{-2}^2 \sqrt{4-x^2}\,dx$ ；

(7) $\int_1^e x\ln x\,dx$ ；　(8) $\int_0^{\frac{\pi}{4}} e^x \sin x\,dx$.

5. 求下列图形的面积：

(1) 由双曲线 $y=\frac{1}{x}$ 及直线 $y=x$ ， $y=2$ 所围成的图形；

(2) 由抛物线 $y^2=2x$ 与直线 $y=x-4$ 所围成的图形.

6. 求下列几何体的体积：

(1) 由曲线 $y=\sin x \left(0\leqslant x\leqslant \frac{\pi}{2}\right)$ 绕 x 轴旋转一周而形成的旋转体；

(2) 由椭圆 $\frac{x^2}{a^2}+\frac{y^2}{b^2}=1$ 绕 y 轴旋转一周所形成的椭球体；

(3) 由直线段 $y=\frac{r}{h}x$ ($0\leqslant x\leqslant h, r>0$)绕 x 轴旋转一周所形成的圆锥体.

7. 计算如下无穷限广义积分，并说明它们的几何意义：

(1) $\int_3^{+\infty} \frac{1}{x^2}dx$ ；　(2) $\int_1^{+\infty} xe^{-x}dx$.

自主探索

对于一般的一条封闭曲线所围成的图形(图 6-10)的面积，应如何求？

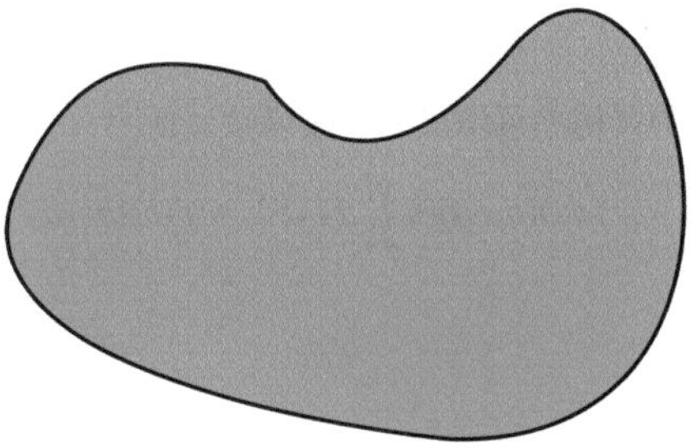

图 6-10

合作研究

1. 试列举定积分在经济学以及其他社会科学中的应用实例.

2. 总结微积分学的两大内容：微分学和积分学，它们各自研究的基本问题、来源背景(几何原型与物理原型)，基本运算、以及微分学与积分学的联系. 另外，讨论在动态与静态、整体与局部性质的研究上，二者又有怎样的不同?

第二篇　高等数学的分支介绍

数学科学如同浩瀚的大海，至今已发展成拥有 100 多个学科分支的庞大体系. 初等数学中，我们学习过一些初等的代数、几何及简单的概率统计的知识. 本篇中包含的线性代数、空间解析几何、概率统计初步分别是代数学、几何学、随机数学领域在高等数学中的内容. 微分方程则属于分析学领域，是微积分的最直接应用. 数学模型部分，例如报童问题，则涉及最优化的理论和方法. 因而，在本篇中，我们可以大致领略高等数学中所涵盖的部分主要内容、这些分支所讨论的主要问题及着眼点、所采用的思想方法的创新与突破，并可以体会高等数学比之初等数学层次上越发高深，在保留了初等数学抽象性、严谨性的特点的同时，高等数学的应用也越发广泛.

第 7 章　常微分方程——微积分的直接应用

常微分方程这门学科的发展始于 17 世纪末，几乎与微积分同时产生. 当时，天文学、力学、物理学及工程技术中提出大量的寻找函数关系的问题，且这种函数关系往往无法直接得到，而是首先得到一个含有未知函数的导数或微分的方程，然后需要从中求得这个未知函数. 微分方程就是为解决这类问题而产生和发展起来的.

19 世纪前半叶，天文学家利用微分方程，发现了一颗当时尚未被发现的海王星；20 世纪末，科学家通过求解微分方程，推断出阿尔卑斯山肌肉丰满的冰人的遇难时间……而今，微分方程已经发展成蔚为壮观的数学分支，广泛用于预测人口数量、进行天气预报等方面. 可以说，微分方程自诞生之日起，就成为人们认识世界和改造世界的强有力的工具，是数学中最有生命力的分支之一.

本章只介绍常微分方程的基本知识，了解几类简单的常微分方程的解法和几个现实应用的实例.

7.1　常微分方程的基本概念

7.1.1　例子

例 1　镭是放射性元素，其质量 $m=m(t)$ 随时间 t 的推移而逐渐减少，衰变规律是：镭的衰变率 $\frac{\mathrm{d}m}{\mathrm{d}t}$ 与镭的质量 m 成正比. 若在 $t=t_0$ 时，镭的质量为 m_0，求镭的质量 m 与时间 t 的关系.

解　因为镭质量衰变，故 $\frac{\mathrm{d}m}{\mathrm{d}t}\leqslant 0$. 由题设条件，可设

$$m'(t)=-km\quad (k>0\text{ 为一常数}). \tag{7.1}$$

式(7.1)是一个含有未知函数的等式，由式(7.1)知

$$[\ln m(t)]'=-k,$$

两边对 t 积分，整理有

$$m(t) = Ce^{-kt} \quad (C\text{为任意常数}). \tag{7.2}$$

又 $m(t_0) = m_0$，由式(7.2)得 $C = m_0 e^{kt_0}$. 于是，所求的镭的质量与时间的关系为

$$m(t) = m_0 e^{-k(t-t_0)}. \tag{7.3}$$

例 2　在距离地面 s_0 处，有一质量为 m 的物体以初速度 v_0 做只受重力影响的自由落体运动(图 7-1)，求物体的运动规律，即求物体距离地面的高度 s 与时间 t 的函数关系.

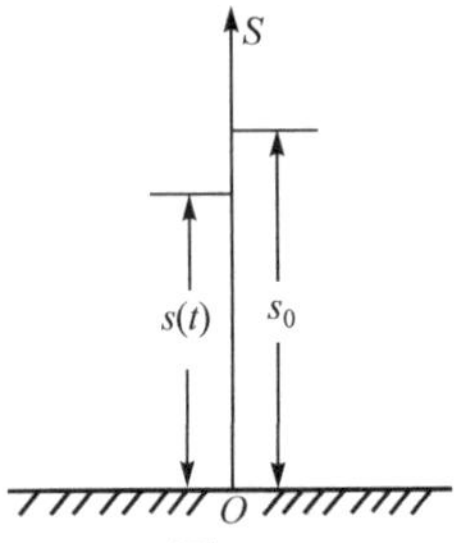

图 7-1

解　以物体落点为原点建立垂直向上的路程轴 s. 设物体开始下落的时刻为 $t = 0$，在时刻 t，物体距离地面的高度为 $s = s(t)$，因物体所受的地球引力的方向与路程轴方向相反，所以物体所受外力为 $F = -mg$，其中 g 为重力加速度. 于是由牛顿第二定律，有

$$m\frac{d^2s}{dt^2} = -mg \quad \text{或} \quad \frac{d^2s}{dt^2} = -g \tag{7.4}$$

两边对 t 积分，有

$$\frac{ds}{dt} = -gt + C_1,$$

再对 t 积分，有

$$s(t) = -\frac{1}{2}gt^2 + C_1 t + C_2, \tag{7.5}$$

其中 C_1, C_2 为任意常数. 由题设条件 $s(0) = s_0$ 及 $s'(0) = v_0$，代入式(7.5)，可得 $C_1 = v_0$，$C_2 = s_0$，于是，所求的物体的运动规律为

$$s(t) = -\frac{1}{2}gt^2 + v_0 t + s_0. \tag{7.6}$$

以上两个例子是化学、物理领域中有关微分方程的实例. 事实上，在自然科学、社会科学中，都提出了大量的与未知函数的导数所满足的方程有关的现实问题.

7.1.2　基本概念

定义 1　含有自变量，未知函数以及未知函数的导数或微分的等式称为**微分方程**，其中可以不显含自变量和未知函数，但必须显含未知函数的导数或微分.

例如，$x^2y''' + y' - 4xy = 3$，$y^{(5)} + 4y^{(4)} - 10y' = \sin 2x$，$dy = (x + y - 1)dx$ 都是

微分方程．而 $x^2y^3+y-4xy=3$ ， $y^5-y=\sin 2x$ 都不是微分方程．

未知函数是一元函数的微分方程称为**常微分方程**．

微分方程中所出现的未知函数的导数的最高阶数称为微分方程的**阶**．例如，方程(7.1)为一阶常微分方程，方程(7.4)为二阶常微分方程．

一般地，人们将 n 阶常微分方程记为

$$F(x,y,y',\cdots,y^{(n)})=0 \quad \text{或} \quad y^{(n)}=f(x,y,y',\cdots,y^{(n-1)}) .$$

满足微分方程的函数(把函数代入微分方程能使该方程成为恒等式)称为该微分方程的**解**．

如果微分方程的解中含有任意常数，且相互独立的任意常数的个数与微分方程的阶数相同，这样的解称为微分方程的**通解**．例如，(7.2)是方程(7.1)的通解；(7.5)是方程(7.4)的通解．

用于确定通解中任意常数的条件称为**初始条件**．例如，本节例 1 中的 $m(t_0)=m_0$ ，例 2 中的 $s(0)=s_0$ 及 $s'(0)=v_0=0$ ．

确定了通解中的任意常数以后，就得到了微分方程的**特解**，即不含任意常数的解．例如，(7.3)是方程(7.1)的特解；(7.6)是方程(7.4)的特解．

求微分方程满足初始条件的解的问题称为**初值问题**或**柯西问题**．

例如，求微分方程 $y'=f(x,y)$ 满足初始条件 $y(x_0)=y_0$ 的解的问题，即为初值问题，可记为

$$\begin{cases} y'=f(x,y), \\ y\big|_{x=x_0}=y_0. \end{cases}$$

7.2　一阶常微分方程及初等积分法

若可以用初等函数或初等函数的积分来表达一个常微分方程的解，则称该常微分方程可以用初等积分法来求解．但在常微分方程中，可以用初等积分法求解的方程是不多的，即使形式很简单的常微分方程．1686 年，德国数学家莱布尼茨提出了一个一阶常微分方程：

$$y'=x^2+y^2 .$$

经过 150 余年，直到 1838 年，法国数学家刘维尔(J.Liouville，1809—1882)在理论上证明了这个方程不能用初等积分法求解．

本节仅介绍几类可以用初等积分法求解的常微分方程．

7.2.1 可分离变量的常微分方程

形如

$$\frac{\mathrm{d}y}{\mathrm{d}x}=f(x)g(y) \tag{7.7}$$

的方程称为**可分离变量的常微分方程**.

方程(7.7)的特点是方程右端是只含 x 的函数与只含 y 的函数的乘积. 假设 $f(x)$ ， $g(y)$ 均为连续函数，若 $g(y)\neq 0$ ，分离变量，将(7.7)化为

$$\frac{\mathrm{d}y}{g(y)}=f(x)\mathrm{d}x,$$

两端取积分，得

$$\int\frac{\mathrm{d}y}{g(y)}=\int f(x)\mathrm{d}x,$$

便可求出方程(7.7)的隐式解或显式解.

若 $g(y)=0$ ，则方程(7.7)退化为 $\frac{\mathrm{d}y}{\mathrm{d}x}=0$ ，则易知方程的解为 $y\equiv C$ ，其中 $g(C)=0$.

例 1 求常微分方程

$$\frac{\mathrm{d}y}{\mathrm{d}x}=2xy \tag{7.8}$$

的通解.

解 当 $y\neq 0$ 时，分离变量，得

$$\frac{\mathrm{d}y}{y}=2x\mathrm{d}x,$$

两边求不定积分，有

$$\ln|y|=x^2+C_1,$$

则

$$y=\pm\mathrm{e}^{C_1}\mathrm{e}^{x^2}=C\mathrm{e}^{x^2} \quad (\text{其中 } C=\pm\mathrm{e}^{C_1}\text{，} C \text{ 为不为零的任意常数}).$$

易验证 $y=0$ 也是方程(7.8)的解，故方程(7.8)的通解为

$$y=C\mathrm{e}^{x^2},$$

其中 C 为任意常数.

例 2 求解如下柯西问题

$$\begin{cases} \dfrac{dy}{dx} = -\dfrac{x}{y}, \\ y(1) = 2. \end{cases}$$

解 首先求方程 $\dfrac{dy}{dx} = -\dfrac{x}{y}$ 的通解，分离变量，得

$$x dx = -y dy ,$$

两边积分，有

$$\frac{x^2}{2} = -\frac{y^2}{2} + C_1 ,$$

即方程 $\dfrac{dy}{dx} = -\dfrac{x}{y}$ 的通解为 $x^2+y^2=2C_1 \triangleq C$ (C 为大于零的任意常数).

再将 $x=1$， $y=2$ 代入上述通解中，得 $C=5$ ，于是所求柯西问题的解为

$$x^2+y^2=5 .$$

例 3 某池塘最多能养鱼 1000 尾，在时刻 t ，鱼的数量为 $y=y(t)$ ，其变化率与 y 及 $1000-y$ 的乘积成正比．若在池塘放养 100 尾鱼，经过 3 个月，池塘内鱼的数目增加至 250 尾，求再过 3 个月，池塘内鱼的数目.

解 由题意，可列出如下的常微分方程

$$\frac{dy}{dt} = ky(1000-y) , \tag{7.9}$$

且满足条件

$$y(0)=100 , \tag{7.10}$$

$$y(3)=250 . \tag{7.11}$$

首先求方程(7.9)的通解，分离变量，得

$$\frac{dy}{y(1000-y)} = k dt ,$$

两边积分，整理得

$$\frac{y}{1000-y} = Ce^{1000kt} . \tag{7.12}$$

将式(7.10)代入式(7.12)，得

$$C = \frac{1}{9} . \tag{7.13}$$

再将式(7.11)和(7.13)代入式(7.12)，得

$$k = \frac{\ln 3}{3000}. \tag{7.14}$$

由式(7.12)，有

$$y(t) = \frac{1000Ce^{1000kt}}{1+Ce^{1000kt}}, \tag{7.15}$$

由式(7.13)— (7.15)，有

$$y(6) = 500\,(\text{尾}).$$

即再过 3 个月，池塘内鱼的数目为 500 尾.

7.2.2　两类可化为可分离变量的微分方程

Ⅰ　形如

$$\frac{dy}{dx} = f(ax+by) \tag{7.16}$$

的方程，其中 a ， b 为常数.

令 $ax+by=z$ ，则

$$\frac{dz}{dx} = a + b\frac{dy}{dx},$$

于是，方程(7.16)可化为可分离变量方程

$$\frac{dz}{dx} = a + bf(z). \tag{7.17}$$

当 $a+bf(z)\neq 0$ 时，变量分离，得

$$\frac{dz}{a+bf(z)} = dx.$$

两边积分，求出方程(7.17)的隐式解或显式解，再将 $z=ax+by$ 回代即可得到方程(7.16)的通解.

当 $a+bf(z)=0$ 时， $\frac{dz}{dx}=0$ ，可求得 $z=C$ ，从而得(7.16)的解为

$$ax+by=C\quad(C\text{为任意常数}).$$

例 4　求方程

$$\frac{dy}{dx} = x+y \tag{7.18}$$

的通解.

解 令 $x+y=z$，则 $\dfrac{dz}{dx}=1+\dfrac{dy}{dx}$，即

$$\frac{dz}{dx}=1+z. \tag{7.19}$$

当 $1+z\neq 0$ 时，分离变量

$$\frac{dz}{1+z}=dx,$$

两边积分，得 $z=Ce^x-1$ (其中 C 为不为零的任意常数).

又易验证 $1+z=0$ 时，即 $z=-1$ 也为方程(7.19)的解，于是方程(7.19)的通解为

$$z=Ce^x-1 \quad (\text{其中 } C \text{ 为任意常数}).$$

将 $z=x+y$ 回代，从而方程(7.18)的通解为

$$y=Ce^x-x-1.$$

Ⅱ 形如

$$\frac{dy}{dx}=f\left(\frac{y}{x}\right) \tag{7.20}$$

的方程称为**齐次常微分方程**.

例如，$\dfrac{dy}{dx}=\dfrac{y}{x}+\tan\dfrac{y}{x}$，$y^2+x^2\dfrac{dy}{dx}=xy$，$\dfrac{dy}{dx}=\dfrac{y}{x+y}$ 都是齐次常微分方程. $\dfrac{dy}{dx}=x+y^2$，$\dfrac{dy}{dx}=\dfrac{x+y}{x+y^2}$ 则不是齐次常微分方程.

考察方程(7.20)，令 $\dfrac{y}{x}=z$，则 $y=xz$，于是

$$\frac{dy}{dx}=x\frac{dz}{dx}+z,$$

从而，有

$$x\frac{dz}{dx}+z=f(z). \tag{7.21}$$

当 $f(z)-z\neq 0$ 时，分离变量，得

$$\frac{dz}{f(z)-z}=\frac{dx}{x},$$

两边积分，求出方程(7.21)的隐式解或显式解，再将 $z=\dfrac{y}{x}$ 回代即可得到方程(7.20)的通解.

当 $f(z)-z=0$ 时，方程(7.21)化为 $\dfrac{\mathrm{d}z}{\mathrm{d}x}=0$，通解为 $z=C$，从而(7.20)的通解为 $y=Cx$.

例 5　求解如下柯西问题

$$\begin{cases}\dfrac{\mathrm{d}y}{\mathrm{d}x}=\dfrac{y}{x}+\tan\dfrac{y}{x}, & (7.22)\\ y|_{x=2}=\dfrac{\pi}{3}. & (7.23)\end{cases}$$

解　首先求方程(7.22)的通解，令 $\dfrac{y}{x}=z$，则 $y=xz$，$\dfrac{\mathrm{d}y}{\mathrm{d}x}=x\dfrac{\mathrm{d}z}{\mathrm{d}x}+z$，于是方程(7.22)化为

$$x\frac{\mathrm{d}z}{\mathrm{d}x}=\tan z. \tag{7.24}$$

当 $\tan z\neq 0$ 时，分离变量，得

$$\cot z\mathrm{d}z=\frac{\mathrm{d}x}{x},$$

两边积分，得 $\sin z=Cx$ (其中 C 为不为零的任意常数).

易验证 $z=0$ 也是方程(7.24)的解，故方程(7.24)的通解为

$$\sin z=Cx \quad (\text{其中 } C \text{ 为任意常数}).$$

将 $z=\dfrac{y}{x}$ 回代，从而方程(7.22)的通解为

$$\sin\frac{y}{x}=Cx.$$

再由初值条件(7.23) $y(2)=\dfrac{\pi}{3}$，得 $C=\dfrac{1}{4}$. 于是所求柯西问题的解为

$$\sin\frac{y}{x}=\frac{1}{4}x.$$

7.2.3　一阶线性常微分方程

1. 定义

未知函数及其导数都是一次的一阶常微分方程称为**一阶线性微分方程**，其一般形式为

$$\frac{\mathrm{d}y}{\mathrm{d}x}+P(x)y=Q(x), \tag{7.25}$$

其中 $P(x)$，$Q(x)$ 都是连续函数．

若 $Q(x)\equiv 0$，方程(7.25)变为

$$\frac{\mathrm{d}y}{\mathrm{d}x}+P(x)y=0\,, \tag{7.26}$$

称为**一阶线性齐次方程**．

若 $Q(x)\neq 0$，方程(7.25)称为**一阶线性非齐次方程**．

2. 一阶线性齐次方程的解法

一阶线性齐次方程(7.26)是可分离变量方程，分离变量，得

$$\frac{\mathrm{d}y}{y}=-P(x)\mathrm{d}x\,,$$

两边积分，得

$$\ln|y|=-\int P(x)\mathrm{d}x+C_1 \text{ 或 } y=C\mathrm{e}^{-\int P(x)\mathrm{d}x}\ (C=\pm\mathrm{e}^{C_1})\quad (\text{其中 } C \text{ 为不为零的任意常数}).$$

易验证 $y=0$ 也是方程(7.26)的解，故方程(7.26)的通解为

$$y=C\mathrm{e}^{-\int P(x)\mathrm{d}x}\quad (C \text{ 为任意常数}).$$

3. 一阶线性非齐次方程的解法

利用方程(7.26)的通解的结论，猜想一阶线性非齐次方程(7.25)的通解为

$$y=C(x)\mathrm{e}^{-\int P(x)\mathrm{d}x}\,,$$

将之代入方程(7.25)，化简整理，得

$$\frac{\mathrm{d}C(x)}{\mathrm{d}x}=Q(x)\mathrm{e}^{\int P(x)\mathrm{d}x}\,,$$

两边积分，得

$$C(x)=\int Q(x)\mathrm{e}^{\int P(x)\mathrm{d}x}\mathrm{d}x+C\,,$$

于是一阶线性非齐次方程(7.25)的通解为

$$y=\mathrm{e}^{-\int P(x)\mathrm{d}x}\left[\int Q(x)\mathrm{e}^{\int P(x)\mathrm{d}x}\mathrm{d}x+C\right]$$

或

$$y=C\mathrm{e}^{-\int P(x)\mathrm{d}x}+\mathrm{e}^{-\int P(x)\mathrm{d}x}\int Q(x)\mathrm{e}^{\int P(x)\mathrm{d}x}\mathrm{d}x\,. \tag{7.27}$$

这里所采用的求解一阶线性非齐次方程的方法称为**常数变易法**，是常微分方

程中一个十分重要的思想方法.

从式(7.27)可以看到，一阶线性非齐次方程(7.25)的通解等于它对应的线性齐次方程(7.26)的通解与线性非齐次方程(7.25)的一个特解之和. 即，一阶线性非齐次方程的通解等于它的一个特解与它相应的线性齐次方程的通解之和.

例 6　求方程 $\dfrac{\mathrm{d}y}{\mathrm{d}x}-\dfrac{2y}{x+1}=(x+1)^{\frac{5}{2}}$ 的通解.

解　这是一个一阶线性非齐次方程. 比较一阶线性非齐次方程(7.25)，这里

$$P(x)=-\frac{2}{x+1},\qquad Q(x)=(x+1)^{\frac{5}{2}}.$$

因为

$$\int P(x)\mathrm{d}x=\int\left(-\frac{2}{x+1}\right)\mathrm{d}x=-2\ln(x+1)\ (\text{不计常数}),$$

$$\mathrm{e}^{-\int P(x)\mathrm{d}x}=\mathrm{e}^{2\ln(x+1)}=(x+1)^2,$$

$$\int Q(x)\mathrm{e}^{\int P(x)\mathrm{d}x}\mathrm{d}x=\int(x+1)^{\frac{5}{2}}(x+1)^{-2}\mathrm{d}x=\int(x+1)^{\frac{1}{2}}\mathrm{d}x=\frac{2}{3}(x+1)^{\frac{3}{2}},$$

利用通解公式(7.27)，得到所求方程的通解为

$$y=\mathrm{e}^{-\int P(x)\mathrm{d}x}\left[\int Q(x)\mathrm{e}^{\int P(x)\mathrm{d}x}\mathrm{d}x+C\right]=(x+1)^2\left[\frac{2}{3}(x+1)^{\frac{3}{2}}+C\right].$$

例 7　设降落伞质量为 m，从跳伞塔下落后，所受的空气阻力与下落速度成正比(比例常数设为 k)，设降落伞以初速度 $v(0)=0$ 离开跳伞塔，求降落伞下落速度 v 与时间 t 的函数关系(图 7-2).

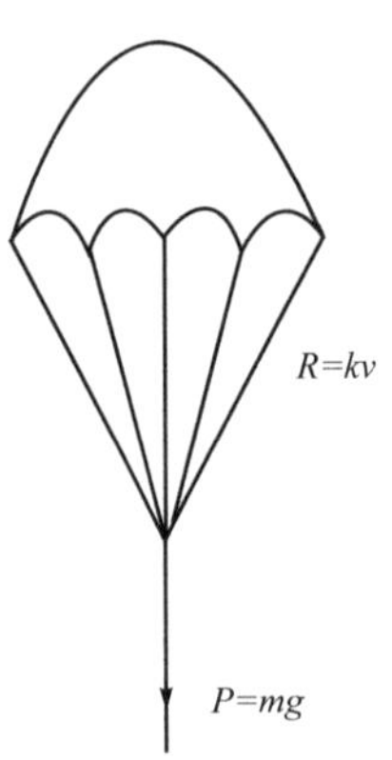

图 7-2

解　分析降落伞的受力情况可知，所受外力为重力 P 与空气阻力 R 之和，以塔为原点，选择垂直向下的路程轴，则伞所受的外力为 $mg-kv$，由牛顿第二定律，知

$$mg-kv=m\frac{\mathrm{d}v}{\mathrm{d}t},$$

于是得到下面的柯西问题

$$\begin{cases}\dfrac{\mathrm{d}v}{\mathrm{d}t}+\dfrac{k}{m}v=g, & (7.28)\\[2ex] v(0)=0. & (7.29)\end{cases}$$

方程(7.28)是一个一阶线性非齐次方程，比较一阶线性非齐次方程(7.25)，这里 $P(t)=\dfrac{k}{m}$，$Q(t)=g$. 利用通解公式(7.27)，得到方程(7.28)的

通解为

$$v(t)=\mathrm{e}^{-\int\frac{k}{m}\mathrm{d}t}\left(\int g\mathrm{e}^{\int\frac{k}{m}\mathrm{d}t}\mathrm{d}t+C\right)=\frac{mg}{k}+C\mathrm{e}^{-\frac{k}{m}t}.$$

再由初值条件(7.29)，将 $v(0)=0$ 代入上式，得 $C=-\dfrac{mg}{k}$.

因此，所求的降落伞下降的速度为

$$v(t)=\frac{mg}{k}\left(1-\mathrm{e}^{-\frac{k}{m}t}\right).$$

显然，当 $t\to+\infty$ 时，$v(t)\to\dfrac{mg}{k}$. 这表明，在题设条件下，跳伞开始后是变速直线运动，随着时间的推移，若下落距离足够长，则在足够长的时间后接近于匀速直线运动了.

习 题 7

1. 求下列可分离变量的常微分方程的通解或特解：

(1) $\dfrac{\mathrm{d}y}{\mathrm{d}x}=\mathrm{e}^{x+y}$;

(2) $(1-x)\mathrm{d}y=(1+y)\mathrm{d}x$ ， $y(0)=1$;

(3) $\dfrac{\mathrm{d}y}{\mathrm{d}x}=\sqrt{\dfrac{1-y^2}{1-x^2}}$;

(4) $x(y^2-1)\mathrm{d}x+y(x^2-1)\mathrm{d}y=0$ ， $y(2)=2$.

2. 求下列可化为可分离变量的常微分方程的通解或特解：

(1) $\dfrac{\mathrm{d}y}{\mathrm{d}x}=(2x+y)^2$;

(2) $\dfrac{\mathrm{d}y}{\mathrm{d}x}=\dfrac{y^2}{xy-x^2}$;

(3) $\dfrac{\mathrm{d}y}{\mathrm{d}x}=\dfrac{1+x-y}{x-y}$ ， $y(1)=0$;

(4) $(y+x)\mathrm{d}y=(y-x)\mathrm{d}x$ ， $y(1)=1$.

3. 求下列一阶线性常微分方程的通解或特解：

(1) $\dfrac{\mathrm{d}y}{\mathrm{d}x}+\dfrac{y}{x}=\mathrm{e}^x$ ， $y(1)=0$;

(2) $\dfrac{\mathrm{d}y}{\mathrm{d}x}-2y=x^2$;

(3) $x\frac{\mathrm{d}y}{\mathrm{d}x}+y=3$；

(4) $\frac{\mathrm{d}y}{\mathrm{d}x}+y\tan x=\sin 2x$，$y\left(\frac{\pi}{3}\right)=0$．

4. 某人学习外语需要记忆 50 个单词，他记忆的速度与剩余的未记忆的单词量成正比，假设他开始时一个单词也没有记，而在前 50 分钟内记住了 20 个．问：(1)他一个小时内能记住多少单词？(2)经过多少时间，他只剩一个单词未记忆？

自主探索

1. 下列常微分方程是否是一阶线性齐次方程？

(1) $(x-2)\frac{\mathrm{d}y}{\mathrm{d}x}=y$；　(2) $3x^2+5x-5\frac{\mathrm{d}y}{\mathrm{d}x}=0$；　(3) $\frac{\mathrm{d}y}{\mathrm{d}x}+y\cos x=\mathrm{e}^{-\sin x}$；

(4) $\frac{\mathrm{d}y}{\mathrm{d}x}=10^{x+y}$；　(5) $(y+1)^2\frac{\mathrm{d}y}{\mathrm{d}x}+x^3=0$．

2. 由 7.1.1 节中的例 1，继续讨论：若已知镭的半衰期为 1622 年，问衰变 75%需要多少时间？

合作研究

1. 中学里我们学习过代数方程，现在学习了常微分方程，试区别二者的不同之处．并从中总结一下常量数学和变量数学的区别．

2. 查阅资料，了解常微分方程的以下应用实例：

(1) 流行病的传染速度问题；

(2) 放射性碳元素衰变在考古学中的应用问题；

(3) 新产品销售中，销售速度与销售数量的预测问题．

除了上述应用实例，对于微分方程，你还了解哪些？

第 8 章　概率论与数理统计初步
——随机数学的方法及应用

17 世纪中叶，在法国出现了对机会游戏和赌博问题的研究，正是这种研究推动了一门崭新的数学学科——概率论的诞生．如今的概率论已经发展成为一个蔚为壮观的数学分支学科．概率论以及作为概率论的现实应用的数理统计学，在物理、化学、生物学、经济学、保险业及社会科学的各领域都有广泛的应用．正如对概率论的发展作出过巨大贡献的法国数学家拉普拉斯(P.S.M. de Laplace，1749—1827)所说：“虽然概率论是从考虑某一并不高尚的赌博开始，但它却成为人类知识最重要的领域之一．”

本章将介绍概率论和数理统计的一些基本概念和方法及某些典型的应用实例．

8.1　研究随机现象的基本概念

8.1.1　基本概念

1. 确定现象与随机现象

自然界和社会生活中广泛存在着有本质区别的两类现象：确定现象与随机现象．

确定现象或称**必然现象**，是指在一定条件下，必然发生或必然不发生的现象．例如，“在没有外力的作用下，做匀速直线运动的物体继续做匀速直线运动”，“在标准大气压下，将水加热至 100℃，则水会沸腾”，“没有电源，电灯不会发光”，“没有氧气，人类不能生存”都是确定现象．对于确定现象的研究，大都使用代数、几何、分析学等提供的工具和方法．

自然界和社会生活中也广泛存在着另一种现象：**随机现象**或称**偶然现象**，是指在一定条件下可能发生，也可能不发生的现象．例如，在抽样检查工厂的某种产品时，任意抽取一件，“抽到次品”这一现象是随机现象；学生凭猜测答一道多选一的选择题，“猜对答案”这一现象是随机现象．对于随机现象的研究，则要借助于以概率论为基础的随机数学的工具和方法．

对随机现象的长期观察研究，人们发现：随机现象虽然对每次观察来说具有偶然性和不确定性，但在大量的重复观察中又具有一定的数量规律性．例如，医学上在研究 RH 阴性的稀有血型时，经观察大量数据，统计发现，在汉族人中具有该血型的人仅占 3%左右．随机现象在大量观察中所表现的内在固有的数量规律性，称之为**随机现象的统计规律性**．而概率一词在西方语言中是 probability，就是与探究事物的真实性联系在一起的．

概率论就是一门研究随机现象统计规律性的数学学科．

2. 随机试验与随机事件

任一随机现象都与某一试验相联系，这里为叙述方便，将实验、观测、观察、调查等统称为**试验**．

随机试验是具有以下三个特征的试验：

(1) 可以在相同的条件下重复进行；

(2) 每次试验的可能结果不止一个，试验前不能准确预言；

(3) 试验结束时能确定出现的结果．

随机试验，在不产生歧义的情形下，一般简称为**试验**，记为E．它显示了随机现象所具有的特点．事实上，随机试验就是对随机现象的观察．

以下是随机试验的一些实例．

E_1：掷一枚均匀的硬币，观察其正、反面出现的情况；

E_2：掷一枚均匀的骰子，观察出现的点数；

E_3：袋中装有红、白两色的球若干个，从袋中任取一个，观察它的颜色；

E_4：在一批同类的电子管中，任意抽取一个，测试其使用寿命；

E_5：记录某一地区一天的最高气温和最低气温；

E_6：某一射手向同一目标多次射击，直到击中为止，观察其射击情况．

对于随机试验，人们关心的是它的结果．把随机试验的某些结果所构成的集合称为**随机事件**，简称**事件**，用大写的英文字母A, B, C等表示．随机事件是描述随机现象的基本元素．

3. 样本点与样本空间

为了应用数学工具研究随机试验，一般把随机试验E的每一可能出现的直接结果称为**样本点**．样本点就是E中最简单的随机事件，称之为**基本事件**，常用符号ω表示．例如，对于随机试验E：掷一枚均匀的骰子，观察出现的点数，就有六种可能的结果：$\omega_i=\{出现 i 点\}$，$i=1,2,\cdots,6$，即六个样本点．全体样本点构成的集合称为**样本空间**，记为Ω．例如，对上述E，$\Omega=\{\omega_1,\omega_2,\cdots,\omega_6\}$．

在E中必然发生的事件称为**必然事件**，记为Ω(与样本空间的记法一致)，显然，Ω中的某一基本事件在试验中必然发生. 在E中不可能发生的事件称为**不可能事件**，记为$\varnothing$，显然，$\varnothing$是不含任何样本点的集合. 例如，对上述E，“出现大于6点”的事件就是不可能事件. 一般的事件A是由若干个样本点ω构成的集合，即Ω的一个子集. 例如，对上述E，“出现偶数点”的事件，即$A=\{\omega_2,\omega_4,\omega_6\}$.

8.1.2 事件的关系与运算

事件用集合来定义，因此可用集合的语言来描述事件的关系和运算.

给定样本空间Ω，事件A是Ω中的某些样本点ω的集合. 事件A发生当且仅当它包含的某个样本点ω出现. 因此，必然事件用全集Ω表示，不可能事件用空集$\varnothing$表示.

以下讨论两个事件之间的关系，并令E：掷一枚均匀的骰子，观察出现的点数.

(1) **事件的包含** 若事件A发生必然导致事件B发生，则称事件B**包含**事件A(或事件A**含于**事件B)，记为$A\subset B$(或$B\supset A$)，其文氏图如图8-1所示.

在E中，令A={出现点数为2}，B={出现偶数点}，则$A\subset B$.

显然，$\varnothing\subset A\subset\Omega$.

(2) **事件的相等** 对于两个事件A，B，若$A\subset B$且$B\subset A$，则称A**等于**B，记为$A=B$，即A和B是同一事件，所含样本点相同.

在E中，令A={出现2，4，6点}，B={出现偶数点}，则$A=B$.

(3) **事件的并**(**或和**) 由事件A与事件B至少发生其一而构成的事件称为A与B的**并**(**或和**)，记为$A\cup B$(或$A+B$)，此时，或A发生，或B发生，其文氏图如图8-2所示.

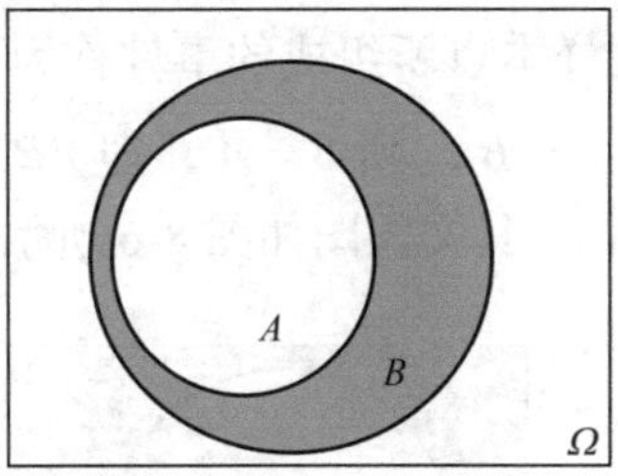

图 8-1

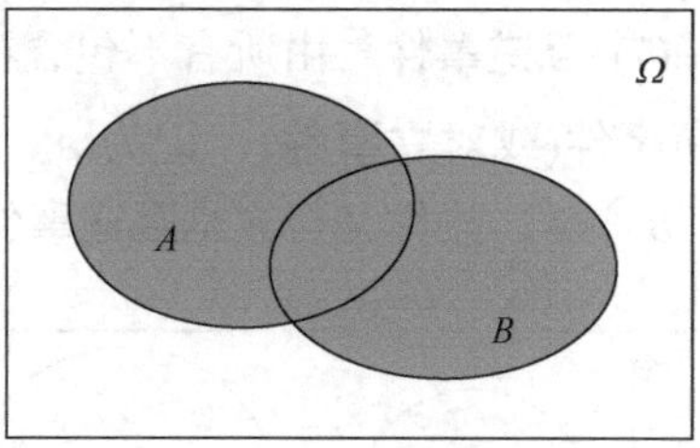

图 8-2

在E中，令A={出现3点}，B={出现偶数点}，则$A\cup B$={出现2，3，4，6点}.

显然，$A\subset A\cup B$，$B\subset A\cup B$，$A\cup B\subset\Omega$，$A\cup\varnothing=A$，$A\cup\Omega=\Omega$，$A\cup A=A$.

两个事件的并的概念可以推广到任意多个事件上去.

(4) **事件的交**(或**积**)　事件 A 与事件 B 同时发生的事件称为 A 与 B 的**交**(或**积**)，记为 $A\cap B$ (或 AB)，其文氏图如图 8-3 所示.

在 E 中，令 A={出现小于 5 的点}，B={出现偶数点}，则 AB={出现 2，4 点}.

显然，$A\varnothing=\varnothing$，$A\Omega=A$，$AA=A$.

两个事件的交的概念也可以推广到任意多个事件上去.

(5) **事件的差**　事件 A 发生而事件 B 不发生的事件称为 A 与 B 的**差**，记为 $A\setminus B$ (或 $A-B$)，其文氏图如图 8-4 所示.

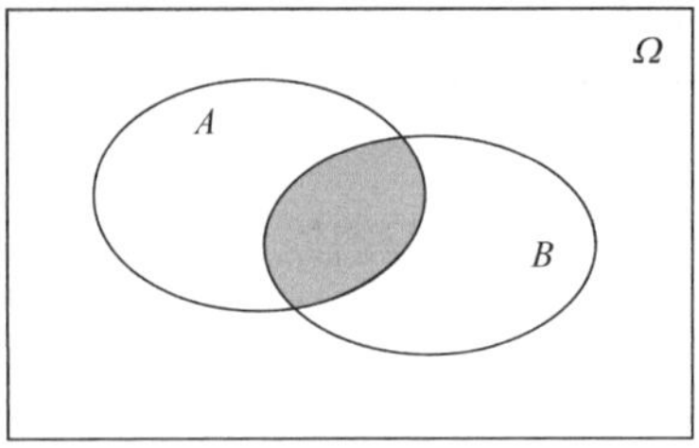

图 8-3

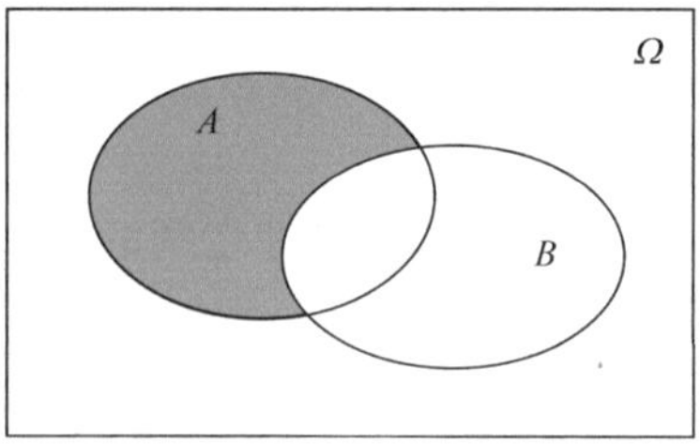

图 8-4

在 E 中，令 A={出现小于 5 的点}，B={出现偶数点}，则 $A\setminus B$={出现 1，3 点}，$B\setminus A$={出现 6 点}.

(6) **互斥事件**　若事件 A，B 满足 $AB=\varnothing$，即 A，B 不能同时发生，则称 A 与 B **互斥**(或**互不相容**)，其文氏图如图 8-5 所示.

在 E 中，令 A={出现 1，5 的点}，B={出现偶数点}，则 A 与 B 互斥.

若有 n 个事件 $A_1,A_2,\cdots,A_n$，它们中任意两个事件均互斥，即 $A_iA_j=\varnothing,i\neq j,i,j=1,2,\cdots,n$，则称这 n 个事件互斥.

(7) **互逆事件**　由所有不包含在事件 A 中的样本点所组成的事件称为事件 A 的**逆事件**(或**对立事件**)，记为 $\overline{A}$. 显然，若令 $\overline{A}=B$，则 $\overline{B}=A$，即 $AB=\varnothing$，$A\cup B=\Omega$，故称 A 与 B 是**互逆事件**(或**对立事件**)，其文氏图如图 8-6 所示.

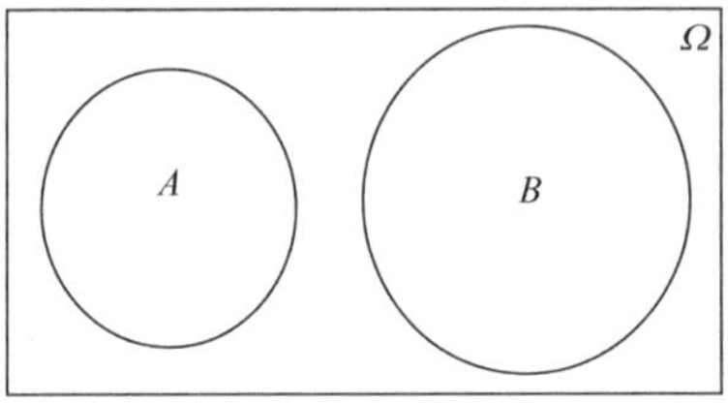

图 8-5

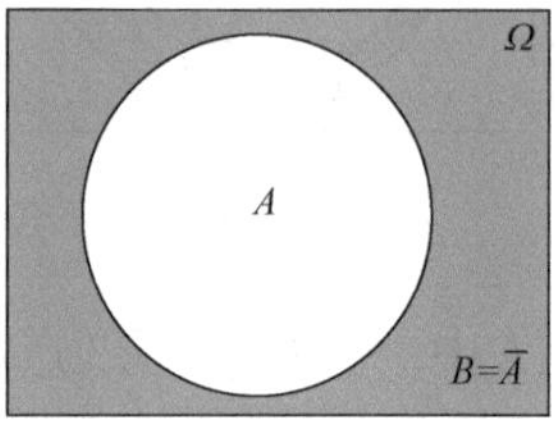

图 8-6

在 E 中，令 A={出现奇数点}，B={出现偶数点}，则 A 与 B 互逆.

显然，$\overline{\varnothing}=\Omega$，$\overline{\Omega}=\varnothing$，$\overline{\overline{A}}=A$，$A\setminus B=A\overline{B}=A\setminus AB$. 且易知，$A$ 与 B 互逆，则一定互斥，反之未必.

(8) **事件的运算** 设 A，B，C 是同一随机试验中的事件，则满足下列运算性质：

① **交换律** $A\cup B=B\cup A$，$A\cap B=B\cap A$.

② **结合律** $(A\cup B)\cup C=A\cup(B\cup C)$，$(A\cap B)\cap C=A\cap(B\cap C)$.

③ **分配律** $A\cap(B\cup C)=(A\cap B)\cup(A\cap C)$, $A\cup(B\cap C)=(A\cup B)\cap(A\cup C)$.

④ **德·摩根对偶律** $\overline{A\cup B}=\overline{A}\cap\overline{B}$，$\overline{A\cap B}=\overline{A}\cup\overline{B}$.

德·摩根对偶律可简述为：并之逆等于逆之交，交之逆等于逆之并.

事件的关系及运算与集合之间的关系及运算完全相似，为便于对照，把它们的术语列表如下.

记号	概率论	集合论
Ω	样本空间(必然事件)	论域(全集)
$\varnothing$	不可能事件	空集
ω	基本事件	元素
A	随机事件	子集
$\overline{A}$	A 的逆事件	A 的余(补)集
$A\subset B$	事件 A 发生必有事件 B 发生	A 是 B 的子集
$A=B$	事件 A 与事件 B 相等	A 与 B 相等
$A\cup B$	事件 A 与事件 B 至少有一个发生	A 与 B 之并
$A\cap B$	事件 A 与事件 B 同时发生	A 与 B 之交
$A\setminus B$	事件 A 发生而事件 B 不发生	A 与 B 之差
$AB=\varnothing$	事件 A 与事件 B 互斥	A 与 B 之交为空集

例 1 设 A，B，C 是同一随机试验中的三个事件，试用它们表示下列事件：

(1) {A 发生而 B 与 C 都不发生}；

(2) {A，B，C 都发生}；

(3) {A，B，C 恰好发生一个}；

(4) {A，B，C 至少发生一个}；

(5) $\{A,\ B,\ C$都不发生$\}$；

(6) $\{A,\ B,\ C$至多发生一个$\}$.

解　(1) $A\overline{B}\,\overline{C}$；(2) ABC；(3) $A\overline{B}\,\overline{C}+\overline{A}B\overline{C}+\overline{A}\,\overline{B}C$；(4) $A\cup B\cup C$；

(5) $\overline{A}\,\overline{B}\,\overline{C}$；　(6) $\overline{A}\,\overline{B}\,\overline{C}+A\overline{B}\,\overline{C}+\overline{A}B\overline{C}+\overline{A}\,\overline{B}C$.

8.2　概　　率

在一次试验中，每个事件出现的可能性有大有小. 人们将表示事件 A 出现可能性大小的一个数称为事件 A 的**概率**，记为 $p(A)$. 概率反映了随机现象中蕴涵的必然性. 针对不同特征的试验，概率有各种定义.

8.2.1　概率的各种定义

1. 概率的统计定义

设 E 为一随机试验，A 为随机事件，在相同条件下，把 E 重复进行 n 次，以 n_A 表示事件 A 在这 n 次试验中出现的次数，则比值 $\frac{n_A}{n}$ 称为事件 A 在这 n 次试验中出现的**频率**，记为 $f_n(A)$.

频率在某种程度上反映了事件 A 发生的可能性大小，尽管它随试验次数的变化而变化，但当大量重复这个试验时，就会呈现某种规律性.

抛掷一枚均匀的硬币 n 次，设 $A=\{$出现正面$\}$，试求 $p(A)$.

历史上，曾有多位学者做过抛掷硬币试验，其中两位结果如下表.

试验者	抛掷总次数 n	出现正面次数 n_A	频率 $\frac{n_A}{n}$
蒲丰(Buffon)	4040	2048	0.5069
K·皮尔逊(K.Pearson)	12000	6019	0.5016
K·皮尔逊(K.Pearson)	24000	12012	0.5005

从表中可见，多次抛掷，出现正面的频率在 0.5 左右摆动，逐渐稳定于 0.5，人们将频率的这种特性称为**稳定性**，把 $p=0.5$ 称为频率的**稳定值**，这个值即为 $p(A)$.

定义 1　在 n 次大量重复试验下，事件 A 出现的次数为 n_A ，若频率 $f_n(A)=\frac{n_A}{n}$

总在某个常数 p 附近摆动，则称 p 为 A 的**统计概率**，即 $p(A)=p$.

根据定义 1，易验证统计概率有以下三条性质：

(1) **非负性** 对任何的事件 A ， $p(A)\geqslant 0$ ；

(2) **规范性** $p(\Omega)=1$ ；

(3) **有限可加性** 若 A_i , $i=1,2,\cdots,n$ 为互不相容事件，则 $p(\bigcup_{i=1}^{n}A_i)=\sum_{i=1}^{n}p(A_i)$.

概率的统计定义是以试验为基础的，但并不是说概率取决于试验，事实上，事件 A 的概率是它的固有属性，独立于试验存在. 在实际工作中，精确的 $p(A)$ 值常无法求得，但是，只要试验次数 n 充分大，人们就可以用频率 $f_n(A)=\dfrac{n_A}{n}$ 来作为 $p(A)$ 的近似值. 例如，日常生活中常听到的“重点高中升学率”，“疾病治愈率”，“产品合格率”等都是如此.

2. 概率的古典定义

因为需要做大量的重复试验，统计概率受到限制. 但在某些特殊情况下，不需要进行大量重复试验，而根据试验本身具有的特性，只要知道一次试验中可能出现的结果，就可以求出事件的概率.

这里所说的直接计算概率的方法，是针对一种特殊而简单的试验给出的. 在概率论发展的早期就被人们所注意，许多最初的概率论的结果也是对它作出的，这就是下面要介绍的古典概型.

“掷一枚均匀的硬币，观察其反、正面出现的情况”，“掷一枚均匀的骰子，观察出现的点数”，“袋中装有红、白两色的球若干个，从袋中任取一个，观察它的颜色”，这些前面提到过的试验，都具有以下两个共同特点：

(1) **有限性** 样本空间由有限个样本点构成；

(2) **等可能性** 每次试验，每个样本点出现的可能性相同.

称具有以上两个特点的试验为**古典概型**.

对于古典概型，有如下的概率的古典定义.

定义 2 设 E 为含有 n 个样本点的古典概型，事件 A 包含 k 个样本点，则

$$p(A)=\frac{A\text{中包含的样本点数}}{E\text{中样本点总数}}=\frac{k}{n}$$

称为事件 A 的**古典概率**.

概率的古典定义给出了古典概型中事件概率的计算公式. 用该公式计算概率，常采用排列组合的归纳推理手段求出样本点总数及事件 A 所含样本点数.

例 1 袋中有 6 只球，4 只白球，2 只红球. 从袋中任取球两次，每次取一只，

考虑两种情况(Ⅰ)第一次取一球观察颜色后放回袋中，第二次再取一球，这种情况称为**有放回抽样**；(Ⅱ)第一次取后不放回袋中，第二次再取一球，这种情况称为**不放回抽样**. 分别就上述两种情况，求

(1) 取到 2 只球都是白球的概率；

(2) 取到 2 只球颜色相同的概率；

(3) 取到 2 只球至少一只是白球的概率.

解 设

$$A=\{取到的 2 只球都是白球\},$$
$$B=\{取到的 2 只球颜色相同\},$$
$$C=\{取到的 2 只球至少一只是白球\}.$$

(Ⅰ) (1) $p(A)=\dfrac{C_4^1C_4^1}{C_6^1C_6^1}=\dfrac{4}{9}$；

(2) $p(B)=\dfrac{C_4^1C_4^1+C_2^1C_2^1}{C_6^1C_6^1}=\dfrac{5}{9}$；

(3) $p(C)=\dfrac{C_4^1C_4^1+C_4^1C_2^1+C_2^1C_4^1}{C_6^1C_6^1}=\dfrac{8}{9}$.

(Ⅱ) (1) $p(A)=\dfrac{C_4^1C_3^1}{C_6^1C_5^1}=\dfrac{2}{5}$；

(2) $p(B)=\dfrac{C_4^1C_3^1+C_2^1C_1^1}{C_6^1C_5^1}=\dfrac{7}{15}$；

(3) $p(C)=\dfrac{C_4^1C_3^1+C_4^1C_2^1+C_2^1C_4^1}{C_6^1C_5^1}=\dfrac{14}{15}$.

例 1 是具体的取球问题，若将问题一般化，一袋中有 α 个白球，β 个黑球，把白球视为正品，黑球视为次品，则这个抽球模型就可以描述产品的抽样. 加入产品分为更多的等级，如一等品、二等品、三等品、等外品，则可以用装 4 种颜色的球的抽球模型来描述.

例 2 将 n 个号码不同的球随机放入 n 个编号不同的盒子中，每个盒子恰有一个球的概率是多少？

解 设 $A=\{每个盒子恰有一球\}$. 依题意，样本点总数(即球的总的放法)为 n^n，A 中所含样本点数为 $n!$，从而

$$p(A)=\frac{n!}{n^n}.$$

当 $n=6$ 时，可计算 $p(A)\approx 0.01543$. 若讨论的是掷骰子的问题，这个结果意

味着：将一枚均匀骰子掷 6 次，要求每次的点数都不一样是很不容易做到的.

根据定义 2，容易得到古典概率和定义 1 的统计概率一样有三条性质：非负性、规范性、有限可加性.

3. 概率的几何定义

在一些实际应用中，试验的样本点总数是无限个但试验又具有等可能性，此时，古典概型的计算公式不再适用，一般需要通过几何方法来求概率.

例 3　假设电台每小时报时一次，某人表停了，为了对时，求他打开收音机需等待的时间不超过 10 分钟的概率是多少？

解　令 A={需等待的时间不超过 10 分钟}.

此人打开收音机时，必处于电台两次报时之间，如在 7 点至 8 点之间，而且处于这个区间中各点的可能性一样，要想等待不超过 10 分钟，只有他打开收音机的时间正好处于 7 点 50 分至 8 点之间，人们自然认为事件 A 的概率应为

$$p(A)=\frac{10}{60}=\frac{1}{6}.$$

一般地，向样本空间 Ω (Ω 为一维的区间，或二维的平面区域，或三维甚至 n 维空间区域)中投掷一点 M，若 M 落在 Ω 中任何位置的可能性相同，则称这个投点试验为**几何概型**.

对于几何概型，有如下的概率的几何定义.

定义 3　设 E 为几何概型，A 表示事件"点 M 落在区域 Ω 的子区域 D 中"，则

$$p(A)=\frac{D\text{的度量}}{\Omega\text{的度量}},$$

(这里的度量对一维区间是长度，二维平面区域是面积，三维空间区域是体积)称为事件 A 的**几何概率**.

根据定义 3，容易得到几何概率和定义 1 的统计概率一样有三条性质：非负性、规范性、有限可加性.

例 4 (会面问题)　两人相约 17 点至 18 点在某地会面，先到者要等候另一个人 20 分钟，过时就离开. 若每人在约定的一小时内能到达且在任一时刻到达的可能性相等，求两人能会面的概率.

解　设两人到达的时间分别为 17 点 x 分和 17 点 y 分，则问题可视为向平面区域 $\Omega=\{(x,y)\mid 0\leqslant x\leqslant 60, 0\leqslant y\leqslant 60\}$ 内投点. 由于两人在一小时内任一时刻到达具有等可能性，所以为几何概型.

设 A={两人能会面}，则 $D=\{(x,y)\mid |x-y|\leqslant 20\}$ (图 8-7). 由概率的几何定

义，有

$$p(A)=\frac{D\text{的度量}}{\Omega\text{的度量}}=\frac{60^2-40^2}{60\times 60}=\frac{5}{9}.$$

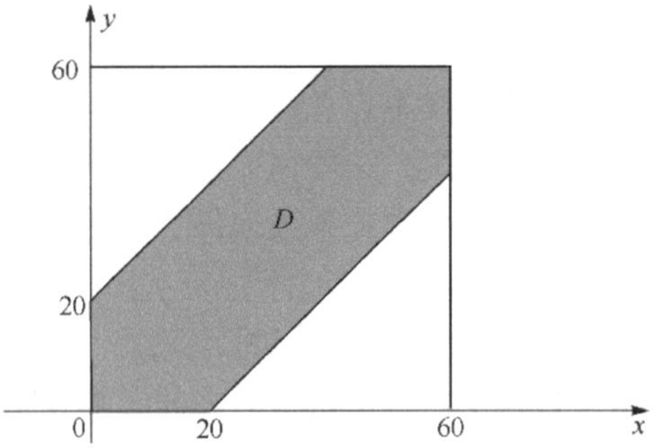

图 8-7

4. 概率的公理化定义

概率的统计定义、古典定义、几何定义虽然可以解决很多问题，但仍各有局限性. 20 世纪初，公理化方法渗透到数学的许多分支，苏联数学家柯尔莫哥洛夫(A.N.Kolmogorov，1903—1987)总结了概率的性质，给出了被广泛认可的概率的公理化定义.

定义 4 (概率的公理化定义)　设 E 是随机试验，Ω 是样本空间. 对 E 的每一事件 A，赋予一个实数 $p(A)$，若 $p(A)$ 具有下列三条性质：

(1) **非负性**　对任何的事件 A，$p(A)\geqslant 0$；

(2) **规范性**　$p(\Omega)=1$；

(3) **可列可加性**　对互斥事件列 $\{A_i\}$，$p\left(\bigcup_{i=1}^{\infty}A_i\right)=\sum_{i=1}^{\infty}p(A_i)$.

则称 $p(A)$ 为事件 A 的**概率**.

公理化定义虽然不能直接确定事件 A 的概率 $p(A)$ 的具体数值,但它给出概率所必须满足的最基本规律，是建立严格的概率理论的基础. 例如，在公理化定义的基础之上，可以证明反映“频率稳定性”的大数定律，为在实际应用中用频率代替概率提供了理论依据.

基于公理化定义，近代概率论得到了迅速发展. 易验证，概率的统计定义，古典定义和几何定义均满足公理化定义，它们都是公理化定义的特殊情形.

由公理化定义，容易推出概率的以下性质.

性质 1(最小性)　$p(\varnothing)=0$；

性质 2 (单调性)　若 $B\subset A$，则 $p(B)\leqslant p(A)$；

性质 3(有界性)　$0\leqslant p(A)\leqslant 1$；

性质 4(减法公式)　$p(A\backslash B)=p(A)-p(AB)$，特别地，$AB=\varnothing$ 时，则 $p(A\backslash B)=p(A)$，$B\subset A$ 时，则 $p(A\backslash B)=p(A)-p(B)$；

性质 5(逆事件公式)　$p(\overline{A})=1-p(A)$；

性质 6(加法公式)　$p(A\cup B)=p(A)+p(B)-p(AB)$，特别地，$AB=\varnothing$ 时，则 $p(A+B)=p(A)+p(B)$．

证　性质 1：由公理化定义的性质(2)和(3)，有 $p(\varnothing)=1-p(\Omega)=0$；

性质 2：由 $A=B\cup(A\setminus B)$，$B\cap(A\setminus B)=\varnothing$ 及公理化定义的性质(3)，有 $p(A)=p(B)+p(A\setminus B)$，再由公理化定义的性质(1)，得 $p(B)\leqslant p(A)$；

性质 3：由 $\varnothing\subset A\subset\Omega$ 及概率的单调性，得 $0\leqslant p(A)\leqslant 1$；

性质 4：由 $A=(AB)\cup(A\setminus B)$ 且 $(AB)\cap(A\setminus B)=\varnothing$ 及公理化定义的性质(3)，有 $p(A\backslash B)=p(A)-p(AB)$；

性质 5：由 $A\cup\overline{A}=\Omega$ 且 $A\cap\overline{A}=\varnothing$，及公理化定义的性质(3)，有 $p(\overline{A})=1-p(A)$；

性质 6：由 $A\cup B=(A\setminus B)\cup(B\setminus A)\cup(AB)$ 且 $A\setminus B, B\setminus A, AB$ 两两互斥及公理化定义的性质(3)和概率的减法公式，有 $p(A\cup B)=p(A)+p(B)-p(AB)$．

有了上述性质，就可以简化某些计算．例如，利用逆事件公式，对于例 1 中的(Ⅰ)(3)可以采用如下的计算方法求 $p(C)$：$p(C)=1-p(\overline{C})=1-\dfrac{C_2^1C_2^1}{C_6^1C_6^1}=\dfrac{8}{9}$；对于例 1 中的(Ⅱ)(3)类似可求 $p(C)=1-p(\overline{C})=1-\dfrac{C_2^1C_1^1}{C_6^1C_5^1}=\dfrac{14}{15}$．

8.2.2　条件概率和事件的独立性

1. 条件概率

在实际问题中，有时需要求在“某事件 B 已出现”的条件下事件 A 的概率，这种概率就是条件概率，记为 $p(A|B)$．

例 5　从编号 1，2，3，4，5 的五个球中随机取一个球，记 $A=\{$取到的球编号为偶数$\}$，$B=\{$取到的球编号不大于 3$\}$．求 $p(A)$，$p(B)$，$p(AB)$，$p(A|B)$．

解　显然 $p(A)=\dfrac{2}{5}$，$p(B)=\dfrac{3}{5}$，$p(AB)=\dfrac{1}{5}$，而 $p(A|B)=\dfrac{1}{3}\neq p(A)$．即在事件 B 已出现的条件下，事件 A 的概率发生了变化，易见

$$p(A|B)=\frac{p(AB)}{p(B)}=\frac{1/5}{3/5}=\frac{1}{3}.$$

例 5 中的最后一个式子的直观含义明显：在 B 发生的条件下 A 发生，当然是 AB 发生，而 B 发生是前提条件，故 B 应作为整个样本空间.

定义 5 (条件概率)　设 A,B 为同一随机试验中的两个事件，且 $p(B)>0$，则

$$p(A|B)=\frac{p(AB)}{p(B)}$$

称为**事件 B 发生的条件下事件 A 的概率**.

由条件概率的定义，立即得到如下的公式

$$p(AB)=p(B)p(A|B)=p(A)p(B|A),$$

通常称之为**概率的乘法公式**.

例 6　某工厂有一批产品共 100 件，其中有 10 件为次品，现从这批产品中随机取两次，每次取一件，考虑(1)有放回抽样；(2)不放回抽样．分别就上述两种情况，求两次都取得正品的概率.

解　设 $A_i=\{第i次取到正品\}$，$i=1,2$．由乘法公式，

(1) $p(A_1A_2)=p(A_1)p(A_2|A_1)=\frac{90}{100}\times\frac{90}{100}=0.81$.

(2) $p(A_1A_2)=p(A_1)p(A_2|A_1)=\frac{90}{100}\times\frac{89}{99}\approx 0.809$.

2. 事件的独立性

分析本节例 6，在有放回抽样的情况下，第二次取到正品的概率不受第一次取到正品与否的影响，即

$$p(A_2|A_1)=p(A_2),$$

故　$p(A_1A_2)=p(A_1)p(A_2)=\frac{90}{100}\times\frac{90}{100}=0.81$.

一个事件的概率不受另一个事件是否发生的影响,这就意味着两个事件独立.

定义 6(事件的独立性)　若 $p(A|B)=p(A)$，则称**事件 A 对事件 B 独立**.

显然，事件 A 对事件 B 独立，表明 B 的发生不影响 A 发生的概率．且若 A 对 B 独立，则 B 对 A 也独立，即有 $p(B|A)=p(B)$，此时，一般称 **A 与 B 相互独立**.

由乘法公式，A 与 B 相互独立的充要条件是

$$p(AB)=p(A)p(B).$$

上式表明，当两个事件相互独立时，两事件乘积的概率等于两事件各自概率的乘积.

通常可以凭借经验判断两个事件的相互独立性，同样也可以凭经验判断 n 个事件的相互独立性．且有结论：若 n 个事件 $A_i, i=1,2,\cdots,n$ 相互独立，则

$$p(A_1A_2\cdots A_n)=p(A_1)p(A_2)\cdots p(A_n).$$

由事件独立性的定义，易知，若 A 与 B 相互独立，则 A 与 $\overline{B}$，$\overline{A}$ 与 B，$\overline{A}$ 与 $\overline{B}$ 也是相互独立的．推而广之，若 n 个事件相互独立，则 n 个事件中的一部分换成它们的逆事件，另一部分不变，得到的事件组仍相互独立.

例 7　加工某零件共需要三道工序，第一、二、三道工序的次品率分别为 0.02，0.03，0.05，假设三道工序互不影响，求加工出来的零件为次品的概率.

解　设 $A_i=\{$第 i 道加工的零件是次品$\}$，$i=1,2,3$，$A=\{$加工的零件是次品$\}$．由题意，知 $A=A_1\cup A_2\cup A_3$.

利用逆事件概率，德·摩根对偶律及事件的独立性，得

$$\begin{aligned}p(A)&=1-p(\overline{A})=1-p(\overline{A_1}\,\overline{A_2}\,\overline{A_3})\\&=1-p(\overline{A_1})p(\overline{A_2})p(\overline{A_3})=1-[1-p(A_1)][1-p(A_2)][1-p(A_3)]\\&=1-0.98\times0.97\times0.95=0.09693\end{aligned}$$

8.2.3　全概率公式和贝叶斯公式

1. 全概率公式

概率论的重要研究课题之一是希望从已知的简单事件的概率推出未知的复杂事件的概率．为此，对伴随一些简单的互斥事件 A_i ($i=1,2,\cdots,n$)之一发生而发生的复杂事件 B，常需要把 B 分解为若干个互斥的简单事件 BA_i 之和，然后利用概率公式，求出 $p(B)$，这就是全概率公式的思想.

例 8　设有 10 箱产品，其中有 5 箱的次品率为 0.15，有 3 箱的次品率为 0.2，有 2 箱的次品率为 0.1．今从这 10 箱产品中随机地取一箱，并从中任取一件产品，求取出的这件产品为次品的概率.

解　令 $B=\{$取出的是次品$\}$，$A_1=\{$取中次品率为 0.15 的箱子$\}$，$A_2=\{$取中次品率为 0.2 的箱子$\}$，$A_3=\{$取中次品率为 0.1 的箱子$\}$，由于 $A_iA_j=\varnothing\ (i\neq j)$，且 $A_1\cup A_2\cup A_3=\Omega$，则有

$$B=B\Omega=B(A_1\cup A_2\cup A_3)=(BA_1)\cup(BA_2)\cup(BA_3),$$

利用概率的加法公式和乘法公式，得

$$p(B) = p(BA_1) + p(BA_2) + p(BA_3)$$
$$= p(A_1)p(B \mid A_1) + p(A_2)p(B \mid A_2) + p(A_3)p(B \mid A_3)$$
$$= 0.5 \times 0.15 + 0.3 \times 0.2 + 0.2 \times 0.1 = 0.155.$$

例 8 解决问题的方法具有普遍性.

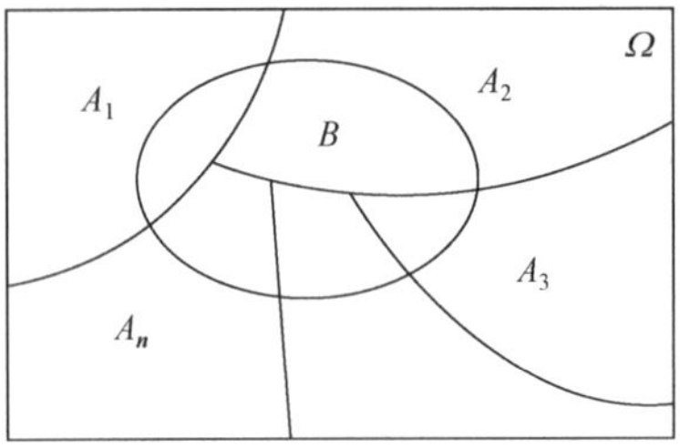

图 8-8

定义 7　设 A_i（$i = 1, 2, \cdots, n$）满足 $A_i A_j = \varnothing$（$i \neq j$），且 $\bigcup_{i=1}^{n} A_i = \Omega$，则称 $\{A_i\}$（$i = 1, 2, \cdots, n$）构成一个**完备事件组**.

设随机试验 E 的样本空间为 Ω，B 为 E 中一个复杂事件，$\{A_i\}$（$i = 1, 2, \cdots, n$）是一个完备事件组，则因为 $B = B\Omega = \bigcup_{i=1}^{n} BA_i$（图 8-8），而 A_i 两两互斥，故由概率的加法公式和乘法公式，得

$$p(B) = p(\bigcup_{i=1}^{n} BA_i) = \sum_{i=1}^{n} p(BA_i) = \sum_{i=1}^{n} p(A_i)p(B \mid A_i),$$

即

$$p(B) = \sum_{i=1}^{n} p(A_i)p(B \mid A_i),$$

这个公式就称为**全概率公式**.

例 9　据某地气象和地震统计资料知：旱年、涝年、正常年的概率分别是 0.2，0.3 和 0.5，而在旱年、涝年、正常年发生地震的概率分别为 0.6，0.3 和 0.4，求当地发生地震的概率.

解　设 B = {发生地震}，A_1 = {出现旱年}，A_2 = {出现涝年}，A_3 = {出现正常年}，则 A_1，A_2，A_3 构成一个完备事件组，从而，由全概率公式，得

$$p(B) = \sum_{i=1}^{3} p(A_i)p(B \mid A_i)$$
$$= p(A_1)p(B \mid A_1) + p(A_2)p(B \mid A_2) + p(A_3)p(B \mid A_3)$$
$$= 0.2 \times 0.6 + 0.3 \times 0.3 + 0.5 \times 0.4 = 0.41.$$

2. 贝叶斯公式

应用条件概率定义及全概率公式，立即得到如下的贝叶斯(Bayes)公式.

设 $\{A_i\}$（$i = 1, 2, \cdots, n$）是一个完备事件组，且 $p(A_i) > 0$，则对任一事件 B，有

$$p(A_i \mid B) = \frac{p(A_i)p(B \mid A_i)}{\sum_{j=1}^{n} p(A_j)p(B \mid A_j)},$$

上式称为**贝叶斯公式**.

例 10 设盒 I 中装有 1 个白球和 2 个黑球,盒 II 中装有 2 个白球和 1 个黑球,盒 III 中装有 3 个白球和 3 个黑球,先在三个盒中任取一盒,再在取定的盒中任取一球,当取出的球为白球时,问它从哪个盒中取出的可能性大?

解 令 B={取出的球为白球}, A_1={取盒 I}, A_2={取盒 II}, A_3={取盒 III}.

为回答题中的问题,自然需要分别求出 $p(A_1 \mid B)$, $p(A_2 \mid B)$, $p(A_3 \mid B)$,然后比较大小即可. 根据贝叶斯公式,有

$$p(A_1 \mid B) = \frac{p(A_1)p(B \mid A_1)}{\sum_{j=1}^{3} p(A_j)p(B \mid A_j)} = \frac{\frac{1}{3}\times\frac{1}{3}}{\frac{1}{3}\times\frac{1}{3}+\frac{1}{3}\times\frac{2}{3}+\frac{1}{3}\times\frac{1}{2}} = \frac{2}{9}.$$

同理可得, $p(A_2 \mid B) = \frac{4}{9}$, $p(A_3 \mid B) = \frac{1}{3}$.

由以上计算知,当取出的球为白球时,它从盒 II 取出的可能性稍大些.

贝叶斯公式在概率论和数理统计中有着多方面的应用. 其中完备事件组 $\{A_i\}$ ($i = 1, 2, \cdots, n$)是导致试验结果的各种原因, $p(A_i)$作为各种原因发生的概率,试验之前一般由实际经验就可以知道,通常称之为**先验概率**. 而 $p(A_i \mid B)$ 反映了试验结果 B 出现之后各种原因 A_i 发生的概率,提供了对产生 B 的原因 A_i 的新认识,通常称为**后验概率**.

8.2.4 伯努利试验

进行一系列试验时,若每一试验的结果不影响其他试验结果发生的概率,则称这些试验为**相互独立试验**,这一系列试验称为**独立试验序列**.

在独立试验中,特别重要的一类试验是重复独立试验,它是作为“在同一条件下重复试验”的数学模型而出现的,在概率论中占有重要地位,伯努利试验则是其中最简单最常见的一种.

例 11 进行一个重复 n 次的独立试验,设每次试验成功(事件 A 发生)的概率为 p,试验失败(事件 $\overline{A}$ 发生)的概率为 $1-p$,令 B={前 n 次试验中至少有一次成功}, C={前 n 次试验中恰好有 k 次成功}($1 \leqslant k \leqslant n$). 计算(1) $p(B)$;(2) $p(C)$.

解 (1)令 A_i={第 i 次试验成功}($i = 1, 2, \cdots, n$),则

$$B = A_1 \cup A_2 \cup \cdots \cup A_n = \sum_{i=1}^{n} A_i ,$$

于是

$$\begin{aligned} p(B) &= 1 - p(\overline{B}) = 1 - p(\overline{A_1}\,\overline{A_2}\cdots\overline{A_n}) = 1 - p(\overline{A_1})p(\overline{A_2})\cdots p(\overline{A_n}) \\ &= 1 - (1-p)^n . \end{aligned}$$

(2) 考虑任一个由 k 次成功，$n-k$ 次失败结果组成的特定序列，由独立性知，每个这样的序列发生的概率均为 $p^k(1-p)^{n-k}$，又因为这样的序列共有 C_n^k 个，故

$$p(C) = \mathrm{C}_n^k p^k (1-p)^{n-k} .$$

如例 11，试验仅有两个结果：A(成功)，$\overline{A}$(失败)，每次试验中 $p(A)=p$ 不变，称这种试验为**伯努利试验**，将伯努利试验独立地重复 n 次，就称为 ***n* 次伯努利试验**. 这里的“独立”是指各次试验的结果互不影响；“重复”是指在每次试验中 $p(A)=p$ 不变.

例如，掷一枚均匀的硬币，令 A={出现正面}，则 $p(A)=p=\dfrac{1}{2}$. 令 B={掷 2 次，至少有一次出现正面}，C={掷 100 次，恰有 50 次出现正面}，则由上例可知

$$p(B) = 1 - \left(1 - \frac{1}{2}\right)^2 = 0.75 , \qquad p(C) = \mathrm{C}_{100}^{50}\left(\frac{1}{2}\right)^{100} \approx 0.08 .$$

注意，这里 $p(C)\approx 0.08$ 这个概率是指大量重复独立试验中(比如 10 万次试验)，每 100 次试验中 A 恰好发生 50 次的频率的稳定值.

例 12　假设某 12 个人组成的陪审团至少有 9 票才能判决一被告有罪或无罪. 又设陪审团对有罪人投无罪票的概率为 0.2，而对无罪人投有罪票的概率为 0.1，若各陪审团成员的行为是相互独立的，且 65%的被告事实上是有罪的. 求

(1) 此陪审团作出正确裁决的概率；

(2) 被告被判有罪的概率；

(3) 被告被判有罪，而事实真有罪的概率.

解　设 A={被告真有罪}，B={陪审团判被告有罪}.

(1) 正确裁决为 $(AB)\cup(\overline{A}\,\overline{B})$，故所求的概率为

$$p(AB) + p(\overline{A}\,\overline{B}) = p(A)p(B \mid A) + p(\overline{A})p(\overline{B} \mid \overline{A}) ,$$

又

$$p(B \mid A) = \sum_{k=9}^{12} \mathrm{C}_{12}^k (1-0.2)^k\, 0.2^{12-k} \approx 0.789 ,$$

$$p(B\,|\,\overline{A})=\sum_{k=9}^{12}\mathrm{C}_{12}^{k}0.1^{k}(1-0.1)^{12-k}\approx 0\,,$$

$$p(\overline{B}\,|\,\overline{A})=1-p(B\,|\,\overline{A})\approx 1\,,$$

$$p(A)=0.65\,,\qquad p(\overline{A})=1-p(A)=0.35\,.$$

故 $p(AB)+p(\overline{A}\,\overline{B})=p(A)p(B\,|\,A)+p(\overline{A})p(\overline{B}|\overline{A})\approx 0.867$.

(2) $p(B)=p(A)\ p(B\,|\,A)+p(\overline{A})p(B|\overline{A})\approx 0.517$.

(3) $p(A\,|\,B)=\dfrac{p(AB)}{p(B)}=\dfrac{p(A)p(B\,|\,A)}{p(B)}\approx 1$.

8.3 随机变量、数学期望与方差——随机现象的数学化

8.3.1 随机变量的概念

随机试验的结果有些表现为数量，如掷一枚均匀的骰子，出现的点数可以用整数 1～6 表示；有些随机试验的结果不表现为数量，如掷一枚均匀硬币出现“正面”或“反面”，虽然这个结果不具有数量性质，但人们可以用数 1 和 0 分别表示“正面”和“反面”.

在掷骰子和掷硬币的随机试验中，确定了一个对应关系，使得每一个试验结果都用一个确定的数表示．在这个对应关系下，数随着试验结果的变化而变化.

定义 1 设 E 为一随机试验，Ω 为样本空间，对任意的 $\omega\in\Omega$，都有唯一的一个实数值 $\xi(\omega)$ 与之对应，则称 $\xi(\omega)$ (简记为 ξ)为**随机变量**.

随机变量常用希腊字母 ξ,η,ζ 等表示，或用大写的英文字母 X,Y,Z 等表示.

例 1 某人射击一次可能命中的环数 ξ 是一个随机变量，其可能取值为 0，1，…，10.

例 2 百度在 24 小时内被浏览的次数 ξ 是一个随机变量，其可能取值为 0，1，2，…(自然数全体).

例 3 一只白炽灯的寿命 ξ (单位：小时)是随机变量，其可能取值是任何一个非负实数，即 $\xi\in[0,+\infty)$.

例 4 某公交车站点上乘客的候车时间 ξ (单位：分钟)是一个随机变量，其可能取值为 $[0,\ T]$ 内的一切值，其中 T 为下一辆公交车到达与上一辆车开出的时间间隔.

8.3.2　随机变量的类型

有了随机变量的概念,对于随机现象的研究就转化为考虑①随机变量的所有可能取值；②取每个可能值或某些可能值的概率.

1. 离散型随机变量

定义 2　若随机变量 ξ 的所有取值可以一一列出(可以是无限个),且取这些值的概率是确定的，则称 ξ 为**离散型随机变量**.

例 1 和例 2 中的随机变量 ξ 均为离散型随机变量.

定义 3　设离散型随机变量 ξ 的取值为 $x_1, x_2, \cdots, x_n, \cdots$，且取这些值对应的概率为 $p_1, p_2, \cdots, p_n, \cdots$，则称 $P(\xi = x_i) = p_i\ (i = 1, 2, \cdots, n, \cdots)$ 为 ξ 的**概率分布**(或**分布列**).

为了直观，常将离散型随机变量 ξ 的分布列写成表格形式

ξ	x_1	x_2	$\cdots$	x_n	$\cdots$
$P(\xi = x_i)$	p_1	p_2	$\cdots$	p_n	$\cdots$

显然，概率分布具有以下性质：

(1)　$0 \leqslant p_i \leqslant 1,\ i = 1, 2, \cdots$;

(2)　$p_1 + p_2 + \cdots + p_n + \cdots = 1$.

例 5　将一枚均匀的硬币掷两次，以 ξ 记出现正面的次数，求 ξ 的分布列.

解　ξ 的所有可能取值为 0，1，2，且取这些值的概率分别为 $\frac{1}{4}, \frac{1}{2}, \frac{1}{4}$，故 ξ 的分布列为

ξ	0	1	2
$P(\xi = x_i)$	$\frac{1}{4}$	$\frac{1}{2}$	$\frac{1}{4}$

下面介绍两个常见的离散型随机变量的分布列.

1)两点分布

设随机变量 ξ 只有两个可能取值，则 ξ 所服从的分布称为**两点分布**. 其分布列为

ξ	x_1	x_2
$P(\xi=x_i)$	p_1	p_2

特别地，若随机变量ξ只可能取 0 与 1 两个值，则ξ所服从的分布称为 **0-1 分布**，记为$\xi\sim(0,1)$分布.

例 6 袋中有 5 只球，2 只白球，3 只红球．“取白球”记为 0，“取红球”记为 1，令ξ为任取一球的结果，则ξ服从 0-1 分布，其分布列为

ξ	0	1
p_i	$\frac{2}{5}$	$\frac{3}{5}$

2) 二项分布

前面 8. 2.4 节讲过n重伯努利试验，它有广泛的应用且是被研究得最多的模型之一.

进行一个重复n次的独立试验，设每次试验成功(事件A发生)的概率为p，试验失败(事件$\overline{A}$发生)的概率为$1-p$．若用ξ表示n次独立试验中成功的次数，则有

$$P(\xi=k)=\mathrm{C}_n^k p^k(1-p)^{n-k}, \quad k=0,1,2,\cdots,n,$$

称ξ服从**二项分布**(因为$P(\xi=k)$的值正好是二项式$[p+(1-p)]^n$展开式中的一般项)，记为$\xi\sim B(n,p)$.

例 7 某射击运动员射中十环的概率为 0.7，现在他连续射击 8 次，求恰好有 4 次射中十环的概率.

解 设ξ表示射击 8 次中射中十环的次数，则ξ服从参数$n=8, p=0.7$的二项分布，即$\xi\sim B(8,0.7)$，从而 8 次连续射击中恰好有 4 次射中十环的概率为

$$P(\xi=4)=\mathrm{C}_8^4(0.7)^4(1-0.7)^4\approx 0.136.$$

2. 连续型随机变量

鉴于连续型随机变量的概念过于数学化，这里采用较直观的方式来叙述.

若随机变量不是离散型的，它的可能取值不能一一列出来，就不能用分布列来描述概率情况了．例 3、例 4 中的随机变量ξ均不是离散型随机变量，这时，人们关心的是随机变量在某一区间内取值的概率．例如，白炽灯的寿命大于 800 小时的概率(用$P(\xi>800)$表示)，乘公交车候车时间不超过 5 分钟的概率(用

$P(0\leqslant\xi\leqslant 5)$ 表示)等.

以讨论 $P(0\leqslant\xi\leqslant 1000)$ 的概率为例，首先回忆中学数学中的频率直方图，在频率直方图中，横坐标表示的是数据分组得到的组距，它相当于这里的随机变量的取值，而纵坐标是“频率/组距”. 从而，频率直方图中每个小矩形的面积就表示了随机变量取值于该组距内那些点的频率(图 8-9). 要求出取值于 $[a,b]$ 内任何小区间中每个点的随机变量的概率，需要令每个组距无限变小，这时小区间上的频率就转化为概率，频率直方图中的折线转化为曲线(图 8-10)，在这条曲线的下方与 $[a,b]$ 上方的“曲边梯形”的面积，就是所要求的概率 $P(a\leqslant\xi\leqslant b)$.

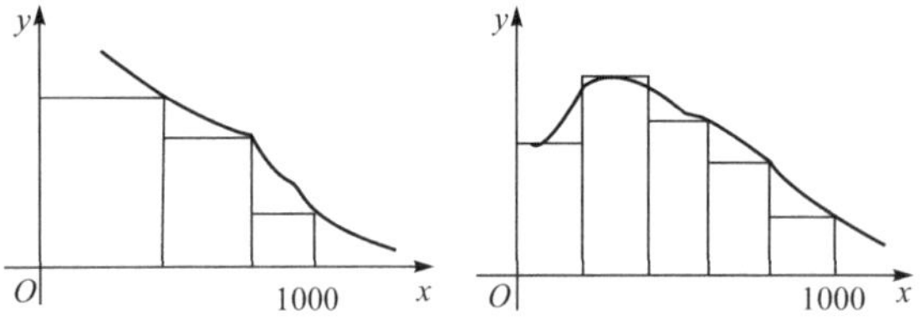

图 8-9

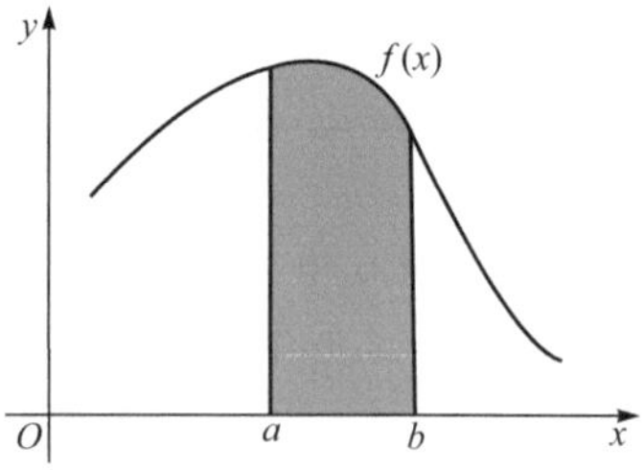

图 8-10

这条曲线称为随机变量 ξ 的**分布密度曲线**，这条曲线对应的函数称为 ξ 的**分布密度函数**，通常记作 $f(x)$. 知道了 ξ 的分布密度函数，则 ξ 取值于任何小区间的概率，都可以计算“相应的曲边梯形”的面积而得到. 由定积分的几何意义，有

$$P(a\leqslant\xi\leqslant b)=\int_a^b f(x)\mathrm{d}x .$$

如例 3、例 4 这种随机变量，可以取某一区间内的一切值，其取值不能一一列出，需要通过分布密度函数来描述它的规律，称这一类随机变量为**连续型随机变量**.

例 8　设某电子元件的使用寿命 ξ 的分布密度函数为 $f(x)=\begin{cases}\mathrm{e}^{-x}, & x>0,\\ 0, & x\leqslant 0,\end{cases}$ 其平均使用寿命为 1 年，求该电子元件寿命值位于区间 $\left[\frac{1}{4},\frac{1}{2}\right]$ 的概率.

解　由题意，$P\left(\frac{1}{4}\leqslant\xi\leqslant\frac{1}{2}\right)=\int_{\frac{1}{4}}^{\frac{1}{2}}\mathrm{e}^{-x}\mathrm{d}x\approx 0.1723$.

下面介绍两个常见的连续型随机变量的分布.

1) 均匀分布

设ξ的分布密度函数为$f(x)=\begin{cases}\dfrac{1}{b-a}, & a\leqslant x\leqslant b,\\ 0, & 其他,\end{cases}$则称$\xi$在$[a,b]$上服从**均匀分布**，记为$\xi\sim U(a,b)$.

易知，$f(x)\geqslant 0$，且$\int_{-\infty}^{+\infty}f(x)\mathrm{d}x=1$.

在$[a,b]$上服从均匀分布的随机变量ξ，它落在区间$[a,b]$中任意等长度(例如长l)的小区间的概率是相同的(均为$\dfrac{l}{b-a}$)，此概率与小区间在$[a,b]$内的位置无关，这就是均匀分布的实质.

例 9 设某公交车每间隔 5 分钟来一辆，ξ表示乘客在公交车站点的候车时间，求乘客候车时间不超过 2 分钟的概率.

解 由实际意义，ξ在[0，5]内服从均匀分布，ξ的分布密度函数为

$$f(x)=\begin{cases}\dfrac{1}{5}, & 0\leqslant x\leqslant 5,\\ 0, & 其他,\end{cases}$$

从而，乘客候车时间不超过 2 分钟的概率为$P(0\leqslant\xi\leqslant 2)=\int_0^2\dfrac{1}{5}\mathrm{d}x=\dfrac{2}{5}$.

2) 正态分布

设ξ的分布密度函数为$f(x)=\dfrac{1}{\sqrt{2\pi}\sigma}\mathrm{e}^{-\frac{(x-\mu)^2}{2\sigma^2}},-\infty<x<+\infty$，其中$\mu,\sigma\ (\sigma>0)$为常数，则称$\xi$服从**正态分布**(也称**高斯分布**)，记为$\xi\sim N(\mu,\sigma^2)$.

正态分布的分布密度函数比较繁琐，但正态分布是现实生活中最常见和最重要的连续型随机变量的分布. 这是因为在自然界和社会现象中，许多随机变量的取值都具有所谓的“中间多，两边少，左右基本对称”的特性，例如，某地区的男性成人的身高，在正常情况下，大多数人是中等身高，太高太矮的则是少数. 自动火炮的弹着点有误差，但大多在某个范围内，超出这个范围的太大太小的误差是少数. 这些现象均可以用中间高，两头低，左右对称的“钟形”的分布密度函数表示.

正态分布中的参数μ决定了曲线的中心位置，σ决定了曲线的宽窄和陡缓的情况(图 8-11).

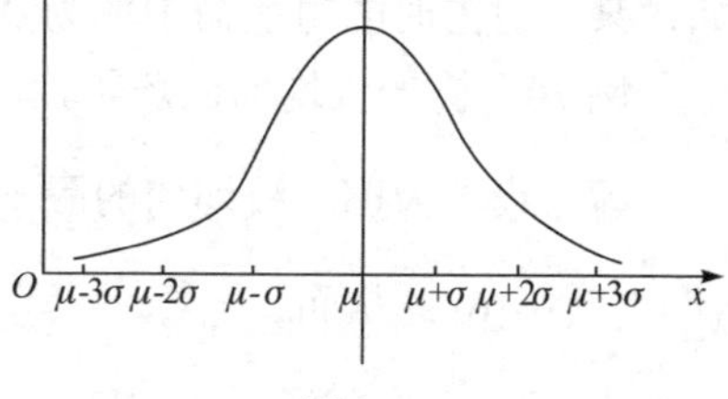

图 8-11

ξ 服从正态分布时，计算 $P(a \leqslant \xi \leqslant b)$ 通常利用查表的方法(此处讨论从略). 当 $\xi \sim N(\mu,\sigma^2)$ 时，无论 μ 和 σ 取何值，都有

$$P(-\sigma \leqslant \xi \leqslant \sigma) \approx 0.6826,$$

$$P(-2\sigma \leqslant \xi \leqslant 2\sigma) \approx 0.9545,$$

$$P(-3\sigma \leqslant \xi \leqslant 3\sigma) \approx 0.9973.$$

这说明，ξ 服从正态分布时，则 ξ 几乎都落在以 μ 为中心，3σ 为半径的区间内，ξ 落在这个区间之外几乎不可能. 因此，在实际应用中，常常认为服从正态分布的随机变量 ξ 的取值是满足 $|\xi-\mu|<3\sigma$ 的，这就是产品质量管理中的“3σ 原则”. 从而，如果一个产品的某项指标在设计时要求服从正态分布，但在实际检测中发现不符合“3σ 原则”，则就要重新设计.

8.3.3 数学期望与方差

在一些实际问题中，人们无需全面考察一个随机变量的变化情况，而只需要知道随机变量的某些数字特征.

1. 数学期望——随机现象的平均特征

灯管的使用寿命是随机的，不同品牌的灯管使用寿命的分布也不相同. 实际生活中，消费者很难知道这些分布，他更关心各种品牌灯管的平均使用寿命. 因而，一个随机变量的“平均取值”就显得尤为重要了.

定义 4　设离散型随机变量 ξ 的概率分布 $P(\xi=x_i)=p_i\ (i=1,2,\cdots,n,\cdots)$，则称和式 $\sum_{i=1}^{\infty} x_i p_i$ (存在)为 ξ 的**数学期望**(**或均值**). 记为

$$E\xi=\sum_{i=1}^{\infty} x_i p_i .$$

数学期望实际上就是随机变量 ξ 取值为 x_i 的加权平均，由上述定义，可以计算二项分布的数学期望是 np (计算从略). 从直观上考虑，这个结果是显见的. 例如，某人射击时的每次命中率为 0.8，100 次射击应平均命中 80 次.

例 10　掷一枚均匀的骰子，求出现的点数的数学期望.

解　设 ξ 为掷一枚均匀的骰子出现的点数，则 ξ 的分布列是 $P(\xi=i)=p_i=\dfrac{1}{6}$ $(i=1,2,\cdots,6)$. 从而，

$$E\xi=\sum_{i=1}^{6} ip_i=\frac{1}{6}(1+2+3+4+5+6)=3.5 .$$

定义 5 设连续型随机变量ξ具有分布密度函数$f(x)$，则称积分$\int_{-\infty}^{+\infty} xf(x)\,\mathrm{d}x$(存在)为$\xi$的**数学期望**(或**均值**)．记为

$$E\xi = \int_{-\infty}^{+\infty} xf(x)\,\mathrm{d}x .$$

由上述定义，可以计算正态分布$N(\mu,\sigma^2)$的数学期望是μ(计算从略)，因此μ反映了服从正态分布的随机变量ξ取值的集中位置．如，某地区的男性成人的身高服从正态分布，则数学期望就是平均身高；自动火炮的弹着点的误差呈现正态分布，则数学期望就是平均误差值．

2. 方差——随机现象的离散程度

当两个随机变量的数学期望一样时，反映的只是它们的平均值一致，但还有一个重要的信息不可忽略，那就是随机变量与均值的偏离程度．例如，甲，乙两人参加的 3 次数学考试的成绩(百分制)如下：

甲：62　81　97；乙：81　79　80．

甲、乙两人 3 次考试的平均分均为 80 分，但是易看到甲同学成绩不稳定，相对于平均分的离散程度较高；乙同学则成绩较稳定，相对于平均分的离散程度较低．数学上为评判这种稳定性，则考虑数据围绕平均分上下波动的幅度大小，又数据与平均分的差(称为离差)有正有负，为避免正负抵消以及为运算方便，所以选用离差平方的平均值(称为样本方差)来反映离散程度．该例中甲同学成绩的样本方差为

$$\frac{1}{3}[(62-80)^2+(81-80)^2+(97-80)^2]\approx 204.667 ;$$

乙同学成绩的样本方差为

$$\frac{1}{3}[(81-80)^2+(79-80)^2+(80-80)^2]\approx 0.667 .$$

将上述思想一般化，则有如下定义．

定义 6 设ξ为随机变量，则称$E(\xi-E\xi)^2$为ξ的**方差**，记为

$$D\xi = E(\xi-E\xi)^2 .$$

方差作为随机变量ξ与其均值$E\xi$的差的平方的均值，是衡量ξ取值的离散程度的，方差越小，随机变量越集中在其均值附近；反之，方差越大，随机变量越分散于均值附近．由上述定义，可以计算正态分布$N(\mu,\sigma^2)$的方差是σ^2(计算从略)，因此σ^2反映了随机变量ξ相对于均值$E\xi$的离散程度．

例 11　有甲、乙两人进行射击训练，他们射中的环数ξ,η的分布列如下

ξ	4	8	9
P_ξ	0.25	0.55	0.2

η	5	7	10
P_η	0.2	0.6	0.2

问甲、乙两人的成绩哪个更稳定些?

解　利用均值公式，得

$$E\xi = E\eta = 7.2 .$$

利用方差公式，得

$$D\xi = E(\xi - E\xi)^2 = (4-7.2)^2 \cdot 0.25 + (8-7.2)^2 \cdot 0.55 + (9-7.2)^2 \cdot 0.2 = 3.56,$$

$$D\eta = E(\eta - E\eta)^2 = (5-7.2)^2 \cdot 0.2 + (7-7.2)^2 \cdot 0.6 + (10-7.2)^2 \cdot 0.2 = 2.56.$$

从而乙的成绩较甲的成绩更稳定一些.

8.4　数理统计——收集和分析数据的方法

随着社会生活的不断进步，人们越来越多地需要与数据打交道——收集和分析数据，得到有用的信息来指导下一步的决策. 例如，个人希望能从物价、工资、存款利率、股市行情、基金收益等各种数据中得到尽可能多的信息进行较好的理财;城市管理者通过调查各阶层对城市交通情况的反应作出是否建设轻轨的决定;文艺工作者通过观众投票等方式考察年龄不同的观众对文艺作品内容的关注程度等. 各种调查的结果都是以数据的形式分类，然后根据数理统计的方法进行科学的分析而作出判断的.

数据有些是确定的，如某班级共有 30 个人，这些同学的身高体重；有些数据带有随机性，如某个大城市人们的身高体重，当无法得到全部数据，只能抽取一部分人来测量，这样得到的数据就具有了随机性. 数理统计就是研究如何收集和分析带有随机影响的数据的一门学科.

8.4.1　数据的收集——统计的起点

1. 总体和样本

一个问题中，所考察对象的全体组成的集合称为**总体**，组成总体的每个元素称为**个体**.

实际应用中，人们总是把对总体的研究归结为对表征它的随机变量ξ的研究，

例如，参加某次考试的人数为 103820 人，如果要考察的是成绩，则这些人的成绩构成一个总体，每个人的成绩为一个个体.

从总体中抽取部分个体称为**抽样**，抽到的部分个体则称为**样本**，样本中个体的数量称为**样本容量**. 例如，考察参加某次考试的 103820 人的成绩，从中抽取了 2000 人的成绩，则抽样的样本容量为 2000.

2. 数据的有效收集

利用数据研究一个带有随机性的问题，首先必须获得有效的数据. 即在抽样数据 $x_1, x_2, \cdots, x_n$ 时，需要保证这些数据是随机抽取的，且是有代表性的，没有任何偏向，以及 n 的大小选取要合适. 例如，当从某地区随机抽取 $n = 1000$ 个家庭考虑其家庭年收入时，若该地区的家庭有 20%在城市，80%在郊区. 抽取数据时，是从全体家庭中任取 1000 户好？还是在城市中任取 200 户，在郊区中任取 800 户好？即需要考虑如何抽样更合适的问题. 自然地，人们希望，当 n 固定时，数据 $x_1, x_2, \cdots, x_n$ 能提供的信息越多越好，它们应分布均匀，从而有“代表性”. 在上面的例子中，在城市中任取200户，在郊区中任取800户是一个更合理的方案. 而 n 的选取，当然越大越好，但受到抽取数据所需的财力、人力、时间等的限制，n 太大不一定合算. n 的选择应使得在多选一个数据 x_{n+1} 增加的信息得到的“好处”比不上抽取 x_{n+1} 时在财力、人力、时间等方面的损失，从而愿意抽取 n 个数据时停止.

8.4.2 统计推断——由部分到整体的判断

统计推断包括两个基本问题：一是检验，即通过样本得到的信息对总体的某种假设进行检验；二是估计，即通过样本得到的信息对总体的未知参数进行估计.

1. 假设检验

假设检验的一般提法是：对总体参数的取值或总体的分布形式作一假设，称为原假设，然后利用统计量的分布来判断这一假设成立与否.

假设检验方法的关键有两条，一是要判断某个假设是否正确，需要收集数据，用数据的相应结果来进行判断；二是判断假设正确与否的依据是“小概率事件在实际中几乎是不可能发生的”. 如果在一次试验中小概率事件发生了，人们有理由对“这个事件是小概率事件”的说法提出质疑.

例如，甲对乙说某国家的人身高一般都在 180cm 左右. 这相当于给了一个假设：该国家人的身高均值为180cm. 乙到该国家后，遇到了1个人身高不足160cm，此后又遇到 28 个人平均身高不足 170cm，那么乙就怀疑甲的说法了. 乙的考虑是这样的：根据甲的说法，对该国家人的身高 ξ 作了一个假设 $\xi \sim N(180,5^2)$，那么如果该假设为真,则 ξ 取值在 $[\mu-3\sigma, \mu+3\sigma]$=[165,195] 之外的概率将小于 0.003，但他观察一次，这个小概率事件就发生了，而且后来观察的 28 次，平均身高不足 170cm，那么乙就更有理由怀疑甲的说法的正确性了.

例 1 (药效问题)　某地区的人患某种病的概率为 0.28，且每个人患病与否与其他人无关，即患病与否相互独立. 若新研制了一种预防药物，抽取了 13 个人试验，结果这 13 个人服药后均未患病，问此新药是否有效?

解　假设新药无效，计算 13 个人均不患病的概率. 由于每个人患病与否相互独立，利用二项式分布，得

$$p\{13\text{个人均不患病}\}=\mathrm{C}_{10}^{0}\cdot(0.28)^0\cdot(1-0.28)^{13}\approx 0.01397 .$$

上述概率非常小, 因此在新药无效的情形下, 抽取服药的 13 个人均不患病的这个事件是小概率事件，几乎不会发生，故假设不真，从而认为新药有效.

在上述例题中,不能排除我们的判断是错误的,因为小概率事件也可能发生，尽管发生的概率很低(1.397%). 因此，问题的确切回答是：有 98.603%的把握(概率)认为新药有效.

抽取样本，利用观测的结果，对实际问题中的有关命题判断对错，是数理统计中的一大类问题，例如，“某城市家庭人均收入超过 6000 元”(数字特征检验)；“某次高等数学考试的成绩服从正态分布”(分布检验)等. 在数理统计中，将要判断的命题称为“统计假设”，判断该命题正确与否的做法称为“检验”，所以这类问题称为“假设检验”.

需要注意的是，假设检验的结论可能是错误的，但这恰恰是随机现象的本质特征. 因为给出了判断错误的概率，这样的结论更科学合理. 当给出假设后，发生的事件不是小概率事件，应该如何看待假设，如何得到有用的结果呢，则需要更深入地学习数理统计的相应理论.

2. 参数估计

总体分布中的参数未知时，需要考虑参数估计的问题. 例如，某随机变量服从正态分布 $N(\mu,\sigma^2)$，而期望 μ 与方差 σ^2 是两个未知参数. 参数估计分为两类：一类求出总体未知参数的近似表达，称为**点估计**；另一类是求出总体未知参数的一个估计区间，使得该区间包含未知参数的概率尽可能大，称为**区间估计**.

例如，在身高服从正态分布的条件下，估计某地区 6 岁至 7 岁男孩的平均身高和标准差，可以随机抽取 n 个 6 岁至 7 岁男孩，测出其身高 $x_1, x_2, \cdots, x_n$，令

$$\hat{\mu}=\frac{1}{n}\sum_{i=1}^{n}x_i=\bar{X}\ ,\quad \hat{\sigma}^2=\frac{1}{n}\sum_{i=1}^{n}x_i^{\ 2}-(\bar{X})^2\ ,$$

用 $\hat{\mu}$ 与 $\hat{\sigma}^2$ 分别估计 μ 与 σ^2，这就是点估计.

点估计中得到了参数的近似表达，但与实际存在偏差，以最大的可信程度描述偏差所在的范围(称为**置信区间**)则是区间估计的问题.

例 2 假设某地高校某次的英语六级考试成绩服从正态分布 $N(\mu,\sigma^2)$，且已知 σ=4 分，现随机抽取 25 名学生的成绩进行统计，平均分为 399(总分 710)，求该地该次英语六级考试平均成绩的 95%的置信区间.

解 已知 $\sigma=4$，点估计得到的均值为 $\bar{X}=399$，求 μ 的 95%的置信区间的公式(公式推导从略)为

$$\left(\overline{X}-1.96\frac{\sigma}{\sqrt{n}},\overline{X}+1.96\frac{\sigma}{\sqrt{n}}\right),$$

故所求置信区间为 $\left(399-1.96\times\frac{4}{\sqrt{25}},399+1.96\times\frac{4}{\sqrt{25}}\right)\approx(397.43,400.57)$.

习 题 8

1. 随机试验 E：将一枚均匀硬币抛掷三次，观察其反正面出现的情况，设 $A_1=\{$恰有一次出现正面$\}$，$A_2=\{$至少有一次出现正面$\}$.

(1) 写出 E 的样本空间 Ω；

(2) 求 $p(A_1)$，$p(A_2)$.

2. 袋中有 10 个球，号码分别是 1 到 10，从袋中任取一球，令 $A=\{$取到的球号码是奇数$\}$，$B=\{$取到的球号码是偶数$\}$，$C=\{$取到的球号码小于 5$\}$，试表述下列集合：

(1) $A\cup C$；(2) $\overline{B\cup C}$；(3) AB；(4) $\overline{BC}$.

3. 一栋 10 层楼的楼房中的一部电梯，在底层上来 7 位乘客. 电梯在每层都停，乘客从第二层起离开电梯，假设每位乘客在哪一层离开电梯是等可能的，求没有两位及两位以上的乘客在同一层离开的概率.

4. 某工厂生产的一批产品的废品率为 0.04，而合格品中一级品率为 0.55，从这批产品中任取一件进行检查，求该件产品是一级品的概率.

5. 已知某种动物活到 20 岁的概率为 0.8，活到 25 岁以上的概率为 0.4，若一只这种动物已经活到了 20 岁，求它能活到 25 岁以上的概率.

6. 对一道四选一的选择题，做了课后练习的学生一定能选出正确的答案，没做课后练习的学生则会随机选一个作为答案. 假设全班有 $\frac{2}{3}$ 的学生做了课后练习，若学生小明给出了这道题的正确答案，求小明做了课后练习的概率.

7. 设有甲、乙、丙三台机床生产同一种产品，它们各自的产量之比为 5 : 7 : 8，各机床的次品率依次为 5%，4%，2%. 现将它们的产品混在一起，从中任取一件，求

(1) 取到次品的概率；

(2) 若取到的是次品，求它是由乙机床生产的概率.

8. 已知某种疾病患者的痊愈率为 25%，为试验一种新药是否有效，把它给 10 个患者服用，且规定 10 个患者中至少有 4 个人痊愈，则认为该新药有效，反之，则认为无效. 求

(1) 虽然新药有效，且把痊愈率提高至 35%，但通过试验被否认的概率；

(2) 新药完全无效，但通过试验被认为有效的概率.

9. 写出下列随机变量的可能取值，并说明随机变量的类型.

(1) 一袋中装有 5 只球，编号为 1，2，3，4，5. 现从该袋内随机取出 3 只球，被取出的球的最大号码数 ξ；

(2) 110 电话在 24 小时内收到的呼叫次数 η；

(3) 一个火警报警器的使用寿命 X (单位：h)；

(4) 水文观测站观测到的水位 Y (单位：m).

10. 设赌博时，赢 a 元的概率为 p_1，输 b 元的概率为 p_2，不输不赢的概率为 p_3，这里 $p_1+p_2+p_3=1$. 求出赌博时的平均盈利. 当平均盈利等于零时，则称这赌博是公平的. 当 $p_1=\dfrac{1}{5}$，$p_2=\dfrac{4}{5}$，$p_3=0$，$a=10$ 时，b 取何值能保证赌博是公平的？

11. 一项奖学金有 30 人入围，但只授予 17 人获奖. 入围者有 8 个文科生，22 个理科生，最终有 2 个文科生和 15 个理科生获奖. 用假设检验，讨论评定奖学金时，是否考虑了文理科的因素.

12. 从某地区 8 岁至 9 岁的男童中任意抽取 10 名，测得他们的身高(单位：cm)为

123　124　126　129　120　132　123　123　129　128

(1) 这个问题中，总体、个体、样本各是什么？样本容量为多少？

(2) 估计这一年龄段男童的平均身高和方差.

13. 随机抽取某大学一年级 12 名学生的数学成绩(百分制)如下：

65　74　93　88　76　98　57　84　85　92　63　79

假设成绩服从正态分布 $N(\mu,\sigma^2)$，且 $\sigma=11$，求该大学一年级新生平均成绩的 95%的置信区间.

自主探索

1. 列举生产生活实际中见到的确定现象和随机现象，说明诸如升学率、就业率是怎样求得的概率？

2. 对随机现象的研究是如何一步一步数学化的？

3. 举例说明，在实际工作中的有放回抽样和无放回抽样.

合作研究

1. 讨论以下问题.

(1) 著名的古典概率问题——生日问题：求 n ($n\leqslant 365$)个人的集体中没有两个人生日相同的概率(这里假定一年有 365 天，生日仅考虑出生月和日)；

(2) 用计算器计算(1)中当 n=10 时，以及 n=40 时的概率(保留 3 位有效数字)；

(3) 对你所在的选课班级同学进行生日(只需要出生的月和日)统计，并给出这个集体的生日情况分析.

2. 查阅资料，阐述著名的几何概率问题——蒲丰投针试验，此概率计算的结果与圆周率 π 有关，说明其中蕴涵的数学方法以及这个试验带来数学思想的创新性结果.

3. 举例说明概率论在社会科学各领域，例如，保险业、彩票发行、文学作品研究等方面的应用.

第 9 章　线性代数——抽象符号背后的实质

线性代数是代数学的一个分支，主要处理线性关系问题. 所谓线性关系，就是用变量的一次形式表达数学对象之间的关系. 例如，平面上直线的方程是二元一次方程，空间平面的方程是三元一次方程，而空间直线可由两个三元一次方程所组成的方程组来表示.

未知量均是一次的方程称为线性方程，若干个线性方程组成的方程组称为线性方程组.最古老的线性代数问题就是有关求解诸如“鸡兔同笼”等线性方程组的问题，而线性方程组理论的发展又促成了作为工具的矩阵论和行列式理论的创立与发展.

自然界中的现象以及科学研究中的非线性模型很多都可以在一定的局部范围内近似为线性模型，这使得线性代数成为重要的数学工具，被广泛应用于自然科学、社会科学、工程技术、经济管理和自然语言处理等领域.本章主要介绍线性代数的基础知识——行列式、高斯消元法、矩阵及其应用.

9.1　行　列　式

9.1.1　行列式的概念

中学代数中,解方程或方程组占有重要地位.行列式的概念就源自于方程组的求解问题，下面首先来介绍简单的线性方程组的求解过程.

1. 二阶行列式

对于含有两个未知量 x_1, x_2 的二元线性方程组

$$\begin{cases} a_{11}x_1 + a_{12}x_2 = b_1, \\ a_{21}x_1 + a_{22}x_2 = b_2, \end{cases} \tag{9.1}$$

为求得方程组(9.1)的解，可利用加减消元，得到

$$\begin{cases} (a_{11}a_{22} - a_{12}a_{21})x_1 = b_1a_{22} - b_2a_{12}, \\ (a_{11}a_{22} - a_{12}a_{21})x_2 = b_2a_{11} - b_1a_{21}. \end{cases}$$

当$(a_{11}a_{22}-a_{12}a_{21})\neq 0$时，方程组有唯一解

$$x_1=\frac{b_1a_{22}-b_2a_{12}}{a_{11}a_{22}-a_{12}a_{21}},\qquad x_2=\frac{b_2a_{11}-b_1a_{21}}{a_{11}a_{22}-a_{12}a_{21}}. \tag{9.2}$$

为便于记忆，引入如下符号

$$\begin{vmatrix} a & b \\ c & d \end{vmatrix}=ad-bc,$$

称为**二阶行列式**. 据此，解(9.2)中的分子可分别记为

$$D_1=\begin{vmatrix} b_1 & a_{12} \\ b_2 & a_{22} \end{vmatrix},\qquad D_2=\begin{vmatrix} a_{11} & b_1 \\ a_{21} & b_2 \end{vmatrix},$$

当二阶行列式$D=\begin{vmatrix} a_{11} & a_{12} \\ a_{21} & a_{22} \end{vmatrix}\neq 0$时，方程组(9.1)有唯一解，即

$$x_1=\frac{\begin{vmatrix} b_1 & a_{12} \\ b_2 & a_{22} \end{vmatrix}}{\begin{vmatrix} a_{11} & a_{12} \\ a_{21} & a_{22} \end{vmatrix}}=\frac{D_1}{D},\quad x_2=\frac{\begin{vmatrix} a_{11} & b_1 \\ a_{21} & b_2 \end{vmatrix}}{\begin{vmatrix} a_{11} & a_{12} \\ a_{21} & a_{22} \end{vmatrix}}=\frac{D_2}{D}. \tag{9.3}$$

2. 三阶行列式

与二元线性方程组的解法类似，对如下三元线性方程组

$$\begin{cases} a_{11}x_1+a_{12}x_2+a_{13}x_3=b_1, \\ a_{21}x_1+a_{22}x_2+a_{23}x_3=b_2, \\ a_{31}x_1+a_{32}x_2+a_{33}x_3=b_3, \end{cases} \tag{9.4}$$

也可以利用加减消元法求得其解，当

$$a_{11}a_{22}a_{33}+a_{12}a_{23}a_{31}+a_{13}a_{21}a_{32}-a_{13}a_{22}a_{31}-a_{12}a_{21}a_{33}-a_{11}a_{23}a_{32}\neq 0$$

时方程组(9.4)有唯一解，为了便于记忆求解公式，类似引入三阶行列式的概念.

定义 1 由 9 个数$a_{ij}(i,j=1,2,3)$排成三行三列的式子(横为行，竖为列)：

$$\begin{vmatrix} a_{11} & a_{12} & a_{13} \\ a_{21} & a_{22} & a_{23} \\ a_{31} & a_{32} & a_{33} \end{vmatrix}=a_{11}a_{22}a_{33}+a_{12}a_{23}a_{31}+a_{13}a_{21}a_{32}-a_{13}a_{22}a_{31}-a_{12}a_{21}a_{33}-a_{11}a_{23}a_{32} \tag{9.5}$$

称为**三阶行列式**.

显然,

$$\begin{vmatrix} a_{11} & a_{12} & a_{13} \\ a_{21} & a_{22} & a_{23} \\ a_{31} & a_{32} & a_{33} \end{vmatrix} = a_{11}\begin{vmatrix} a_{22} & a_{23} \\ a_{32} & a_{33} \end{vmatrix} - a_{12}\begin{vmatrix} a_{21} & a_{23} \\ a_{31} & a_{33} \end{vmatrix} + a_{13}\begin{vmatrix} a_{21} & a_{22} \\ a_{31} & a_{32} \end{vmatrix},$$

由此可见，三阶行列式可以由二阶行列式来定义.

行列式$\begin{vmatrix} a_{22} & a_{23} \\ a_{32} & a_{33} \end{vmatrix}$，$\begin{vmatrix} a_{21} & a_{23} \\ a_{31} & a_{33} \end{vmatrix}$和$\begin{vmatrix} a_{21} & a_{22} \\ a_{31} & a_{32} \end{vmatrix}$分别称为元素 a_{11}，a_{12}和a_{13}的**余子式**，分别记为M_{11}，M_{12}和M_{13}. 一般地，对三阶行列式D的任何一个元素a_{ij}，我们划去它所在的第i行及第j列，剩下的元素按原先次序组成一个二阶行列式，称为元素a_{ij}的**余子式**，记为M_{ij}.再记$A_{ij}=(-1)^{i+j}M_{ij}$，称A_{ij}为元素a_{ij}的**代数余子式**. 例如$A_{11}=M_{11}$，$A_{12}=-M_{12}$，$A_{13}=M_{13}$. 此时，三阶行列式D又可以写成

$$D=\begin{vmatrix} a_{11} & a_{12} & a_{13} \\ a_{21} & a_{22} & a_{23} \\ a_{31} & a_{32} & a_{33} \end{vmatrix} = a_{11}A_{11}+a_{12}A_{12}+a_{13}A_{13}, \tag{9.6}$$

式(9.6)称为 D **按第一行的展开式**.

如果三元线性方程组(9.4)的系数行列式$D=\begin{vmatrix} a_{11} & a_{12} & a_{13} \\ a_{21} & a_{22} & a_{23} \\ a_{31} & a_{32} & a_{33} \end{vmatrix}\neq 0$，用消元法求解该方程组，可得

$$x_1=\frac{D_1}{D}, \quad x_2=\frac{D_2}{D}, \quad x_3=\frac{D_3}{D}, \tag{9.7}$$

其中$D_j\ (j=1,2,3)$是用常数项b_1,b_2,b_3替换D中的第j列所得的三阶行列式，即

$$D_1=\begin{vmatrix} b_1 & a_{12} & a_{13} \\ b_2 & a_{22} & a_{23} \\ b_3 & a_{32} & a_{33} \end{vmatrix}, \quad D_2=\begin{vmatrix} a_{11} & b_1 & a_{13} \\ a_{21} & b_2 & a_{23} \\ a_{31} & b_3 & a_{33} \end{vmatrix}, \quad D_3=\begin{vmatrix} a_{11} & a_{12} & b_1 \\ a_{21} & a_{22} & b_2 \\ a_{31} & a_{32} & b_3 \end{vmatrix}.$$

由上述分析可以看出，二元线性方程组和三元线性方程组的解有相似的结论. 为了可以把上述解的结果推广到n元线性方程组

$$\begin{cases} a_{11}x_1 + a_{12}x_2 + \cdots + a_{1n}x_n = b_1, \\ a_{21}x_1 + a_{22}x_2 + \cdots + a_{2n}x_n = b_2 \\ \cdots\cdots\cdots\cdots \\ a_{n1}x_1 + a_{n2}x_2 + \cdots + a_{nn}x_n = b_n \end{cases}, \tag{9.8}$$

的情形，首先要给出n阶行列式的定义. 前面已经看到，三阶行列式可以写成按第一行的展开式. 事实上，二阶行列式也可以写成按第一行展开的形式，即

$$\begin{vmatrix} a_{11} & a_{12} \\ a_{21} & a_{22} \end{vmatrix} = a_{11}A_{11} + a_{12}A_{12}, \tag{9.9}$$

其中 $A_{11} = (-1)^{1+1}|a_{22}| = a_{22}$, $A_{12} = (-1)^{1+2}|a_{21}| = -a_{21}$,这里 $|a_{22}|$ 和 $|a_{21}|$ 是一阶行列式(不是数的绝对值，而是数本身).由此可见，我们可以用低阶行列式定义高一阶的行列式，从而归纳出一般的 n 阶行列式的定义.

3. n 阶行列式

定义 2 由 n^2 个数 $a_{ij}(i, j = 1, 2, \cdots, n)$ 组成的 n 行 n 列的式子

$$D = \begin{vmatrix} a_{11} & a_{12} & \cdots & a_{1n} \\ a_{21} & a_{22} & \cdots & a_{2n} \\ \vdots & \vdots & & \vdots \\ a_{n1} & a_{n2} & \cdots & a_{nn} \end{vmatrix}$$

称为 n 阶行列式，简记为 $|a_{ij}|_1^n$.

(1) 当 $n = 1$ 时，定义 $D = |a_{11}| = a_{11}$,此为一阶行列式;

(2) 当 $n \geqslant 2$ 时，定义

$$D = a_{11}A_{11} + a_{12}A_{12} + \cdots + a_{1n}A_{1n}, \tag{9.10}$$

其中 $A_{1j} = (-1)^{1+j}M_{1j}$, M_{1j} 是 D 中去掉第一行第 j 列的全部元素后，按原顺序排成的 $n-1$ 阶行列式, 并称 M_{1j} 为元素 a_{1j} 的**余子式**，称 A_{1j} 为元素 a_{1j} 的**代数余子式**.

n 阶行列式 D 中的元素 $a_{11}, a_{22}, \cdots, a_{nn}$ 称为**主对角元**，它们所在的对角线称为行列式 D 的**主对角线**，另一条对角线称为 D 的**副对角线**. 元素 a_{ij} 在行列式 D 中处于第 i 行第 j 列，i 称为**行指标**，j 称为**列指标**，n 阶行列式的定义展开式中共有 $n!$ 项.

例 1　计算三阶行列式

$$D=\begin{vmatrix}1 & -4 & 2\\ 3 & 0 & -3\\ -2 & 4 & 5\end{vmatrix}.$$

解　将行列式按第一行展开，得

$$D=1\cdot(-1)^{1+1}\begin{vmatrix}0 & -3\\ 4 & 5\end{vmatrix}+(-4)\cdot(-1)^{1+2}\begin{vmatrix}3 & -3\\ -2 & 5\end{vmatrix}+2\cdot(-1)^{1+3}\begin{vmatrix}3 & 0\\ -2 & 4\end{vmatrix}=72.$$

例 2　计算行列式 $D=\begin{vmatrix}a & 0 & 0 & 0\\ 4 & b & 0 & 0\\ -1 & 8 & c & 0\\ 5 & -7 & 6 & d\end{vmatrix}$.

解　将行列式按第一行展开，得

$$D=\begin{vmatrix}a & 0 & 0 & 0\\ 4 & b & 0 & 0\\ -1 & 8 & c & 0\\ 5 & -7 & 6 & d\end{vmatrix}=a\begin{vmatrix}b & 0 & 0\\ 8 & c & 0\\ -7 & 6 & d\end{vmatrix}=ab\begin{vmatrix}c & 0\\ 6 & d\end{vmatrix}=abcd\ .$$

例 3　证明 n 阶**下三角行列式**(主对角线以上元素全为零)

$$D=\begin{vmatrix}a_{11} & 0 & \cdots & 0\\ a_{21} & a_{22} & \cdots & 0\\ \vdots & \vdots & & \vdots\\ a_{n1} & a_{n2} & \cdots & a_{nn}\end{vmatrix}=a_{11}a_{22}\cdots a_{nn}.$$

证　采用数学归纳法.

(1) 当 $n=2$ 时，等式显然成立；

(2) 假设等式对 $n-1$ 阶下三角行列式成立，将 D 按第一行展开得

$$D=(-1)^{1+1}a_{11}\begin{vmatrix}a_{22} & 0 & \cdots & 0\\ a_{32} & a_{33} & \cdots & 0\\ \vdots & \vdots & & \vdots\\ a_{n2} & a_{n3} & \cdots & a_{nn}\end{vmatrix}=a_{11}a_{22}\cdots a_{nn}\ .$$

综上，原等式成立.

由上述结论，下三角行列式就等于主对角线元素的乘积.同理，主对角线以下元素全为零的行列式，则称为**上三角行列式**，且易证，上三角行列式也等于主对角线元素之积，即

$$\begin{vmatrix} a_{11} & a_{12} & \cdots & a_{1n} \\ 0 & a_{22} & \cdots & a_{2n} \\ \vdots & \vdots & & \vdots \\ 0 & 0 & \cdots & a_{nn} \end{vmatrix} = a_{11}a_{22}\cdots a_{nn}.$$

上、下三角行列式统称为**三角行列式**.

利用上述结论，可直接求出某些行列式的值，例如

$$\begin{vmatrix} 1 & 2 & 3 \\ 0 & 4 & 5 \\ 0 & 0 & 6 \end{vmatrix} = 24, \qquad \begin{vmatrix} 1 & 0 & 0 \\ 2 & 3 & 0 \\ 4 & 5 & 6 \end{vmatrix} = 18.$$

例 4 证明行列式(其中非副对角线上的元素全为 0)

$$D_n = \begin{vmatrix} 0 & 0 & \cdots & a_1 \\ \vdots & \vdots & & \vdots \\ 0 & a_{n-1} & \cdots & 0 \\ a_n & 0 & 0 & 0 \end{vmatrix} = (-1)^{\frac{n(n-1)}{2}} a_1 \cdots a_{n-1} a_n .$$

证 将行列式按第一行展开，得

$$D_n = (-1)^{1+n} a_1 \begin{vmatrix} 0 & 0 & \cdots & a_2 \\ \vdots & \vdots & & \vdots \\ 0 & a_{n-1} & \cdots & 0 \\ a_n & 0 & \cdots & 0 \end{vmatrix} = (-1)^{n-1} a_1 D_{n-1} = (-1)^{n-1} a_1 (-1)^{n-2} a_2 D_{n-2}$$

$$= \cdots = (-1)^{(n-1)+(n-2)+\cdots+1} a_1 a_2 \cdots a_{n-1} a_n = (-1)^{\frac{n(n-1)}{2}} a_1 \cdots a_{n-1} a_n .$$

例如，$\begin{vmatrix} 0 & 0 & 0 & 1 \\ 0 & 0 & 2 & 0 \\ 0 & 3 & 0 & 0 \\ 4 & 0 & 0 & 0 \end{vmatrix} = 24.$

9.1.2 行列式的性质

性质 1 行列式的行与列互换，其值不变，即

$$\begin{vmatrix} a_{11} & a_{12} & \cdots & a_{1n} \\ a_{21} & a_{22} & \cdots & a_{2n} \\ \vdots & \vdots & & \vdots \\ a_{n1} & a_{n2} & \cdots & a_{nn} \end{vmatrix} = \begin{vmatrix} a_{11} & a_{21} & \cdots & a_{n1} \\ a_{12} & a_{22} & \cdots & a_{n2} \\ \vdots & \vdots & & \vdots \\ a_{1n} & a_{2n} & \cdots & a_{nn} \end{vmatrix}.$$

根据此性质可知，行列式的行与列具有同等的地位. 行列式的性质凡是对行成立的，对列也成立，反之亦然. 以下仅针对行来介绍行列式的性质(其证明从略).

性质 2　(1) $\begin{vmatrix} a_{11} & a_{12} & \cdots & a_{1n} \\ \vdots & \vdots & & \vdots \\ ka_{i1} & ka_{i2} & \cdots & ka_{in} \\ \vdots & \vdots & & \vdots \\ a_{n1} & a_{n2} & \cdots & a_{nn} \end{vmatrix} = k\begin{vmatrix} a_{11} & a_{12} & \cdots & a_{1n} \\ \vdots & \vdots & & \vdots \\ a_{i1} & a_{i2} & \cdots & a_{in} \\ \vdots & \vdots & & \vdots \\ a_{n1} & a_{n2} & \cdots & a_{nn} \end{vmatrix}$；

(2) $\begin{vmatrix} a_{11} & a_{12} & \cdots & a_{1n} \\ \vdots & \vdots & & \vdots \\ a_{i1}+b_{i1} & a_{i2}+b_{i2} & \cdots & a_{in}+b_{in} \\ \vdots & \vdots & & \vdots \\ a_{n1} & a_{n2} & \cdots & a_{nn} \end{vmatrix} = \begin{vmatrix} a_{11} & a_{12} & \cdots & a_{1n} \\ \vdots & \vdots & & \vdots \\ a_{i1} & a_{i2} & \cdots & a_{in} \\ \vdots & \vdots & & \vdots \\ a_{n1} & a_{n2} & \cdots & a_{nn} \end{vmatrix} + \begin{vmatrix} a_{11} & a_{12} & \cdots & a_{1n} \\ \vdots & \vdots & & \vdots \\ b_{i1} & b_{i2} & \cdots & b_{in} \\ \vdots & \vdots & & \vdots \\ a_{n1} & a_{n2} & \cdots & a_{nn} \end{vmatrix}$.

推论 1　若行列式中一行(或列)的元素都为零，则该行列式为零.

推论 2　若行列式中有两行(或列)的对应元素成比例或相等，则该行列式为零.

性质 3　将行列式的某一行(列)的倍数加到另一行(列)上，行列式不变. 例如以数 k 乘第 j 行加到第 i 行上(记作 $r_i + kr_j$)，有

$$\begin{vmatrix} a_{11} & a_{12} & \cdots & a_{1n} \\ \vdots & \vdots & & \vdots \\ a_{i1} & a_{i2} & \cdots & a_{in} \\ \vdots & \vdots & & \vdots \\ a_{j1} & a_{j2} & \cdots & a_{jn} \\ \vdots & \vdots & & \vdots \\ a_{n1} & a_{n2} & \cdots & a_{nn} \end{vmatrix} = \begin{vmatrix} a_{11} & a_{12} & \cdots & a_{1n} \\ \vdots & \vdots & & \vdots \\ a_{i1}+ka_{j1} & a_{i2}+ka_{j2} & \cdots & a_{in}+ka_{jn} \\ \vdots & \vdots & & \vdots \\ a_{j1} & a_{j2} & \cdots & a_{jn} \\ \vdots & \vdots & & \vdots \\ a_{n1} & a_{n2} & \cdots & a_{nn} \end{vmatrix}.$$

性质 4　互换行列式中两行(或列)的位置，行列式的值反号.

性质 5　行列式按某一行(或列)展开等于该行(或列)的所有元素分别与它们所对应的代数余子式乘积之和，即若行列式

$$D = \begin{vmatrix} a_{11} & a_{12} & \cdots & a_{1n} \\ a_{21} & a_{22} & \cdots & a_{2n} \\ \vdots & \vdots & & \vdots \\ a_{n1} & a_{n2} & \cdots & a_{nn} \end{vmatrix},$$

则 $D=a_{i1}A_{i1}+a_{i2}A_{i2}+\cdots+a_{in}A_{in}$ (按第 i 行展开)，其中 $A_{ij}=(-1)^{i+j}M_{ij}$ 称为元素 a_{ij} 的**代数余子式**，而 M_{ij} 是 D 中去掉第 i 行第 j 列的全部元素后按原顺序排成的 $n-1$ 阶行列式，称为元素 a_{ij} 的**余子式**.

9.1.3 克拉默法则

克拉默(Cramer)法则是行列式在解线性方程组中的一个应用，它适用于求解方程的个数与未知数的个数相等的线性方程组.

定理 1 (克拉默法则) 设含有 n 个未知量 n 个方程的线性方程组

$$\begin{cases} a_{11}x_1+a_{12}x_2+\cdots+a_{1n}x_n=b_1, \\ a_{21}x_1+a_{22}x_2+\cdots+a_{2n}x_n=b_2, \\ \qquad\cdots\cdots\cdots\cdots \\ a_{n1}x_1+a_{n2}x_2+\cdots+a_{nn}x_n=b_n \end{cases} \tag{9.11}$$

是**非齐次线性方程组**(即右端的常数 $b_1,b_2,\cdots,b_n$ 不全为零)，其系数 a_{ij} 构成的系数行列式为

$$D=\begin{vmatrix} a_{11} & a_{12} & \cdots & a_{1n} \\ a_{21} & a_{22} & \cdots & a_{2n} \\ \vdots & \vdots & & \vdots \\ a_{n1} & a_{n2} & \cdots & a_{nn} \end{vmatrix}.$$

若 $D\neq 0$，则方程组(9.11)有唯一解

$$x_j=\frac{D_j}{D} \quad (j=1,2,\cdots,n),$$

其中 $D_j\ (j=1,2,\cdots,n)$ 是把 D 中第 j 列元素 $a_{1j},a_{2j},\cdots,a_{nj}$ 对应地换成常数项 $b_1,b_2,\cdots,b_n$，而其余各列保持不变所得到的行列式. (证明从略)

若线性方程组(9.11)中的常数项 $b_1,b_2,\cdots,b_n$ 全为零，即

$$\begin{cases} a_{11}x_1+a_{12}x_2+\cdots+a_{1n}x_n=0, \\ a_{21}x_1+a_{22}x_2+\cdots+a_{2n}x_n=0, \\ \qquad\cdots\cdots\cdots\cdots \\ a_{n1}x_1+a_{n2}x_2+\cdots+a_{nn}x_n=0, \end{cases} \tag{9.12}$$

则称方程组(9.12)为**齐次线性方程组**.易见 $x_1=x_2=\cdots=x_n=0$ 一定是该方程组的解，称其为方程组(9.12)的零解.

把定理 1 应用于齐次线性方程组(9.12)，可得到下列结论.

推论 1　若齐次线性方程组(9.12)的系数行列式 $D \neq 0$,则它只有零解.

推论 2　若齐次线性方程组(9.12)有非零解,则它的系数行列式 $D = 0$.

例 5　解方程组

$$\begin{cases} 2x_1 + x_2 - 5x_3 + x_4 = 8, \\ x_1 - 3x_2 - 6x_4 = 9, \\ 2x_2 - x_3 + 2x_4 = -5, \\ x_1 + 4x_2 - 7x_3 + 6x_4 = 0. \end{cases} \tag{9.13}$$

解　因为 $D = \begin{vmatrix} 2 & 1 & -5 & 1 \\ 1 & -3 & 0 & -6 \\ 0 & 2 & -1 & 2 \\ 1 & 4 & -7 & 6 \end{vmatrix} = 27 \neq 0$,故方程组(9.13)有唯一解.又因为

$$D_1 = \begin{vmatrix} 8 & 1 & -5 & 1 \\ 9 & -3 & 0 & -6 \\ -5 & 2 & -1 & 2 \\ 0 & 4 & -7 & 6 \end{vmatrix} = 81, \qquad D_2 = \begin{vmatrix} 2 & 8 & -5 & 1 \\ 1 & 9 & 0 & -6 \\ 0 & -5 & -1 & 2 \\ 1 & 0 & -7 & 6 \end{vmatrix} = -108,$$

$$D_3 = \begin{vmatrix} 2 & 1 & 8 & 1 \\ 1 & -3 & 9 & -6 \\ 0 & 2 & -5 & 2 \\ 1 & 4 & 0 & 6 \end{vmatrix} = -27, \qquad D_4 = \begin{vmatrix} 2 & 1 & -5 & 8 \\ 1 & -3 & 0 & 9 \\ 0 & 2 & -1 & -5 \\ 1 & 4 & -7 & 0 \end{vmatrix} = 27,$$

由克拉默法则，有 $x_1 = \dfrac{D_1}{D} = 3$, $x_2 = \dfrac{D_2}{D} = -4, x_3 = \dfrac{D_3}{D} = -1, x_4 = \dfrac{D_4}{D} = 1$.

例 6　设方程组 $\begin{cases} kx + y + z = 0, \\ x + ky + z = 0, \\ x + y + kz = 0 \end{cases}$ 有非零解，求 k.

解　因为 $D = \begin{vmatrix} k & 1 & 1 \\ 1 & k & 1 \\ 1 & 1 & k \end{vmatrix} = (k+2)(k-1)^2$，且该方程组有非零解，由推论 2，知 $D = 0$, 故 $k = -2$ 或 $k = 1$.

在一定条件下，克拉默法则给出了线性方程组解的存在性和唯一性，与在计算方面的作用相比，这一点更具理论价值.

9.2 高斯消元法

克拉默法则只能求解一类特殊的线性方程组，即方程的个数与未知量的个数相同，且其系数行列式不为零的线性方程组，随着未知量个数的增加，计算量的增长速度快得惊人，这是该方法的不足之处.而高斯(Gauss)消元法是一种相对比较简便有效、适用范围较广的算法，它是解线性方程组最常用的方法之一，其基本思想是通过逐步消元，把方程组化成容易求解的同解方程组，方法是自上而下依次减少方程组中各方程中未知量的个数，使之成为“阶梯形”方程组，然后用回代法解得原方程组的解.现通过例子来说明高斯消元法的解题过程.

例 1 用高斯消元法解方程组

$$\begin{cases} 2x_1+3x_2+4x_3=6, \\ 3x_1+5x_2+2x_3=5, \\ 4x_1+3x_2+30x_3=32. \end{cases} \tag{9.14}$$

解 把(9.14)中的第一个方程乘$\left(-\dfrac{3}{2}\right)$和(−2)后分别加到第二、第三个方程上，即可消去第二、第三个方程中的 x_1，得(9.14)的同解方程组

$$\begin{cases} 2x_1+3x_2+4x_3=6, \\ 0.5x_2-4x_3=-4, \\ -3x_2+22x_3=20\ , \end{cases} \tag{9.15}$$

再把(9.15)的第二个方程乘 6 后加到第三个方程上，消去第三个方程中的 x_3，得“阶梯形”方程组

$$\begin{cases} 2x_1+3x_2+4x_3=6, \\ 0.5x_2-4x_3=-4, \\ -2x_3=-4. \end{cases} \tag{9.16}$$

它与原方程组(9.14)仍是同解方程组.

先由(9.16)的第三个方程解得 $x_3=2$，再将 $x_3=2$ 代入第二个方程得 $x_2=8$，最后，将 $x_3=2$和$x_2=8$ 都代入第一个方程得 $x_1=-13$. 这一步称为**回代过程**.

例 2　用高斯消元法解线性方程组

$$\begin{cases} x_1+2x_2-3x_3=4, \\ 2x_1+3x_2-5x_3=7, \\ 4x_1+3x_2-9x_3=9, \\ 2x_1+5x_2-8x_3=6. \end{cases} \tag{9.17}$$

解　将(9.17)的第一个方程乘(−2)，(−4)，(−2)，并分别加到第二、三、四个方程上，消去第二、三、四这三个方程中的未知量 x_1,得

$$\begin{cases} x_1+2x_2-3x_3=4, \\ -x_2+x_3=-1, \\ -5x_2+3x_3=-7, \\ x_2-2x_3=-2, \end{cases} \tag{9.18}$$

再把(9.18)的第四个方程乘 1，5，并分别加到第二、三个方程上，消去第二、三个方程中的 x_2 ,得

$$\begin{cases} x_1+2x_2-3x_3=4, \\ -x_3=-3, \\ -7x_3=-17, \\ x_2-2x_3=-2. \end{cases} \tag{9.19}$$

交换(9.19)的第二和第四个方程,得“阶梯形”线性方程组

$$\begin{cases} x_1+2x_2-3x_3=4, \\ x_2-2x_3=-2, \\ -7x_3=-17, \\ -x_3=-3. \end{cases} \tag{9.20}$$

方程组(9.20)的第三和第四个方程的解相互矛盾，故原方程组无解.这种含有矛盾方程而无解的方程组称为**不相容方程组**，有解的方程组则称为**相容方程组.**

归纳分析上述求解过程,我们对方程组施行了一系列的变换,这些变换包括:

(1) 用一个数乘一个方程后加到另一个方程上;

(2) 用一个非零常数乘某个方程的两边;

(3) 互换两个方程的位置.

上述三种变换统称为**线性方程组的初等变换**.显然它们是同解变换,即经过初等变换得到的方程组都与原方程组同解.而解线性方程组的高斯消元法,就是利用

这三种变换进行逐次“消元”，使原方程组逐步化简为能够直接求解的同解方程组的过程.

9.3 矩阵及其运算

矩阵是线性代数的最基本的概念之一，它是一种重要的数学工具，在自然科学和工程技术等领域有十分广泛的应用. 学校的课程表、学生成绩单、工厂的生产进度表、股市中的证券价目表、某项科研中的数据分析表等均可以用矩阵来表示. 甚至在自然语言领域处理某些分类问题时，都需要借助矩阵来表述.

9.3.1 矩阵的概念

从用高斯消元法求解线性方程组的过程可以看出，对方程组施行初等变换，实质上只与未知量的系数有关，而与未知量无关，对方程组施行初等变换的过程就是对未知量的系数进行变换的过程. 因此可以将未知量略去，只需要将未知量的系数按照原来的顺序排成一张数表，对这张数表施行上述变换即可，这就是矩阵及其初等变换概念的由来.

1. 矩阵的定义

定义 1 由 $m\times n$ 个数 $a_{ij}(i=1,2,\cdots,m;j=1,2,\cdots n)$ 排成 m 行 n 列的数表

$$\boldsymbol{A}=\begin{bmatrix} a_{11} & a_{12} & \cdots & a_{1n} \\ a_{21} & a_{22} & \cdots & a_{2n} \\ \vdots & \vdots & & \vdots \\ a_{m1} & a_{m2} & \cdots & a_{mn} \end{bmatrix}$$

称为 **m 行 n 列矩阵**, 简称为 **$m\times n$ 矩阵**, 其中 a_{ij} 称为矩阵 $\boldsymbol{A}$ 的**元素**, i 称为**行标**, j 称为**列标**，表明 a_{ij} 位于矩阵 $\boldsymbol{A}$ 的第 i 行第 j 列. 为简便起见，记 $m\times n$ 矩阵 $\boldsymbol{A}$ 为 $(a_{ij})_{m\times n}$ 或 $\boldsymbol{A}_{m\times n}$.

特别地，当 $m=n$ 时，则称矩阵 $\boldsymbol{A}$ 为 **n 阶矩阵**或 **n 阶方阵**，记为 $\boldsymbol{A}_n$.

注 矩阵和行列式是两个完全不同的概念，矩阵仅是一张数表，而行列式的最后结果为一个数，而且行列式记号“$|\ |$”与矩阵记号“$[\ ]$”也不同.

平时常用列表的方式表示一些数据及其数据间的关系.比如：学生成绩表、工资表、产品产量表等，为了处理方便可以将它们按照一定的顺序组成一个矩阵.

例 1　某班甲、乙、丙、丁四位学生的某次考试成绩如下表(满分为 100 分).

学生 / 成绩 / 科目	甲	乙	丙	丁
语文	85	90	95	98
数学	100	80	85	92
英语	88	79	94	84

该成绩表可以简写成如下矩阵:

$$\begin{bmatrix} 85 & 90 & 95 & 98 \\ 100 & 80 & 85 & 92 \\ 88 & 79 & 94 & 84 \end{bmatrix}.$$

例 2　某厂向三个商店发送四种产品的数量可列成如下矩阵 $\boldsymbol{A}=\begin{bmatrix} a_{11} & a_{12} & a_{13} & a_{14} \\ a_{21} & a_{22} & a_{23} & a_{24} \\ a_{31} & a_{32} & a_{33} & a_{34} \end{bmatrix}$, 其中 a_{ij} 为该厂向第 i 店发送第 j 种产品的数量($i=1,2,3$; $j=1,2,3,4$). 这四种产品的单价及单位重量也可列成如下矩阵

$$\boldsymbol{B}=\begin{bmatrix} b_{11} & b_{12} \\ b_{21} & b_{22} \\ b_{31} & b_{32} \\ b_{41} & b_{42} \end{bmatrix},$$

其中 b_{i1} 为第 i 种产品的单价, b_{i2} 为第 i 种产品的单位重量($i=1,2,3,4$).

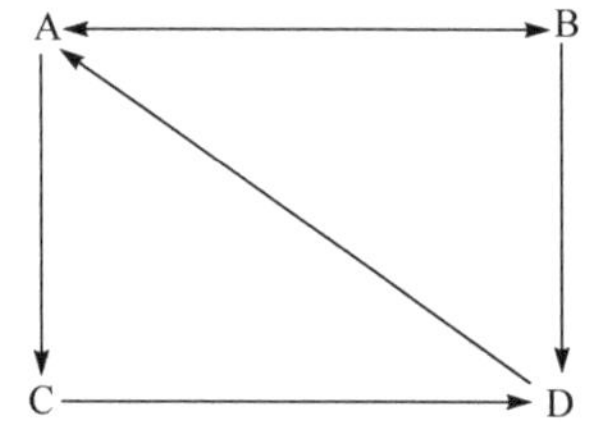

图 9-1　单向航线图

例 3　四个城市 A,B,C,D 间的单向航线如图 9-1 所示.

若令 $a_{ij}=\begin{cases} 1, & \text{从 } i \text{ 市到 } j \text{ 市有一条单向航线}, \\ 0, & \text{从 } i \text{ 市到 } j \text{ 市没有单向航线}, \end{cases}$ 则该航线图可用矩阵表示为

$$\boldsymbol{A}=(a_{ij})_{4\times 4}=\begin{bmatrix} 0 & 1 & 1 & 0 \\ 1 & 0 & 0 & 1 \\ 0 & 0 & 0 & 1 \\ 1 & 0 & 0 & 0 \end{bmatrix}.$$

定义 2 n个变量$x_1,x_2,\cdots,x_n$与m个变量$y_1,y_2,\cdots,y_m$之间的关系式

$$\begin{cases} y_1 = a_{11}x_1 + a_{12}x_2 + \cdots + a_{1n}x_n, \\ y_2 = a_{21}x_1 + a_{22}x_2 + \cdots + a_{2n}x_n, \\ \quad\cdots\cdots\cdots\cdots \\ y_m = a_{m1}x_1 + a_{m2}x_2 + \cdots + a_{mn}x_n \end{cases} \tag{9.21}$$

称为一个从变量$x_1,x_2,\cdots,x_n$到变量$y_1,y_2,\cdots,y_m$的**线性变换**，其中a_{ij}为常数.

线性变换(9.21)的系数a_{ij}可以构成一个矩阵$\boldsymbol{A}=(a_{ij})_{m\times n}$.一旦给定线性变换，其系数矩阵就可被唯一确定.反之，如果给定一个矩阵作为线性变换的系数矩阵，则唯一确定一个线性变换.这表明线性变换与矩阵之间存在着一一对应关系，这使得我们可以将对线性变换的研究转化到对矩阵的研究上来，这是矩阵理论的重要应用之一.

定义 3 若两个矩阵$\boldsymbol{A},\boldsymbol{B}$的行数相等，列数也相等，则称$\boldsymbol{A}$与$\boldsymbol{B}$是**同型矩阵**；若$\boldsymbol{A}$和$\boldsymbol{B}$为同型矩阵，且对应元素相等，即$a_{ij}=b_{ij}\ (i=1,2,\cdots,m;j=1,2,\cdots,n)$，则称**矩阵$\boldsymbol{A},\boldsymbol{B}$相等**，记为$\boldsymbol{A}=\boldsymbol{B}$.

例如，矩阵$\begin{bmatrix} 1 & 2 & 3 \\ 4 & 5 & 6 \end{bmatrix}$与$\begin{bmatrix} 1 & 2 & 3 \\ 4 & 5 & 0 \end{bmatrix}$是同型矩阵，但不相等.

2. 几类特殊的矩阵

对于$m\times n$矩阵$\boldsymbol{A}$，当$m=1$时，矩阵$\boldsymbol{A}$只有一行$\boldsymbol{A}=(a_1\ a_2\ \cdots a_n)$，称$\boldsymbol{A}$为**行矩阵**或**行向量**.为避免元素间的混淆，行矩阵也可写为$\boldsymbol{A}=(a_1,a_2,\cdots,a_n)$.当$n=1$时，矩阵$\boldsymbol{A}$只有一列，即$\boldsymbol{A}=\begin{bmatrix} a_1 \\ a_2 \\ \vdots \\ a_n \end{bmatrix}$，称$\boldsymbol{A}$为**列矩阵**或**列向量**.行向量和列向量统称为**向量**.

所有元素均为零的矩阵称为**零矩阵**，记为$\boldsymbol{O}_{m\times n}$，或简记为$\boldsymbol{O}$.但不同型的零矩阵是不相等的.

形如$\boldsymbol{A}=\begin{bmatrix} a_{11} & 0 & \cdots & 0 \\ 0 & a_{22} & \cdots & 0 \\ \vdots & \vdots & & \vdots \\ 0 & 0 & \cdots & a_{nn} \end{bmatrix}$的矩阵称为$n$阶**对角矩阵**，特别地，$n$阶矩阵

$\begin{bmatrix} 1 & 0 & \cdots & 0 \\ 0 & 1 & \cdots & 0 \\ \vdots & \vdots & & \vdots \\ 0 & 0 & \cdots & 1 \end{bmatrix}$称为 n 阶**单位方阵**,记为 $\boldsymbol{E}_n$ (简记为 $\boldsymbol{E}$).

形如 $\begin{bmatrix} a_{11} & a_{12} & \cdots & a_{1n} \\ 0 & a_{22} & \cdots & a_{2n} \\ \vdots & \vdots & & \vdots \\ 0 & 0 & \cdots & a_{nn} \end{bmatrix}$ 的矩阵称为 n 阶**上三角矩阵**，形如 $\begin{bmatrix} a_{11} & 0 & \cdots & 0 \\ a_{21} & a_{22} & \cdots & 0 \\ \vdots & \vdots & & \vdots \\ a_{n1} & a_{n2} & \cdots & a_{nn} \end{bmatrix}$的矩阵称为 n 阶**下三角矩阵**. 上三角矩阵与下三角矩阵统称为**三角矩阵**.

3. 矩阵的初等变换

高斯消元法对线性方程组施行初等变换求解方程组的过程，事实上是对系数矩阵施行了变换，这种变换称为矩阵的初等变换.

定义 4 对矩阵施以下列三种变换，称它们为矩阵的**初等行变换:**

(1) **消去变换** 把某行的 k 倍加到另一行对应元素上，如把第 i 行乘以 k 加到第 j 行，记作 $r_j + kr_i$；

(2) **倍法变换** 以数 $k(k \neq 0)$ 乘以矩阵的任意一行中的所有元素，记作 kr_i；

(3) **互换变换** 交换矩阵的任意两行，如交换第 i 行和第 j 行，记作 $r_i \leftrightarrow r_j$.

类似地可以定义矩阵的**初等列变换**的概念.矩阵的初等行变换与初等列变换统称为矩阵的**初等变换.**

9.3.2 矩阵的运算

矩阵既然是一张数表，而数可以进行各种运算，出于实际问题的需要，我们也可以仿照数的运算来定义矩阵的运算.矩阵的基本运算包括矩阵的加(减)法、数乘、乘法、转置和逆矩阵运算.

1. 矩阵的加(减)法

定义 5 设有两个 $m \times n$ 矩阵为 $\boldsymbol{A} = (a_{ij})_{m\times n}$, $\boldsymbol{B} = (b_{ij})_{m\times n}$ ，将它们对应位置的元

素相加所得到的 $m\times n$ 矩阵，称为矩阵 $\boldsymbol{A}$ 与矩阵 $\boldsymbol{B}$ 的**和**，记作 $\boldsymbol{A}+\boldsymbol{B}$，即

$$\boldsymbol{A}+\boldsymbol{B}=(a_{ij}+b_{ij})_{m\times n}=\begin{bmatrix} a_{11}+b_{11} & a_{12}+b_{12} & \cdots & a_{1n}+b_{1n} \\ a_{21}+b_{21} & a_{22}+b_{22} & \cdots & a_{2n}+b_{2n} \\ \vdots & \vdots & & \vdots \\ a_{m1}+b_{m1} & a_{m2}+b_{m2} & \cdots & a_{mn}+b_{mn} \end{bmatrix}.$$

矩阵 $-\boldsymbol{A}=(-a_{ij})_{m\times n}$ 称为矩阵 $\boldsymbol{A}$ 的**负矩阵**，显然有 $\boldsymbol{A}+(-\boldsymbol{A})=\boldsymbol{O}$，由此可定义矩阵的减法运算：$\boldsymbol{A}-\boldsymbol{B}=\boldsymbol{A}+(-\boldsymbol{B})$. 显然，只有同型矩阵才能进行加减法运算.

例 4 已知 $\begin{bmatrix} 1 & 2 \\ 3 & -1 \end{bmatrix}-\begin{bmatrix} x & -2 \\ 7 & y \end{bmatrix}=\begin{bmatrix} 2 & z \\ w & -2 \end{bmatrix}$，求 x,y,z,w 的值.

解 据矩阵的减法定义，得

$$\begin{bmatrix} 1-x & 4 \\ -4 & -1-y \end{bmatrix}=\begin{bmatrix} 2 & z \\ w & -2 \end{bmatrix}.$$

再由矩阵相等的定义，有

$$\begin{cases} 1-x=2, \\ 4=z, \\ -4=w, \\ -1-y=-2, \end{cases}$$

容易解得 $x=-1, y=1, z=4, w=-4$.

例 5 设 $\boldsymbol{A}=\begin{bmatrix} 1 & 6 \\ 4 & 2 \end{bmatrix}$，$\boldsymbol{B}=\begin{bmatrix} 2 & 3 \\ 1 & 4 \end{bmatrix}$，求满足 $\boldsymbol{A}+\boldsymbol{X}=\boldsymbol{B}$ 的矩阵 $\boldsymbol{X}$.

解 把等式 $\boldsymbol{A}+\boldsymbol{X}=\boldsymbol{B}$ 两边同时减矩阵 $\boldsymbol{A}$,得

$$\boldsymbol{X}=\boldsymbol{B}-\boldsymbol{A}=\begin{bmatrix} 2 & 3 \\ 1 & 4 \end{bmatrix}-\begin{bmatrix} 1 & 6 \\ 4 & 2 \end{bmatrix}=\begin{bmatrix} 1 & -3 \\ -3 & 2 \end{bmatrix}.$$

由于矩阵加法归结为对应位置的元素相加，故矩阵加法满足如下运算律:

(1) $\boldsymbol{A}+\boldsymbol{B}=\boldsymbol{B}+\boldsymbol{A}$（交换律）；

(2) $(\boldsymbol{A}+\boldsymbol{B})+\boldsymbol{C}=\boldsymbol{A}+(\boldsymbol{B}+\boldsymbol{C})$(结合律)；

(3) $\boldsymbol{A}+\boldsymbol{O}=\boldsymbol{A}$.

2. 矩阵的数量乘积

定义 6 用数 k 乘矩阵 $\boldsymbol{A}=(a_{ij})_{m\times n}$ 的每一个元素所得的矩阵，称为数 k 与矩阵 $\boldsymbol{A}$ 的**数量乘积**，简称为**数乘**，记作 $k\boldsymbol{A}$，即

$$kA = \begin{bmatrix} ka_{11} & ka_{12} & \cdots & ka_{1n} \\ ka_{21} & ka_{22} & \cdots & ka_{2n} \\ \vdots & \vdots & & \vdots \\ ka_{m1} & ka_{m2} & \cdots & ka_{mn} \end{bmatrix} = (ka_{ij})_{m\times n}.$$

矩阵的数乘运算满足如下运算律(设 $\boldsymbol{A}, \boldsymbol{B}$ 为同型矩阵，k, λ 为任意实数):

(1) $1\boldsymbol{A}=\boldsymbol{A}$;

(2) $k(\lambda\boldsymbol{A})= (k\lambda)\boldsymbol{A}$(结合律);

(3) $k(\boldsymbol{A}+\boldsymbol{B})= k\boldsymbol{A}+k\boldsymbol{B}$(分配律);

(4) $(k+\lambda)\boldsymbol{A}= k\boldsymbol{A}+\lambda\boldsymbol{A}$(分配律).

3. 矩阵的乘法

矩阵乘法的定义是从研究线性变换的需要而规定的一种独特的乘法运算.先看一个线性变换的实际问题.

设有两个线性变换

$$\begin{cases} y_1 = a_{11}x_1 + a_{12}x_2 + a_{13}x_3, \\ y_2 = a_{21}x_1 + a_{22}x_2 + a_{23}x_3 \end{cases} \tag{9.22}$$

和

$$\begin{cases} x_1 = b_{11}t_1 + b_{12}t_2, \\ x_2 = b_{21}t_1 + b_{22}t_2, \\ x_3 = b_{31}t_1 + b_{32}t_2. \end{cases} \tag{9.23}$$

线性变换(9.22)和(9.23)对应的系数矩阵分别为

$$\boldsymbol{A} = \begin{bmatrix} a_{11} & a_{12} & a_{13} \\ a_{21} & a_{22} & a_{23} \end{bmatrix}, \qquad \boldsymbol{B} = \begin{bmatrix} b_{11} & b_{12} \\ b_{21} & b_{22} \\ b_{31} & b_{32} \end{bmatrix}.$$

现要求从变量 t_1, t_2 到变量 y_1, y_2 的线性变换，只需将线性变换(9.23)代入线性变换(9.22)，就可得到变量 t_1, t_2 与变量 y_1, y_2 的线性变换关系如下

$$\begin{cases} y_1 = (a_{11}b_{11} + a_{12}b_{21} + a_{13}b_{31})t_1 + (a_{11}b_{12} + a_{12}b_{22} + a_{13}b_{32})t_2, \\ y_2 = (a_{21}b_{11} + a_{22}b_{21} + a_{23}b_{31})t_1 + (a_{21}b_{12} + a_{22}b_{22} + a_{23}b_{32})t_2, \end{cases} \tag{9.24}$$

线性变换(9.24)是先作线性变换(9.23)，再作线性变换(9.22)的结果，在线性变换里称线性变换(9.24)是(9.23)与(9.22)的乘积.从矩阵的角度分析，线性变换(9.24)的矩阵 $\boldsymbol{C}$ 是由(9.22)的矩阵 $\boldsymbol{A}$ 与(9.23)的矩阵 $\boldsymbol{B}$ 按如下运算规律得到的：$\boldsymbol{C}$ 的元素 c_{ij}

等于左矩阵 $\boldsymbol{A}$ 的第 i 行元素与右矩阵 $\boldsymbol{B}$ 的第 j 列对应元素的乘积之和，即

$$\begin{bmatrix} a_{11}b_{11}+a_{12}b_{21}+a_{13}b_{31} & a_{11}b_{12}+a_{12}b_{22}+a_{13}b_{32} \\ a_{21}b_{11}+a_{22}b_{21}+a_{23}b_{31} & a_{21}b_{12}+a_{22}b_{22}+a_{23}b_{32} \end{bmatrix}.$$

据此，可以将 $\boldsymbol{C}$ 写成矩阵 $\boldsymbol{A}$ 和 $\boldsymbol{B}$ 的乘积形式，即

$$\boldsymbol{C}=\boldsymbol{AB}=\begin{bmatrix} a_{11} & a_{12} & a_{13} \\ a_{21} & a_{22} & a_{23} \end{bmatrix}\begin{bmatrix} b_{11} & b_{12} \\ b_{21} & b_{22} \\ b_{31} & b_{32} \end{bmatrix}.$$

从上例中可以抽象出矩阵乘法的一般定义.

定义 7 设矩阵 $\boldsymbol{A}=(a_{ij})_{m\times s}$ ，$\boldsymbol{B}=(b_{ij})_{s\times n}$ ，即

$$\boldsymbol{A}=\begin{bmatrix} a_{11} & a_{12} & \cdots & a_{1s} \\ a_{21} & a_{22} & \cdots & a_{2s} \\ \vdots & \vdots & & \vdots \\ a_{m1} & a_{m2} & \cdots & a_{ms} \end{bmatrix}, \qquad \boldsymbol{B}=\begin{bmatrix} b_{11} & b_{12} & \cdots & b_{1n} \\ b_{21} & b_{22} & \cdots & b_{2n} \\ \vdots & \vdots & & \vdots \\ b_{s1} & b_{s2} & \cdots & b_{sn} \end{bmatrix},$$

则定义**矩阵 $\boldsymbol{A}$ 和 $\boldsymbol{B}$ 的乘积**是一个 $m\times n$ 的矩阵 $\boldsymbol{C}=(c_{ij})_{m\times n}$ ，记作 $\boldsymbol{AB}=\boldsymbol{C}=(c_{ij})_{m\times n}$ ，其中 $c_{ij}=a_{i1}b_{1j}+a_{i2}b_{2j}+\cdots+a_{is}b_{sj}\left(i=1,2,\cdots,m;j=1,2,\cdots,n\right)$ (即 c_{ij} 等于左矩阵 $\boldsymbol{A}$ 的第 i 行的所有元素与右矩阵 $\boldsymbol{B}$ 的第 j 列的对应元素乘积的和).

必须注意,并不是任意两个矩阵都可以相乘，只有当左矩阵 $\boldsymbol{A}$ 的列数等于右矩阵 $\boldsymbol{B}$ 的行数时，$\boldsymbol{AB}$ 才有意义.

例 6 设 $\boldsymbol{A}=\begin{bmatrix} 6 & 2 \\ 3 & 1 \end{bmatrix}, \boldsymbol{B}=\begin{bmatrix} 1 & -2 \\ -2 & 4 \end{bmatrix}$，求 $\boldsymbol{AB}$ ，$\boldsymbol{BA}$.

解 $\boldsymbol{AB}=\begin{bmatrix} 6 & 2 \\ 3 & 1 \end{bmatrix}\begin{bmatrix} 1 & -2 \\ -2 & 4 \end{bmatrix}=\begin{bmatrix} 6\times1+2\times(-2) & 6\times(-2)+2\times4 \\ 3\times1+1\times(-2) & 3\times(-2)+1\times4 \end{bmatrix}=\begin{bmatrix} 2 & -4 \\ 1 & -2 \end{bmatrix}.$

类似可求 $\boldsymbol{BA}=\begin{bmatrix} 0 & 0 \\ 0 & 0 \end{bmatrix}=\boldsymbol{O}$.

由例 6 可以看出，矩阵乘法不满足交换律，尽管 $\boldsymbol{AB}$ ，$\boldsymbol{BA}$ 都有意义，但它们不一定相等.

例 6 还说明：由矩阵乘积 $\boldsymbol{BA}=\boldsymbol{O}$ ，不能推出 $\boldsymbol{A}=\boldsymbol{O}$ 或 $\boldsymbol{B}=\boldsymbol{O}$.即，两个非零矩阵的乘积可能等于零矩阵. 这与两个数的乘积情形是完全不同的.

例 7 已知 $\boldsymbol{A}=\begin{bmatrix} 2 & 0 \\ 1 & 1 \\ 3 & 1 \end{bmatrix}, \boldsymbol{B}=\begin{bmatrix} 2 & 1 \\ 1 & 5 \end{bmatrix}$，求 $\boldsymbol{AB}$ ，$\boldsymbol{BA}$.

解　$\boldsymbol{AB}=\begin{bmatrix}2&0\\1&1\\3&1\end{bmatrix}\begin{bmatrix}2&1\\1&5\end{bmatrix}=\begin{bmatrix}4&2\\3&6\\7&8\end{bmatrix}$. 因为矩阵 $\boldsymbol{B}$ 的列数为 2，矩阵 $\boldsymbol{A}$ 的行数为 3，不符合矩阵乘法的条件，所以 $\boldsymbol{BA}$ 不存在.

一般情况下，当 $\boldsymbol{C}\neq\boldsymbol{O}$ ($\boldsymbol{O}$ 为零矩阵)时，由 $\boldsymbol{AC}=\boldsymbol{BC}$ 不能推出 $\boldsymbol{A}=\boldsymbol{B}$，即矩阵乘法不满足消去律. 例如， $\boldsymbol{A}=\begin{bmatrix}1&0\\0&0\end{bmatrix}$， $\boldsymbol{B}=\begin{bmatrix}1&0\\0&1\end{bmatrix}$， $\boldsymbol{C}=\begin{bmatrix}1&0\\0&0\end{bmatrix}$，则 $\boldsymbol{AC}=\boldsymbol{BC}$，但 $\boldsymbol{A}\neq\boldsymbol{B}$. 这与数的乘法是不同的.

矩阵乘法不满足交换律和消去律，是矩阵乘法区别于数的乘法的重要特点，但是矩阵乘法与数的乘法也有如下类似的运算律(假设运算都有意义)：

(1) $(\boldsymbol{AB})\boldsymbol{C}=\boldsymbol{A}(\boldsymbol{BC})$（矩阵乘法结合律）；

(2) 对任意的常数 k,有 $k(\boldsymbol{AB})=(k\boldsymbol{A})\boldsymbol{B}=\boldsymbol{A}(k\boldsymbol{B})$ (数乘结合律)；

(3) $\boldsymbol{A}(\boldsymbol{B}+\boldsymbol{C})=\boldsymbol{AB}+\boldsymbol{AC}$ (左分配律)；

$(\boldsymbol{B}+\boldsymbol{C})\boldsymbol{A}=\boldsymbol{BA}+\boldsymbol{CA}$ (右分配律).

根据矩阵乘法的定义，线性变换(9.22)与(9.23)可以分别表示为

$$\begin{bmatrix}y_1\\y_2\end{bmatrix}=\begin{bmatrix}a_{11}&a_{12}&a_{13}\\a_{21}&a_{22}&a_{23}\end{bmatrix}\begin{bmatrix}x_1\\x_2\\x_3\end{bmatrix}\text{ 与 }\begin{bmatrix}x_1\\x_2\\x_3\end{bmatrix}=\begin{bmatrix}b_{11}&b_{12}\\b_{21}&b_{22}\\b_{31}&b_{32}\end{bmatrix}\begin{bmatrix}t_1\\t_2\end{bmatrix},$$

则变量 t_1,t_2 与变量 y_1,y_2 的线性变换(9.24)为

$$\begin{bmatrix}y_1\\y_2\end{bmatrix}=\begin{bmatrix}a_{11}&a_{12}&a_{13}\\a_{21}&a_{22}&a_{23}\end{bmatrix}\begin{bmatrix}b_{11}&b_{12}\\b_{21}&b_{22}\\b_{31}&b_{32}\end{bmatrix}\begin{bmatrix}t_1\\t_2\end{bmatrix},$$

故线性变换(9.24)对应的系数矩阵 $\boldsymbol{C}$ 为

$$\boldsymbol{C}=\boldsymbol{AB}=\begin{bmatrix}a_{11}&a_{12}&a_{13}\\a_{21}&a_{22}&a_{23}\end{bmatrix}\begin{bmatrix}b_{11}&b_{12}\\b_{21}&b_{22}\\b_{31}&b_{32}\end{bmatrix}.$$

上述这种表示线性变换的方法，其简洁性是显而易见的.

例 8　甲乙两超市销售三种品牌的钢笔，它们的日销售量(单位：支)如下表.

	钢笔一	钢笔二	钢笔三
甲超市	5	8	10
乙超市	7	3	5

三种品牌的钢笔的单价(单位：元)与利润(单位：元)如下表.

	单价	利润
钢笔一	15	1
钢笔二	12	1
钢笔三	20	2

求甲、乙两超市销售钢笔的总收入与总利润.

解 三种品牌的钢笔的日销售量表格，单价与利润表格分别可表示为如下矩阵

$$\boldsymbol{A}=\begin{bmatrix}5 & 8 & 10\\ 7 & 3 & 5\end{bmatrix},\qquad \boldsymbol{B}=\begin{bmatrix}15 & 1\\ 12 & 1\\ 20 & 2\end{bmatrix},$$

则其乘积为

$$\boldsymbol{C}=\boldsymbol{AB}=\begin{bmatrix}5 & 8 & 10\\ 7 & 3 & 5\end{bmatrix}\begin{bmatrix}15 & 1\\ 12 & 1\\ 20 & 2\end{bmatrix}=\begin{bmatrix}371 & 33\\ 241 & 20\end{bmatrix},$$

因此，甲超市的总收入和总利润分别为 371 元和 33 元，而乙超市的总收入和总利润分别为 241 元和 20 元.

例 9 据统计，某小镇每年约有 20%的已婚女性离婚，15%的单身女性结婚. 该小镇中现有 8000 位已婚女性和 2000 位单身女性，假设所有女性的总数以及统计的离婚率和结婚率不变，问一年后约有多少已婚女性和单身女性？两年后呢？

解 根据题意，可构造如下矩阵 $\boldsymbol{A}$:第一行元素分别为 1 年后仍处于婚姻状态的已婚女性和结婚的单身女性的百分比，第二行元素分别为 1 年后离婚的已婚女性和未婚的单身女性的百分比，即

$$\boldsymbol{A}=\begin{bmatrix}0.8 & 0.15\\ 0.2 & 0.85\end{bmatrix}.$$

令 $\boldsymbol{X}=\begin{bmatrix}8000\\ 2000\end{bmatrix}$ 表示现有已婚女性与单身女性的人数，则一年后已婚女性和单身女性的人数约为矩阵 $\boldsymbol{A}$ 与向量 $\boldsymbol{X}$ 的乘积

$$AX=\begin{bmatrix}0.8 & 0.15\\0.2 & 0.85\end{bmatrix}\begin{bmatrix}8000\\2000\end{bmatrix}=\begin{bmatrix}6700\\3300\end{bmatrix},$$

即一年后大约将有 6700 位已婚女性和 3300 位单身女性.

两年后，已婚女性和单身女性的数量约为

$$A^2X=A(AX)=\begin{bmatrix}0.8 & 0.15\\0.2 & 0.85\end{bmatrix}\begin{bmatrix}6700\\3300\end{bmatrix}=\begin{bmatrix}5855\\4145\end{bmatrix},$$

即两年后大约将有 5855 位已婚女性和 4145 位单身女性.

一般地，n 年后已婚女性和单身女性人数的大致数量可以用矩阵 A^nX 来求出.

4. 矩阵的转置

定义 8 将 $m\times n$ 矩阵 A 的行与列互换得到的 $n\times m$ 矩阵,称为矩阵 A 的**转置矩阵**，记作 A^{T},即

$$A^{\mathrm{T}}=\begin{bmatrix}a_{11} & a_{12} & \cdots & a_{1n}\\a_{21} & a_{22} & \cdots & a_{2n}\\\vdots & \vdots & & \vdots\\a_{m1} & a_{m2} & \cdots & a_{mn}\end{bmatrix}^{\mathrm{T}}=\begin{bmatrix}a_{11} & a_{21} & \cdots & a_{m1}\\a_{12} & a_{22} & \cdots & a_{m2}\\\vdots & \vdots & & \vdots\\a_{1n} & a_{2n} & \cdots & a_{mn}\end{bmatrix}.$$

矩阵的转置也是一种运算，它满足下述运算律(假设运算都有意义):

$$(A^{\mathrm{T}})^{\mathrm{T}}=A,\quad (A+B)^{\mathrm{T}}=A^{\mathrm{T}}+B^{\mathrm{T}},\quad (kA)^{\mathrm{T}}=kA^{\mathrm{T}},\quad (AB)^{\mathrm{T}}=B^{\mathrm{T}}A^{\mathrm{T}},$$

其中，k 为实数.

例 10 已知 $A=\begin{bmatrix}1 & 0\\2 & 3\\4 & 5\end{bmatrix}$，$B=\begin{bmatrix}1 & 2\\3 & 4\end{bmatrix}$，求 $(AB)^{\mathrm{T}}$.

解法一 因为 $AB=\begin{bmatrix}1 & 0\\2 & 3\\4 & 5\end{bmatrix}\cdot\begin{bmatrix}1 & 2\\3 & 4\end{bmatrix}=\begin{bmatrix}1 & 2\\11 & 16\\19 & 28\end{bmatrix}$,故 $(AB)^{\mathrm{T}}=\begin{bmatrix}1 & 11 & 19\\2 & 16 & 28\end{bmatrix}$.

解法二 $(AB)^{\mathrm{T}}=B^{\mathrm{T}}A^{\mathrm{T}}=\begin{bmatrix}1 & 3\\2 & 4\end{bmatrix}\begin{bmatrix}1 & 2 & 4\\0 & 3 & 5\end{bmatrix}=\begin{bmatrix}1 & 11 & 19\\2 & 16 & 28\end{bmatrix}$.

5. 矩阵的逆

实数有加、减、乘、除四则运算，且可利用乘法定义除法：每一个非零数 a 都有一个倒数 $\frac{1}{a}$，即 a^{-1}，满足

$$aa^{-1}=a^{-1}a=1,$$

称 a^{-1} 为 a 的逆元，并定义：$b\div a=b\times a^{-1}$.

在矩阵理论中，我们已定义了矩阵的加(减)法、乘法，且也有单位元的概念——单位阵，类似于实数运算，我们也可以给出矩阵的逆元概念，称之为逆矩阵.

定义 9 对于 n 阶方阵 $\boldsymbol{A}$，如果存在一个 n 阶方阵 $\boldsymbol{B}$，使得

$$\boldsymbol{AB}=\boldsymbol{BA}=\boldsymbol{E},$$

则称方阵 $\boldsymbol{A}$ 是**可逆矩阵**，且称方阵 $\boldsymbol{B}$ 是方阵 $\boldsymbol{A}$ 的**逆矩阵**，记作 $\boldsymbol{B}=\boldsymbol{A}^{-1}$.

根据定义 9 可知，$\boldsymbol{A}$ 与 $\boldsymbol{B}$ 互为逆矩阵，即 $\boldsymbol{B}=\boldsymbol{A}^{-1}$，$\boldsymbol{A}=\boldsymbol{B}^{-1}$.

另外，可以断言：如果矩阵 $\boldsymbol{A}$ 是可逆的，则其逆矩阵一定唯一. 事实上，假设 $\boldsymbol{B}$ 和 $\boldsymbol{C}$ 均是 $\boldsymbol{A}$ 的逆矩阵，则

$$\boldsymbol{B}=\boldsymbol{BE}=\boldsymbol{B}(\boldsymbol{AC})=(\boldsymbol{BA})\boldsymbol{C}=\boldsymbol{EC}=\boldsymbol{C}.$$

由定义 9 易知，单位矩阵 $\boldsymbol{E}_n$ 的逆矩阵是 $\boldsymbol{E}_n$. 同样，当 k_1,k_2,k_3 都不为零时，

$$\begin{bmatrix}k_1&0&0\\0&k_2&0\\0&0&k_3\end{bmatrix}\text{可逆，且逆矩阵为}\begin{bmatrix}\dfrac{1}{k_1}&0&0\\0&\dfrac{1}{k_2}&0\\0&0&\dfrac{1}{k_3}\end{bmatrix}.$$

根据定义 9，可以证明可逆矩阵有如下性质：

(1) 若 $\boldsymbol{A}$ 可逆，则 $\boldsymbol{A}^{-1}$ 也可逆，且 $(\boldsymbol{A}^{-1})^{-1}=\boldsymbol{A}$；

(2) 若 $\boldsymbol{A}$ 可逆，实数 $k\neq 0$，则 $k\boldsymbol{A}$ 可逆，且 $(k\boldsymbol{A})^{-1}=\dfrac{1}{k}\boldsymbol{A}^{-1}$；

(3) 若 $\boldsymbol{A}$ 和 $\boldsymbol{B}$ 是同阶可逆矩阵，则 $\boldsymbol{AB}$ 也可逆，且 $(\boldsymbol{AB})^{-1}=\boldsymbol{B}^{-1}\cdot\boldsymbol{A}^{-1}$.

定义 10 设矩阵 $\boldsymbol{A}=(a_{ij})_{n\times n}$，由 $\boldsymbol{A}$ 的元素所构成的行列式(各元素的位置不变) $\left|a_{ij}\right|_1^n$ 称为**方阵 $\boldsymbol{A}$ 的行列式**，记为 $|\boldsymbol{A}|$ 或 $\det\boldsymbol{A}$.

例如，设 $\boldsymbol{A}=\begin{bmatrix}1&2&1\\1&4&2\\0&1&1\end{bmatrix}$，则 $|\boldsymbol{A}|=\begin{vmatrix}1&2&1\\1&4&2\\0&1&1\end{vmatrix}=\begin{vmatrix}1&2&1\\0&2&1\\0&1&1\end{vmatrix}=1$.

易证方阵 $\boldsymbol{A}$ 的行列式 $|\boldsymbol{A}|$ 的运算满足如下运算律(设 $\boldsymbol{A},\boldsymbol{B}$ 为 n 阶方阵，k 为实常数)：

$$\left|\boldsymbol{A}^{\mathrm{T}}\right|=|\boldsymbol{A}|\text{；}|k\boldsymbol{A}|=k^n|\boldsymbol{A}|\text{；}|\boldsymbol{AB}|=|\boldsymbol{A}|\cdot|\boldsymbol{B}|.$$

定义 11　设矩阵 $\boldsymbol{A}=(a_{ij})_{n\times n}$，其行列式 $|\boldsymbol{A}|=|a_{ij}|_1^n$ 的各个元素的代数余子式构成的矩阵

$$\begin{bmatrix} A_{11} & A_{21} & \cdots & A_{n1} \\ A_{12} & A_{22} & \cdots & A_{n2} \\ \vdots & \vdots & & \vdots \\ A_{1n} & A_{2n} & \cdots & A_{nn} \end{bmatrix}$$

称为矩阵 $\boldsymbol{A}$ 的**代数余子式矩阵**,并称它的转置矩阵为 $\boldsymbol{A}$ 的**伴随矩阵**,记作 adj$\boldsymbol{A}$ 或 $\boldsymbol{A}^*$,即

$$\boldsymbol{A}^*=\begin{bmatrix} A_{11} & A_{21} & \cdots & A_{n1} \\ A_{12} & A_{22} & \cdots & A_{n2} \\ \vdots & \vdots & & \vdots \\ A_{1n} & A_{2n} & \cdots & A_{nn} \end{bmatrix}.$$

下面不加证明地给出如下结论.

定理 1　方阵 $\boldsymbol{A}$ 可逆的充分必要条件是 $|\boldsymbol{A}|\neq 0$,且在 $|\boldsymbol{A}|\neq 0$ 时，有 $\boldsymbol{A}^{-1}=\dfrac{1}{|\boldsymbol{A}|}\boldsymbol{A}^*$.

例 11　求矩阵 $\boldsymbol{A}=\begin{bmatrix} 1 & 0 \\ 3 & 5 \end{bmatrix}$的逆矩阵.

解　因为 $|\boldsymbol{A}|=\begin{vmatrix} 1 & 0 \\ 3 & 5 \end{vmatrix}=5\neq 0$，故 $\boldsymbol{A}$ 可逆.由于 $\boldsymbol{A}^*=\begin{bmatrix} 5 & 0 \\ -3 & 1 \end{bmatrix}$，故

$$\boldsymbol{A}^{-1}=\frac{1}{|\boldsymbol{A}|}\boldsymbol{A}^*=\frac{1}{5}\begin{bmatrix} 5 & 0 \\ -3 & 1 \end{bmatrix}=\begin{bmatrix} 1 & 0 \\ -\frac{3}{5} & \frac{1}{5} \end{bmatrix}.$$

例 12　求矩阵 $\boldsymbol{A}=\begin{bmatrix} 3 & 2 & 1 \\ 1 & 1 & 1 \\ 1 & 0 & 1 \end{bmatrix}$的逆矩阵.

解　$|\boldsymbol{A}|=2\neq 0$，故 $\boldsymbol{A}$ 可逆.

$$A_{11}=(-1)^{1+1}\cdot\begin{vmatrix} 1 & 1 \\ 0 & 1 \end{vmatrix}=1,\quad A_{12}=(-1)^{1+2}\cdot\begin{vmatrix} 1 & 1 \\ 1 & 1 \end{vmatrix}=0,\quad A_{13}=(-1)^{1+3}\cdot\begin{vmatrix} 1 & 1 \\ 1 & 0 \end{vmatrix}=-1,$$

类似可以求出：$A_{21}=-2$，$A_{22}=A_{23}=2$，$A_{31}=1$，$A_{32}=-2$，$A_{33}=1$，故

$$A^{-1}=\frac{1}{|A|}A^{*}=\frac{1}{2}\begin{bmatrix}1 & -2 & 1\\ 0 & 2 & -2\\ -1 & 2 & 1\end{bmatrix}=\begin{bmatrix}\frac{1}{2} & -1 & \frac{1}{2}\\ 0 & 1 & -1\\ -\frac{1}{2} & 1 & \frac{1}{2}\end{bmatrix}.$$

在英文消息的传递中，有一种对消息进行保密的方法，其原理是将消息中不同的英文字母分别用不同的整数替代，然后传递这些整数组，接收方根据约定，将该整数组还原为消息. 但是，这种方法很容易被破译，因为在一个很长的消息中，根据数字出现的频率，可以大致估计出它所代表的字母. 因此，在实际应用中，人们往往用行列式等于±1的整数矩阵乘以所得整数组，实现对这个消息的进一步加密.例如，一个消息“SEND MONEY”编码后可用数字组[5,8,10,21,7,2,10,8,3]表示,其中有两个相同的数字 8 和 10 易于破译.若用行列式为±1的整数矩阵 A 实现进一步加密，就会大大增加破译的难度.假设整数矩阵 A 为

$$A=\begin{bmatrix}1 & 2 & 1\\ 2 & 5 & 3\\ 2 & 3 & 2\end{bmatrix},$$

容易求得 $|A|=1$，故 A 可逆. 将编了码的消息组成一个矩阵

$$B=\begin{bmatrix}5 & 21 & 10\\ 8 & 7 & 8\\ 10 & 2 & 3\end{bmatrix},$$

于是乘积

$$AB=\begin{bmatrix}1 & 2 & 1\\ 2 & 5 & 3\\ 2 & 3 & 2\end{bmatrix}\begin{bmatrix}5 & 21 & 10\\ 8 & 7 & 8\\ 10 & 2 & 3\end{bmatrix}=\begin{bmatrix}31 & 37 & 29\\ 80 & 83 & 69\\ 54 & 67 & 50\end{bmatrix},$$

则所发出的消息为[31,80,54,37,83,67,29,69,50]. 原本相同的两个数字 8 和 10 在变换后变成了不同的数字，增加了破译的难度，而接收方只需将收到的矩阵乘以 A^{-1}，就可以恢复原来的消息了.

9.4 矩阵的应用

定义了矩阵的运算后，许多复杂的问题可以用简单的矩阵符号来表示，并通

过对矩阵表述的数学问题进行求解，简单易行. 本节通过几个例子来说明矩阵的应用.

9.4.1　应用矩阵解线性方程组

求解线性方程组是线性代数讨论的核心问题之一，利用矩阵进行表述是求解线性方程组的一种简单有效的方法.

设 n 个未知量 m 个方程组成的线性方程组为

$$\begin{cases} a_{11}x_1 + a_{12}x_2 + \cdots + a_{1n}x_n = b_1, \\ a_{21}x_1 + a_{22}x_2 + \cdots + a_{2n}x_n = b_2, \\ \cdots\cdots\cdots\cdots \\ a_{m1}x_1 + a_{m2}x_2 + \cdots + a_{mn}x_n = b_m, \end{cases} \tag{9.25}$$

引进矩阵符号，记

$$\boldsymbol{A} = \begin{bmatrix} a_{11} & a_{12} & \cdots & a_{1n} \\ a_{21} & a_{22} & \cdots & a_{2n} \\ \vdots & \vdots & & \vdots \\ a_{m1} & a_{m2} & \cdots & a_{mn} \end{bmatrix}, \quad \boldsymbol{X} = \begin{bmatrix} x_1 \\ x_2 \\ \vdots \\ x_n \end{bmatrix}, \quad \boldsymbol{B} = \begin{bmatrix} b_1 \\ b_2 \\ \vdots \\ b_m \end{bmatrix},$$

则按矩阵乘法和矩阵相等的定义，线性方程组(9.25)可以写成矩阵形式

$$\boldsymbol{AX} = \boldsymbol{B},$$

其中 $m \times n$ 矩阵 $\boldsymbol{A}$ 称为线性方程组(9.25)的**系数矩阵**，列向量 $\boldsymbol{X}$ 称为**未知量矩阵**，列向量 $\boldsymbol{B}$ 称为**常数项矩阵**.

$m \times (n+1)$ 矩阵 $\tilde{\boldsymbol{A}} = (\boldsymbol{A}, \boldsymbol{B})$ 称为线性方程组(9.25)的**增广矩阵**，即

$$\tilde{\boldsymbol{A}} = (\boldsymbol{A}, \boldsymbol{B}) = \begin{bmatrix} a_{11} & a_{12} & \cdots & a_{1n} & b_1 \\ a_{21} & a_{22} & \cdots & a_{2n} & b_2 \\ \vdots & \vdots & & \vdots & \vdots \\ a_{m1} & a_{m2} & \cdots & a_{mn} & b_m \end{bmatrix},$$

则线性方程组(9.25)与其增广矩阵 $\tilde{\boldsymbol{A}}$ 是一一对应的.

如果用常数 $c_1, c_2, \cdots, c_n$ 依次代替线性方程组(9.25)中的 n 个未知量 $x_1, x_2, \cdots, x_n$ 时,(9.25)中的 m 个方程均成为恒等式,则称 $x_1 = c_1, x_2 = c_2, \cdots$， $x_n = c_n$ 为(9.25)的一个**解**，并可将此解表示为如下向量形式

$$C=\begin{bmatrix}c_1\\c_2\\\vdots\\c_n\end{bmatrix}\text{或}C=(c_1,c_2,\cdots,\ c_n)^{\mathrm{T}},$$

此时也称此解为线性方程组(9.25)的一个**解向量**. 显然，线性方程组(9.25)的解的情况取决于其未知量的系数和常数项，即矩阵 $\boldsymbol{A}$ 和 $\boldsymbol{B}$ ，或其增广矩阵.

下面讨论线性方程组(9.25)的解的情况，即，线性方程组(9.25)是有解还是无解？有解时，是有唯一一组解，还是有无穷多组解？如何求解？

由 9.1 节知，当未知量的个数与方程的个数相等，即 $m=n$ 时，可以用克拉默法则求解方程组，若 $|\boldsymbol{A}|\neq 0$，即方阵 $\boldsymbol{A}$ 可逆，则线性方程组(9.25)有且仅有一个解 $\boldsymbol{X}=\boldsymbol{A}^{-1}\boldsymbol{B}$.

当方阵 $\boldsymbol{A}$ 不可逆或未知量的个数与方程的个数不相等，即 $|\boldsymbol{A}|=0$ 或 $m\neq n$ 时，这时可以用高斯消元法求解，也就是对方程组进行初等变换，参与变换的仅是未知量的系数和常数项，相当于对增广矩阵 $\tilde{\boldsymbol{A}}=(\boldsymbol{A},\boldsymbol{B})$ 施行初等行变换，将增广矩阵 $\tilde{\boldsymbol{A}}$ 化为“阶梯形”矩阵.

例 1　解线性方程组

$$\begin{cases}2x_1-x_2+3x_3=1,\\4x_1+2x_2+5x_3=4,\\2x_1+2x_3=6.\end{cases}\tag{9.26}$$

解　$$\tilde{\boldsymbol{A}}=(\boldsymbol{A},\boldsymbol{B})=\begin{bmatrix}2&-1&3&1\\4&2&5&4\\2&0&2&6\end{bmatrix}\xrightarrow[r_3-r_1]{r_2-2r_1}\begin{bmatrix}2&-1&3&1\\0&4&-1&2\\0&1&-1&5\end{bmatrix}$$,

$$\xrightarrow[\substack{r_2-4r_3\\r_2\leftrightarrow r_3}]{r_1+r_3}\begin{bmatrix}2&0&2&6\\0&1&-1&5\\0&0&3&-18\end{bmatrix}\xrightarrow[\frac{1}{3}r_3]{\frac{1}{2}r_1}\begin{bmatrix}1&0&1&3\\0&1&-1&5\\0&0&1&-6\end{bmatrix}\xrightarrow[r_2+r_3]{r_1-r_3}\begin{bmatrix}1&0&0&9\\0&1&0&-1\\0&0&1&-6\end{bmatrix}.$$

这时将增广矩阵化为“阶梯形”矩阵，其对应的方程组为

$$\begin{cases}1\cdot x_1+0\cdot x_2+0\cdot x_3=9,\\0\cdot x_1+1\cdot x_2+0\cdot x_3=-1,\\0\cdot x_1+0\cdot x_2+1\cdot x_3=-6,\end{cases}\tag{9.27}$$

方程组(9.27)有唯一一组解：$x_1=9,x_2=-1,x_3=-6$ ，这也是方程组(9.26)的解.

该解的向量形式为 $\boldsymbol{X}=\left(x_1,x_2,x_3\right)^{\mathrm{T}}=(9,-1,-6)^{\mathrm{T}}$.

注　例 1 也可以利用克拉默法则或逆矩阵求解,尽管求解过程不同,但结果是相同的.

例 2　某城市有两组单行道，它们构成了一个包含四个节点 A,B,C,D 的十字路口(图 9-2).图 9-2 中给出了在交通繁忙时段，每小时进入和离开路口的车辆数.试计算在四个交叉路口间的交通流量 x_1,x_2,x_3,x_4.

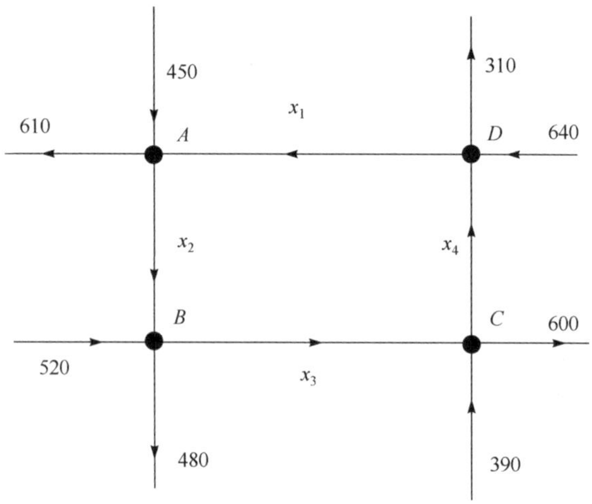

图 9-2　单行线交通流图

解　由于在每个路口上进入和离开的车辆数应该相等，故四个节点对应如下四个方程

节点 A:　$x_1+450=x_2+610$,

节点 B:　$x_2+520=x_3+480$,

节点 C:　$x_3+390=x_4+600$,

节点 D:　$x_4+640=x_1+310$,

整理，得如下方程组

$$\begin{cases} x_1-x_2=160, \\ x_2-x_3=-40, \\ x_3-x_4=210, \\ x_1-x_4=330. \end{cases} \tag{9.28}$$

(9.28)的增广矩阵为

$$\tilde{A}=[A,B]=\begin{bmatrix}1 & -1 & 0 & 0 & 160\\ 0 & 1 & -1 & 0 & -40\\ 0 & 0 & 1 & -1 & 210\\ 1 & 0 & 0 & -1 & 330\end{bmatrix}.$$

对其施行初等行变换，得到的“阶梯形”矩阵为

$$\begin{bmatrix}1 & 0 & 0 & -1 & 330\\ 0 & 1 & 0 & -1 & 170\\ 0 & 0 & 1 & -1 & 210\\ 0 & 0 & 0 & 0 & 0\end{bmatrix},$$

由于最后一行全变为零，对应的方程为恒等式 0=0，故实际上只有三个有效方程.

对应的同解方程组为

$$\begin{cases}x_1-x_4=330,\\ x_2-x_4=170,\\ x_3-x_4=210.\end{cases}\tag{9.29}$$

(9.29)中的方程数比未知量的数目少，说明题目没有给出足够的信息来唯一地确定四个交叉路口间的交通流量 x_1，x_2，x_3，x_4．因为三个方程只能求解三个未知量，则剩下一个未知量可以自由取值.可以自由取值的未知量称为**自由未知量**，不能自由取值的未知量称为**非自由未知量**.若选 x_4 为自由未知量，则其他三个未知量为非自由未知量，且 $x_1=x_4+330$，$x_2=x_4+170$，$x_3=x_4+210$，说明此方程组有无穷多组解，全部解可以表述为

$$\begin{bmatrix}x_1\\ x_2\\ x_3\\ x_4\end{bmatrix}=\begin{bmatrix}k+330\\ k+170\\ k+210\\ k\end{bmatrix},$$

即$x_1=k+330$，$x_2=k+170$，$x_3=k+210$, $x_4=k$ (其中 k 为任意自然数). 所以要想准确了解图 9-2 的交通流情况，还应该在 x_1, x_2, x_3, x_4 中再确定一个变量的值，例如，若 $x_4=100$，则 $x_1=430$，$x_2=270$，$x_3=310$．

例 3　解方程组

$$\begin{cases} x_1 - x_2 + 2x_3 - x_4 = 1, \\ x_1 + 2x_2 - x_3 - x_4 = 2, \\ 2x_1 + x_2 + x_3 - 2x_4 = 1. \end{cases} \tag{9.30}$$

解　对(9.30)的增广矩阵施行初等行变换

$$\tilde{A} = [A, B] = \begin{bmatrix} 1 & -1 & 2 & -1 & 1 \\ 1 & 2 & -1 & -1 & 2 \\ 2 & 1 & 1 & -2 & 1 \end{bmatrix} \xrightarrow[r_3 - 2r_1]{r_2 - r_1} \begin{bmatrix} 1 & -1 & 2 & -1 & 1 \\ 0 & 3 & -3 & 0 & 1 \\ 0 & 3 & -3 & 0 & -1 \end{bmatrix} \xrightarrow{r_3 - r_2} \begin{bmatrix} 1 & -1 & 2 & -1 & 1 \\ 0 & 3 & -3 & 0 & 1 \\ 0 & 0 & 0 & 0 & -2 \end{bmatrix},$$

所得“阶梯形”矩阵的第三行对应的方程为 $0 = -2$，出现矛盾，这说明方程组(9.30)为不相容方程组，故无解.

9.4.2　线性变换

线性变换的概念是解析几何中的坐标变换，高等数学中的某些变量替换等的抽象和推广，它是一种常用的简单变换，主要包括旋转、缩放、反射以及正投影等变换形式.

9.3 节已经用矩阵的乘法表示了简单的线性变换，现在用矩阵表示一般的线性变换.设

$$\begin{cases} y_1 = a_{11}x_1 + a_{12}x_2 + \cdots + a_{1n}x_n, \\ y_2 = a_{21}x_1 + a_{22}x_2 + \cdots + a_{2n}x_n, \\ \cdots\cdots\cdots\cdots \\ y_m = a_{m1}x_1 + a_{m2}x_2 + \cdots + a_{mn}x_n \end{cases} \tag{9.31}$$

是从变量 $x_1, x_2, \cdots, x_n$ 到变量 $y_1, y_2, \cdots, y_m$ 的一个**线性变换**，其矩阵形式为

$$\boldsymbol{Y} = \boldsymbol{AX},$$

其中

$$\boldsymbol{A} = \begin{bmatrix} a_{11} & a_{12} & \cdots & a_{1n} \\ a_{21} & a_{22} & \cdots & a_{2n} \\ \vdots & \vdots & & \vdots \\ a_{m1} & a_{m2} & \cdots & a_{mn} \end{bmatrix}, \quad \boldsymbol{X} = \begin{bmatrix} x_1 \\ x_2 \\ \vdots \\ x_n \end{bmatrix}, \quad \boldsymbol{Y} = \begin{bmatrix} y_1 \\ y_2 \\ \vdots \\ y_m \end{bmatrix}.$$

$\boldsymbol{A}$称为线性变换(9.31)的**系数矩阵**.

设 $\boldsymbol{Y} = \boldsymbol{A}_1\boldsymbol{X}$ 是由变量 $x_1, x_2, \cdots, x_n$ 到变量 $y_1, y_2, \cdots, y_m$ 的一个线性变换，$\boldsymbol{Z} = \boldsymbol{A}_2\boldsymbol{Y}$ 是由变量 $y_1, y_2, \cdots, y_m$ 到变量 $z_1, z_2, \cdots, z_s$ 的一个线性变换，则由变量 $x_1, x_2, \cdots, x_n$ 到变量 $z_1, z_2, \cdots, z_s$ 的线性变换为

$$Z = A_2Y = A_2(A_1X) = (A_2A_1)X,$$

对应的系数矩阵为$A = A_2A_1$.

平面上的线性变换可以用 2×2 的(变换)矩阵表示.如旋转变换,一个点绕原点逆时针由位置$P(x,y)$旋转到$P'(x',y')$,对应的旋转角为θ, 线段 OP 与 x 轴正半轴的夹角为ϕ(图 9-3).可由三角函数关系得

$$x' = r\cos(\theta+\phi) = r\cos\theta\cos\phi - r\sin\theta\sin\phi = x\cos\theta - y\sin\theta,$$
$$y' = r\sin(\theta+\phi) = r\cos\theta\sin\phi + r\sin\theta\cos\phi = x\sin\theta + y\cos\theta,$$

故绕原点逆时针旋转θ度角的变换公式是

$$x' = x\cos\theta - y\sin\theta, \quad y' = x\sin\theta + y\cos\theta,$$

用矩阵表示为

$$\begin{pmatrix} x' \\ y' \end{pmatrix} = \begin{bmatrix} \cos\theta & -\sin\theta \\ \sin\theta & \cos\theta \end{bmatrix} \begin{pmatrix} x \\ y \end{pmatrix}.$$

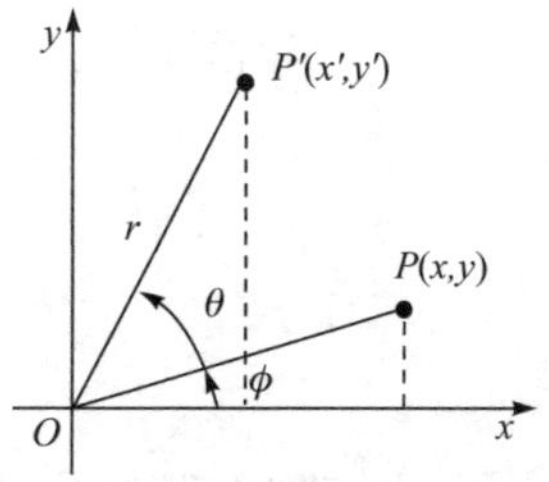

图 9-3

若另有一绕原点的旋转变换，公式为

$$x'' = x'\cos\alpha - y'\sin\alpha, \quad y'' = x'\sin\alpha + y'\cos\alpha,$$

其中α为旋转角，该变换对应的矩阵表示为

$$\begin{pmatrix} x'' \\ y'' \end{pmatrix} = \begin{bmatrix} \cos\alpha & -\sin\alpha \\ \sin\alpha & \cos\alpha \end{bmatrix} \begin{pmatrix} x' \\ y' \end{pmatrix},$$

则由x, y到x'', y''的旋转变换为

$$\begin{pmatrix} x'' \\ y'' \end{pmatrix} = \begin{bmatrix} \cos\alpha & -\sin\alpha \\ \sin\alpha & \cos\alpha \end{bmatrix} \begin{bmatrix} \cos\theta & -\sin\theta \\ \sin\theta & \cos\theta \end{bmatrix} \begin{pmatrix} x \\ y \end{pmatrix} = \begin{bmatrix} \cos(\alpha+\theta) & -\sin(\alpha+\theta) \\ \sin(\alpha+\theta) & \cos(\alpha+\theta) \end{bmatrix} \begin{pmatrix} x \\ y \end{pmatrix}.$$

图形变换是计算机图形学中的重要概念之一，包括对图形进行平移、旋转、缩放、投影(透视)等变换，这些变换在应用中都要用矩阵表示，图形变换的实质是改变图形的各个顶点的坐标. 例如, 可以用矩阵$\begin{bmatrix} x_1 & x_2 & \cdots & x_n \\ y_1 & y_2 & \cdots & y_n \end{bmatrix}$来表示平面中的图形，其中$(x_i,y_i)(i=1,2,\cdots,n)$为图形的顶点坐标.

图 9-4 中的矩形 $ABCD$ 对应的矩阵为$\begin{bmatrix} 0 & 2 & 2 & 0 \\ 0 & 0 & 1.5 & 1.5 \end{bmatrix}$.设某旋转变换的旋转角$\theta$为 30°，对应的矩阵为$\begin{bmatrix} \cos30^\circ & -\sin30^\circ \\ \sin30^\circ & \cos30^\circ \end{bmatrix} = \begin{bmatrix} 0.866 & -0.5 \\ 0.5 & 0.866 \end{bmatrix}$，则矩形 $ABCD$ 经旋转变换后得到的矩形 $A'B'C'D'$ 对应的矩阵为

$$\begin{bmatrix} 0.866 & -0.5 \\ 0.5 & 0.866 \end{bmatrix} \begin{bmatrix} 0 & 2 & 2 & 0 \\ 0 & 0 & 1.5 & 1.5 \end{bmatrix} = \begin{bmatrix} 0 & 1.732 & 0.982 & -0.75 \\ 0 & 1 & 2.299 & 1.299 \end{bmatrix},$$

故点 A',B',C'和D'的坐标依次为(0,0),(1.732,1),(0.982,2.299)和(−0.75,1.299).

9.4.3 解矩阵方程

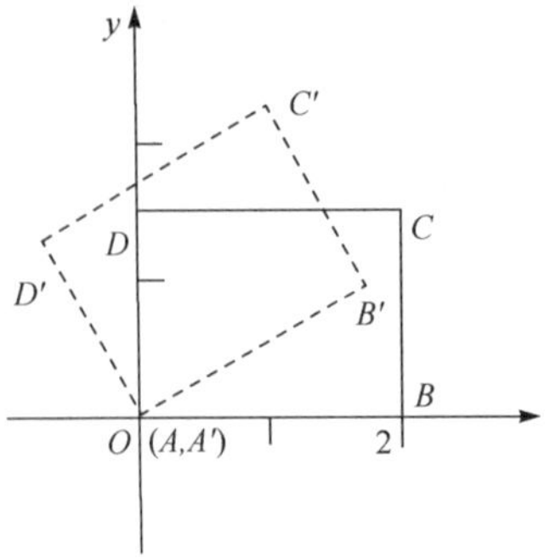

图 9-4

矩阵方程是矩阵运算的一部分，这里主要讨论如何求解简单的矩阵方程的问题.

例 4 设 $\boldsymbol{A}=\begin{bmatrix}1 & 2\\ 2 & 1\end{bmatrix}$， $\boldsymbol{B}=\begin{bmatrix}1 & 4\\ -1 & 2\end{bmatrix}$，解矩阵方程 $\boldsymbol{AX}=\boldsymbol{B}$ 和 $\boldsymbol{XA}=\boldsymbol{B}$.

解 显然矩阵 $\boldsymbol{A}$ 可逆. 先求出 $\boldsymbol{A}^{-1}=\begin{bmatrix}-\frac{1}{3} & \frac{2}{3}\\ \frac{2}{3} & -\frac{1}{3}\end{bmatrix}$.

由矩阵方程 $\boldsymbol{AX}=\boldsymbol{B}$，得

$$\boldsymbol{X}=\boldsymbol{A}^{-1}\boldsymbol{B}=\begin{bmatrix}-\frac{1}{3} & \frac{2}{3}\\ \frac{2}{3} & -\frac{1}{3}\end{bmatrix}\begin{bmatrix}1 & 4\\ -1 & 2\end{bmatrix}=\begin{bmatrix}-1 & 0\\ 1 & 2\end{bmatrix}.$$

由矩阵方程 $\boldsymbol{XA}=\boldsymbol{B}$，得

$$\boldsymbol{X}=\boldsymbol{BA}^{-1}=\begin{bmatrix}1 & 4\\ -1 & 2\end{bmatrix}\begin{bmatrix}-\frac{1}{3} & \frac{2}{3}\\ \frac{2}{3} & -\frac{1}{3}\end{bmatrix}=\begin{bmatrix}\frac{7}{3} & -\frac{2}{3}\\ \frac{5}{3} & -\frac{4}{3}\end{bmatrix}.$$

例 5 某工厂检验室有甲、乙两种不同的化学原料，甲种原料分别含锌与镁10%，20%，乙种原料分别含锌与镁 10%，30%，现在要用这两种原料分别配制1 号、2 号两种试剂，1 号试剂需含锌和镁各 2 克、5 克，2 号试剂需含锌和镁各1 克、2 克.问配制 1 号、2 号两种试剂分别需要甲、乙两种化学原料各多少克?

解 设配制 1 号试剂需甲、乙两种化学原料分别为 x，y 克，配制 2 号试剂需甲、乙两种化学原料分别为 s，t 克. 根据题意，得如下矩阵方程

$$\begin{bmatrix}0.1 & 0.1\\ 0.2 & 0.3\end{bmatrix}\begin{bmatrix}x & s\\ y & t\end{bmatrix}=\begin{bmatrix}2 & 1\\ 5 & 2\end{bmatrix}.$$

记 $\boldsymbol{A}=\begin{bmatrix}0.1 & 0.1\\ 0.2 & 0.3\end{bmatrix}$,$\boldsymbol{X}=\begin{bmatrix}x & s\\ y & t\end{bmatrix}$,$\boldsymbol{B}=\begin{bmatrix}2 & 1\\ 5 & 2\end{bmatrix}$，则矩阵方程可记为 $\boldsymbol{AX}=\boldsymbol{B}$ ，其解为 $\boldsymbol{X}=\boldsymbol{A}^{-1}\boldsymbol{B}$.

因为 $\boldsymbol{A}$ 可逆，且 $\boldsymbol{A}^{-1}=\begin{bmatrix}30 & -10\\ -20 & 10\end{bmatrix}$，所以

$$\boldsymbol{X}=\begin{bmatrix}x & s\\ y & t\end{bmatrix}=\begin{bmatrix}30 & -10\\ -20 & 10\end{bmatrix}\begin{bmatrix}2 & 1\\ 5 & 2\end{bmatrix}=\begin{bmatrix}10 & 10\\ 10 & 0\end{bmatrix},$$

因为 $\boldsymbol{A}^{-1}=\begin{bmatrix}30 & -10\\ -20 & 10\end{bmatrix}$，所以

$$\boldsymbol{X}=\begin{bmatrix}x & s\\ y & t\end{bmatrix}=\begin{bmatrix}30 & -10\\ -20 & 10\end{bmatrix}\begin{bmatrix}2 & 1\\ 5 & 2\end{bmatrix}=\begin{bmatrix}10 & 10\\ 10 & 0\end{bmatrix},$$

即配制 1 号试剂需要甲、乙两种化学原料各 10 克，配制 2 号试剂需甲、乙两种化学原料分别为 10 克，0 克.

例 6 解矩阵方程 $\boldsymbol{AXB}=\boldsymbol{C}$，其中 $\boldsymbol{A}=\begin{bmatrix}1 & 2\\ 3 & 5\end{bmatrix}$，$\boldsymbol{B}=\begin{bmatrix}1 & 3\\ 0 & 1\end{bmatrix}$，$\boldsymbol{C}=\begin{bmatrix}1 & 3\\ 2 & 5\end{bmatrix}$.

解 显然 $\boldsymbol{A}$, $\boldsymbol{B}$ 均可逆. 先求出 $\boldsymbol{A}^{-1}=\begin{bmatrix}-5 & 2\\ 3 & -1\end{bmatrix}$ 和 $\boldsymbol{B}^{-1}=\begin{bmatrix}1 & -3\\ 0 & 1\end{bmatrix}$. 再由 $\boldsymbol{AXB}=\boldsymbol{C}$ 解得

$$\boldsymbol{X}=\boldsymbol{A}^{-1}\boldsymbol{C}\boldsymbol{B}^{-1}=\begin{bmatrix}-5 & 2\\ 3 & -1\end{bmatrix}\begin{bmatrix}1 & 3\\ 2 & 5\end{bmatrix}\begin{bmatrix}1 & -3\\ 0 & 1\end{bmatrix}=\begin{bmatrix}-1 & -2\\ 1 & 1\end{bmatrix}.$$

若方阵 $\boldsymbol{A}$ 不可逆或矩阵 $\boldsymbol{A}$ 不是方阵时，则需要用待定元素法通过解方程组确定未知矩阵.

例 7 解矩阵方程 $\begin{bmatrix}1 & 2\\ 3 & 6\end{bmatrix}\boldsymbol{X}=\begin{bmatrix}1\\ 3\end{bmatrix}$.

解 因为 $\begin{vmatrix}1 & 2\\ 3 & 6\end{vmatrix}=0$，故 $\begin{bmatrix}1 & 2\\ 3 & 6\end{bmatrix}$ 不可逆. 根据矩阵乘法可知 $\boldsymbol{X}$ 为 2×1 矩阵，设 $\boldsymbol{X}=\begin{bmatrix}x\\ y\end{bmatrix}$，则矩阵方程化为如下线性方程组

$$\begin{cases}x+2y=1,\\ 3x+6y=3,\end{cases}$$

解得 $x=1-2k, y=k$（k 为任意常数），故 $\boldsymbol{X}=\begin{bmatrix}1-2k\\ k\end{bmatrix}$（$k$ 为任意常数）.

习　题　9

1. 求下列行列式的值:

(1) $\begin{vmatrix} 1 & 2 & 3 \\ 3 & 1 & 2 \\ 2 & 3 & 1 \end{vmatrix}$;　(2) $\begin{vmatrix} 1 & 1 & 1 \\ 3 & 1 & 4 \\ 8 & 9 & 5 \end{vmatrix}$;　(3) $\begin{vmatrix} 0 & 0 & 1 & 0 \\ 0 & 1 & 0 & 0 \\ 0 & 0 & 0 & 1 \\ 1 & 0 & 0 & 0 \end{vmatrix}$;

(4) $\begin{vmatrix} 1 & 2 & 3 & 4 \\ 2 & 3 & 4 & 1 \\ 3 & 4 & 1 & 2 \\ 4 & 1 & 2 & 3 \end{vmatrix}$;　(5) $\begin{vmatrix} 0 & 1 & 0 & \cdots & 0 \\ 0 & 0 & 2 & \cdots & 0 \\ \vdots & \vdots & \vdots & & \vdots \\ 0 & 0 & 0 & \cdots & n-1 \\ n & 0 & 0 & \cdots & 0 \end{vmatrix}$.

2. 用克拉默法则解下列方程组:

(1) $\begin{cases} 2x_1 - x_2 = 2, \\ x_1 + x_2 + 4x_3 = 1, \\ x_2 + 2x_3 = 1; \end{cases}$　(2) $\begin{cases} x_1 + x_2 + x_3 + x_4 = 5, \\ x_1 + 2x_2 - x_3 + 4x_4 = -2, \\ 2x_1 - 3x_2 - x_3 - 5x_4 = -2, \\ 3x_1 + x_2 + 2x_3 + 11x_4 = 0. \end{cases}$

3. 设齐次线性方程组 $\begin{cases} \lambda x_1 + x_2 + x_3 = 0, \\ x_1 + \mu x_2 + x_3 = 0, \\ x_1 + 2\mu x_2 + x_3 = 0 \end{cases}$ 有非零解，求 λ，μ.

4. 利用高斯消元法解下列方程组:

(1) $\begin{cases} x + y + z = 6, \\ 3x - y + z = 4, \\ 2x + 3y - z = 12; \end{cases}$　(2) $\begin{cases} 2x_1 - x_2 + x_3 + 3x_4 = -4, \\ x_1 + 3x_2 - x_3 + 4x_4 = 6, \\ 2x_1 - 2x_2 + 3x_3 - x_4 = 3, \\ 3x_1 + 2x_3 + 2x_4 = 3. \end{cases}$

5. 设 $\boldsymbol{A} = \begin{bmatrix} x & 0 \\ 6 & y \end{bmatrix}$，$\boldsymbol{B} = \begin{bmatrix} u & 2 \\ y & v \end{bmatrix}$，$\boldsymbol{C} = \begin{bmatrix} 3 & x \\ -4 & v \end{bmatrix}$，且 $\boldsymbol{A} + 2\boldsymbol{B} - \boldsymbol{C} = 0$，求 x, y, u, v.

6. 设 $\boldsymbol{A} = \begin{bmatrix} 3 & 1 & 1 \\ 2 & 1 & 2 \\ 1 & 2 & 3 \end{bmatrix}$，$\boldsymbol{B} = \begin{bmatrix} 1 & 1 & -1 \\ 2 & -1 & 0 \\ 1 & 0 & 1 \end{bmatrix}$，求 $\boldsymbol{AB} - \boldsymbol{BA}, (\boldsymbol{A} + \boldsymbol{B})^{\mathrm{T}}$.

7. 计算下列矩阵的乘积:

(1) $\begin{bmatrix} 4 & 3 & 1 \\ 1 & -2 & 3 \\ 5 & 7 & 0 \end{bmatrix}\begin{bmatrix} 7 \\ 2 \\ 1 \end{bmatrix}$;　(2) $\begin{bmatrix} 1 & 2 & 3 \end{bmatrix}\begin{bmatrix} 1 \\ 2 \\ 3 \end{bmatrix}$;

(3) $\begin{bmatrix}1\\2\\3\end{bmatrix}[1\quad 2\quad 3]$； (4) $\begin{bmatrix}2&1&3\\0&1&-1\\1&2&0\end{bmatrix}\begin{bmatrix}1&0\\2&3\\3&1\end{bmatrix}$.

8. 用矩阵乘法表示连续施行下列线性变换的结果：

$$\begin{cases}x_1=y_1-y_2+2y_3,\\x_2=y_1+3y_2,\\x_3=4y_2-y_3,\end{cases}\quad\begin{cases}y_1=z_1+z_3,\\y_2=2z_2-5z_3,\\y_3=3z_1+7z_2.\end{cases}$$

9. 求下列矩阵的逆矩阵：

(1) $\begin{bmatrix}1&2\\3&4\end{bmatrix}$； (2) $\begin{bmatrix}0&2&-1\\1&1&2\\-1&-1&-1\end{bmatrix}$.

10. 利用矩阵解方程组 $\begin{cases}x_1-2x_2+3x_3-x_4=-6,\\x_1+x_2-x_3+x_4=7,\\2x_1-x_2+x_3=1,\\x_2+x_3+x_4=3.\end{cases}$

11. 解矩阵方程 $\boldsymbol{XA}=\boldsymbol{B}$, 其中 $\boldsymbol{A}=\begin{bmatrix}1&1&-2\\2&1&-1\\1&-1&3\end{bmatrix}$， $\boldsymbol{B}=\begin{pmatrix}-2&1&4\end{pmatrix}$.

12. 设 $\boldsymbol{A}=\begin{bmatrix}1&2&3\\2&2&1\\3&4&3\end{bmatrix}$， $\boldsymbol{B}=\begin{bmatrix}2&1\\5&3\end{bmatrix}$， $\boldsymbol{C}=\begin{bmatrix}1&3\\2&0\\3&1\end{bmatrix}$，求矩阵 $\boldsymbol{X}$，使其满足 $\boldsymbol{AXB}=\boldsymbol{C}$.

自主探索

1. 已知方程组 $\begin{cases}x_1+3x_2+x_3=5,\\3x_1+2x_2-4x_3+7x_4=k+4,\\x_1+x_2-x_3+2x_4=k-1\end{cases}$ 是相容的，试求k的值，并求该方程组的解.

2. 某文具商店在一周内所售出的文具如下表所示，周末盘点结账，用矩阵表示并计算该店每天的售货收入和一周的售货总账，以及该店每天的利润和一周的利润.

文具	星期						单价(元)	利润(元)
	一	二	三	四	五	六		
中性笔(支)	15	20	20	16	8	18	1	0.3
胶水(瓶)	20	10	12	15	8	20	0.5	0.2
橡皮(块)	15	8	5	10	12	20	0.3	0.1

3. 在军事通信中，常常需要将字符转化成数字，即建立字符与数字之间的一一对应. 例如，按照以下的对应关系

$$\begin{matrix} a & b & c & d & \cdots & x & y & z \\ 1 & 2 & 3 & 4 & \cdots & 24 & 25 & 26 \end{matrix}$$

are 对应的矩阵为 $\boldsymbol{B}=(1\ 18\ 5)$. 如果直接按这种方式传输，则较容易被敌人破译而造成巨大的损失，这就需要加密处理. 常采用的做法是用一个约定的加密矩阵 $\boldsymbol{A}$ 乘以原信号矩阵 $\boldsymbol{B}$，传输信号时，不是传输矩阵 $\boldsymbol{B}$，而是传输转换后的矩阵 $\boldsymbol{C}=\boldsymbol{A}\boldsymbol{B}^{\mathrm{T}}$. 我方收到信号时，再将信号还原. 如果敌方不知道加密矩阵，则就很难破译传输信号的含义. 按照上述对应关系，假设我方收到的信号是 $\boldsymbol{C}=\begin{bmatrix}21 & 27 & 31\end{bmatrix}^{\mathrm{T}}$，且加密矩阵 $\boldsymbol{A}=\begin{bmatrix}-1 & 0 & 1\\ 0 & 1 & 1\\ 1 & 1 & 1\end{bmatrix}$，问原信号 $\boldsymbol{B}$ 是什么？

4. 假设一个经济系统由煤炭、电力、钢铁行业组成，每个行业的产出在各个行业中的分配如下表

产出分配			购买者
煤炭	电力	钢铁	
0	0.4	0.6	煤炭
0.6	0.1	0.2	电力
0.4	0.5	0.2	钢铁

其中每一列中的元素表示占该行业总产出的比例. 求使得每个行业的投入与产出都相等的平衡价格.

5. 现有木工、电工和油漆工各一人，三人同意彼此装修他们自己的房子. 在装修之前，他们约定如下：

(1) 每人总共工作 10 天(包括给自己家装修在内)；

(2) 每人的日工资根据一般的市价为 60~80 元；

(3) 每人的日工资数应使得每人的总收入与总支出相等.

下面的表格是他们工作天数的分配方案，试根据分配方案表，求出他们每人的日工资. (注：三人的日工资数均为正整数)

天数　　　工种	木工	电工	油漆工
在木工家的工作天数	2	1	6
在电工家的工作天数	4	5	1
在油漆工家的工作天数	4	4	3

合作研究

1. (1) 讨论总结行列式的各种计算方法，并举例说明.

(2) 平面上的比例变换(也称为缩放变换)如何用矩阵表示？

(3) 用矩阵的初等变换如何求矩阵的逆矩阵？

2. 在研究多个经济部门之间的投入产出关系时，列昂惕夫(W. Leontief)提出了投入产出模型，他因此获得了 1973 年的诺贝尔经济学奖.请查阅相关资料，说明投入产出模型的原理，并举例说明线性代数在该模型中发挥的作用.

3. 线性代数在历史上是如何发展起来的？在实际生活中又有哪些应用？试举例说明.

第 10 章　多元函数微积分——一元函数微积分的推广

第一篇讨论的函数都是一元函数，它们只有一个自变量．但对于许多实际问题，往往要考虑多个变量之间的关系.例如，圆柱体的体积V与底面半径r和高h有如下关系:$V=\pi r^2 h$，矩形的面积是长和宽的乘积，这些反映到数学上，就是要考虑一个变量(因变量)与另外多个变量(自变量)之间的相互依赖关系，由此引出了多元函数以及多元函数的微积分问题．本章将在一元函数微积分学的基础上，进一步讨论多元函数的微积分学．为此，首先要介绍有关空间解析几何的初步知识.

10.1　空间解析几何——数形结合的直观表达

解析几何是用代数方法研究几何问题的数学分支，它运用数形结合的思想，使几何图形的直观性与代数等式的抽象性得到更好的融合．平面解析几何在中学阶段已经学过，本节仅介绍空间解析几何的基础知识.

10.1.1　空间直角坐标系

过空间定点O作三条互相垂直的以O为原点的数轴：Ox轴(横轴)、Oy轴(纵轴),Oz轴(竖轴)，统称为**坐标轴**.它们的顺序按下述右手规则确定：以右手握住z轴，让右手的四个手指从x轴正向以90°角度转向y轴正向时，大拇指的指向就是z轴的正向．这样就构成了一个空间直角坐标系(图 10-1)．点O称为**坐标原点**(或原点)，每两条坐标轴确定一个平面，称为**坐标平面**．例如，由x轴与y轴确定的平面称为xOy **平面**，类似地有yOz **平面**和zOx **平面**.

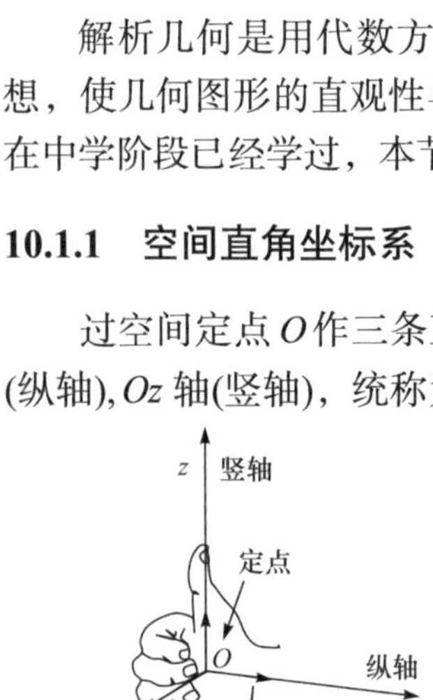

图 10-1

三个坐标平面将整个空间分成八个部分，每

一部分称为一个**卦限**．含有三个坐标轴正半轴的那个卦限称为第Ⅰ卦限，其他第Ⅱ、第Ⅲ、第Ⅳ卦限，在 xOy 平面的上方，按逆时针方向确定．第Ⅰ、Ⅱ、Ⅲ、Ⅳ卦限下面的空间部分分别称为第Ⅴ、Ⅵ、Ⅶ、Ⅷ卦限(图 10-2).

建立了空间直角坐标系后，可以确立空间中的点与有序数组之间的对应关系．设 M 为空间任意一点，过点 M 分别作垂直于三坐标轴的平面，与坐标轴分别交于 P，Q，R 三点(图 10-3)．设这三点在 x 轴、y 轴和 z 轴上的坐标分别为 x，y，z．则点 M 唯一确定了一个三元有序数组 (x,y,z)；反之，设给定一组三元有序数组 (x,y,z)，在 x 轴、y 轴和 z 轴上分别取点 P，Q，R，使得 $\mathrm{OP}=x$，$OQ=y$，$OR=z$，然后过 P，Q，R 三点分别作垂直于 x 轴、y 轴和 z 轴的平面，这三个平面相交于点 M，即由一个三元有序数组 (x,y,z) 唯一地确定了空间中的一个点 M．于是，空间中的点 M 和三元有序数组 (x,y,z) 之间建立了一一对应的关系，这个三元有序数组称为点 M 的**坐标**，记为 $M(x,y,z)$，并依次称 x、y 和 z 为点 M 的**横坐标**、**纵坐标**和**竖坐标**.

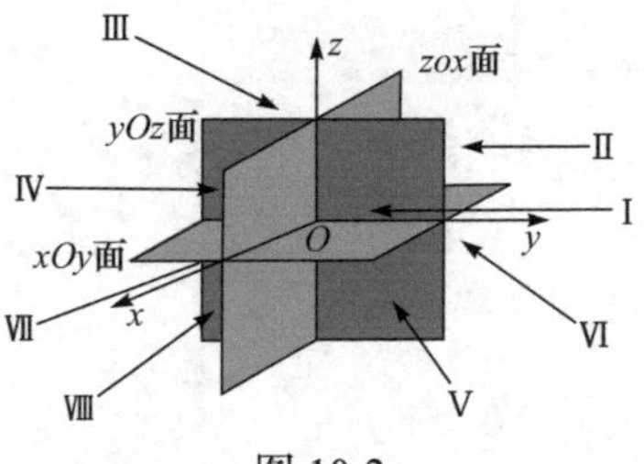

图 10-2

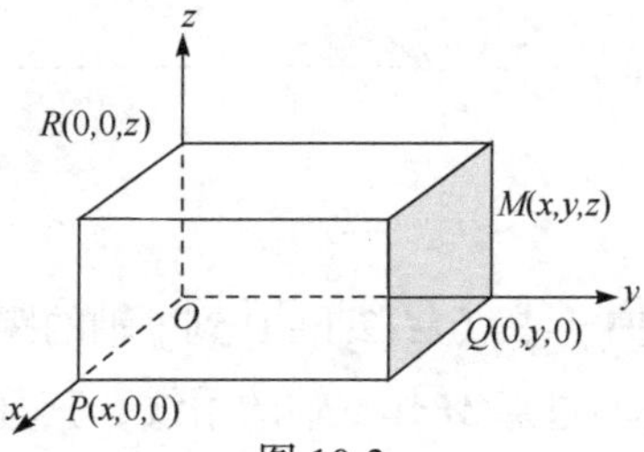

图 10-3

显然，原点 O 的坐标为 $(0,0,0)$；x 轴、y 轴和 z 轴上点的坐标分别为 $(x,0,0)$，$(0,y,0)$，$(0,0,z)$；xOy 平面、yOz 平面和 zOx 平面上点的坐标分别为 $(x,y,0)$，$(0,y,z)$ 和 $(x,0,z)$.

10.1.2　空间中两点间的距离

设 $M_1(x_1,y_1,z_1)$，$M_2(x_2,y_2,z_2)$ 为空间中任意两点，过点 M_1，M_2 各作三个分别垂直于三条坐标轴的平面，这六个平面围成一个以 M_1M_2 为对角线的长方体(图 10-4)．显然 $|M_1P|=|x_2-x_1|$，$|PN|=|y_2-y_1|$，$|NM_2|=|z_2-z_1|$，故

$$\begin{aligned}|M_1M_2|^2&=|M_1N|^2+|NM_2|^2=|M_1P|^2+|PN|^2+|NM_2|^2\\&=(x_2-x_1)^2+(y_2-y_1)^2+(z_2-z_1)^2.\end{aligned}$$

由此得到空间中任意两点间的距离公式

$$|M_1M_2| = \sqrt{(x_2 - x_1)^2 + (y_2 - y_1)^2 + (z_2 - z_1)^2}\ .$$

这是平面上两点间的距离公式的推广. 特别地，点 $M(x,y,z)$ 到坐标原点的距离为

$$d = |OM| = \sqrt{x^2 + y^2 + z^2}\ .$$

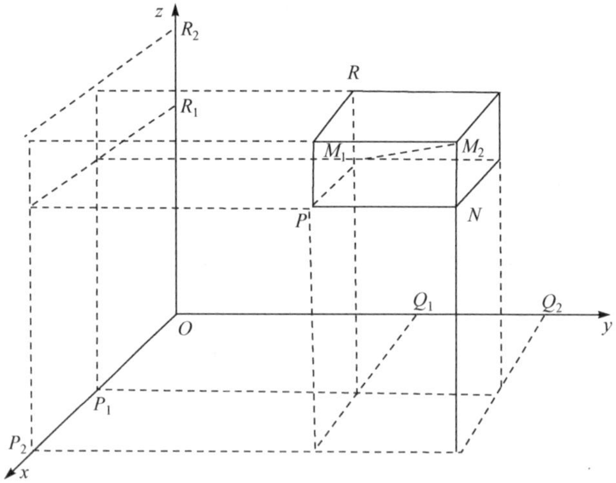

图 10-4

例 1　求点 $M(2,1,-1)$ 到 y 轴的距离.

解　过点 M 作 y 轴的垂线，其垂足为 $P(0,1,0)$,故

$$|MP| = \sqrt{(2-0)^2 + (1-1)^2 + (-1-0)^2} = \sqrt{5}\,,$$

因此，点 $M(2,1,-1)$ 到 y 轴的距离为 $\sqrt{5}$.

例 2　在 z 轴上求一点，使之到点 $A(-4,1,7)$ 和点 $B(3,5,-2)$ 的距离相等.

解　设 $M(0,0,z)$ 为所求的点，依题意有 $|MA| = |MB|$, 即

$$\sqrt{(0+4)^2 + (0-1)^2 + (z-7)^2} = \sqrt{(0-3)^2 + (0-5)^2 + (z+2)^2}\ ,$$

解方程，得 $z = \dfrac{14}{9}$, 故所求的点为 $\left(0,0,\dfrac{14}{9}\right)$.

10.1.3　空间曲面及空间曲线的方程

在平面解析几何中，把平面曲线看作动点的轨迹，而动点的轨迹可以用方程表示，这样就建立了平面曲线与二元方程 $F(x,y)=0$ 的对应关系. 在空间直角坐标系中，也可以类似地建立空间曲面与三元方程 $F(x,y,z)=0$ 之间的对应

关系.

日常生活中，我们会遇到很多曲面，如水桶的表面、台灯的罩子面、书本的封面等. 在空间解析几何中，任何曲面都可看作是空间点的轨迹. 因此，曲面上所有的点都具有共同的性质，这些点的坐标必须满足一定的条件. 因此，若曲面 S 与三元方程

$$F(x,y,z)=0$$

有下述关系:

(1) 曲面 S 上任一点的坐标都满足该方程;

(2) 不在曲面 S 上的点的坐标都不满足该方程,

则方程 $F(x,y,z)=0$ 就称为曲面 S 的**方程**，而曲面 S 就称为方程 $F(x,y,z)=0$ 的**图形**(图 10-5).

在空间解析几何中，我们主要讨论如下两个基本问题:

(1) 已知一曲面，建立曲面的方程;

(2) 已知坐标(x,y,z)满足方程 $F(x,y,z)=0$，研究这个方程所表示的曲面.

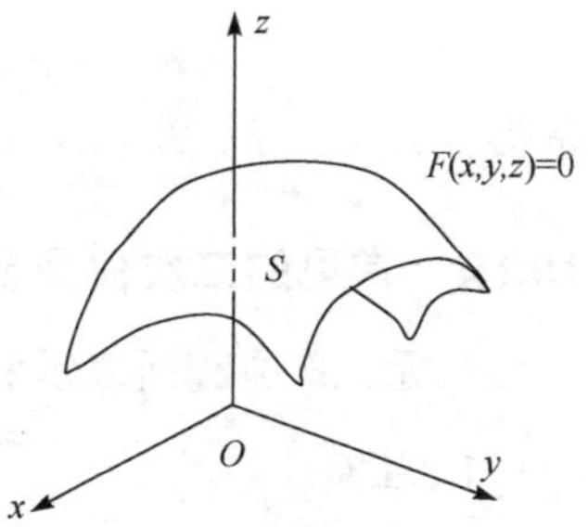

图 10-5

例 3 求球心在点 $M_0(x_0,y_0,z_0)$，半径为 R 的球面方程.

解 设 $M(x,y,z)$ 是球面上任一点，则有 $|MM_0|=R$，由两点间的距离公式,有

$$\sqrt{(x-x_0)^2+(y-y_0)^2+(z-z_0)^2}=R .$$

两边平方，得

$$(x-x_0)^2+(y-y_0)^2+(z-z_0)^2=R^2 . \tag{10.1}$$

这就是球面上的点的坐标所满足的方程，而不在球面上的点的坐标都不满足这个方程. 所以方程(10.1)就是以点 $M_0(x_0,y_0,z_0)$ 为球心、R 为半径的球面方程.

特别地，若球心在原点，则球面方程为 $x^2+y^2+z^2=R^2$，其中上半球面的方程为 $z=\sqrt{R^2-x^2-y^2}$，下半球面的方程为 $z=-\sqrt{R^2-x^2-y^2}$.

空间曲线可看成是两个空间曲面的交线，如图 10-6 所示，空间曲线 C 是两个空间曲面 S_1,S_2 的交线，故曲线 C 的一般方程为

$$\begin{cases} F(x,y,z)=0, \\ G(x,y,z)=0. \end{cases}$$

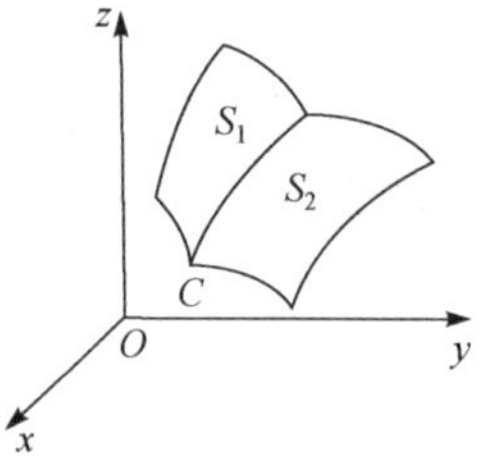

图 10-6

空间平面是最常见的空间图形之一，可以证明它的方程是三元一次方程(证明从略)，其一般形式为

$$Ax + By + Cz + D = 0, \tag{10.2}$$

其中 A, B, C, D 均为常数，且 A, B, C 不同时为零.

例如，在空间直角坐标系中，方程 $x = a, y = b, z = c$ 分别表示平行于坐标平面的平面，而方程 $Ax + By + D = 0$ 表示一个平行于 z 轴的平面.

例 4　求过三点 $(1,0,-1)$,$(1,1,1)$ 和 $(0,-1,0)$ 的平面方程.

解　设平面方程为 $Ax + By + Cz + D = 0$,将已知三点的坐标代入此方程，有

$$\begin{cases} A - C + D = 0, \\ A + B + C + D = 0, \\ -B + D = 0, \end{cases}$$

解得，$A = -\dfrac{3}{2}D$，$B = D$，$C = -\dfrac{1}{2}D$，故此平面方程为：$3x - 2y + z - 2 = 0$.

10.1.4　常见的二次曲面及其方程

三元二次方程所表示的曲面称为**二次曲面**. 相应地，将平面称为**一次曲面**.

1. 柱面

动直线 L 沿给定曲线 C 平行移动所形成的曲面称为**柱面**. 曲线 C 称为柱面的**准线**，动直线 L 称为柱面的**母线**.

若母线是平行于 z 轴的直线，准线 C 是 xOy 平面上的曲线 $F(x,y)=0$ ，则此柱面的方程就是 $F(x,y)=0$. 这是因为，对柱面上任一点 $M(x,y,z)$ ，过点 M 作直线平行于 z 轴，这直线就是过点 M 的母线，直线上任何点的 x, y 坐标都相等，只有 z 坐标不同，它与 xOy 平面的交点 $N(x,y,0)$ 必在准线 C 上，点 N 的 x, y 坐标满足方程 $F(x,y)=0$ ，故点 $M(x,y,z)$ 的坐标满足方程 $F(x,y)=0$ ；反之满足 $F(x,y)=0$ 的点 $M(x,y,z)$ 一定在过点 $N(x,y,0)$ 且平行于 z 轴的母线上，即在柱面上.

同样，仅含 y ，z 的方程 $F(y,z)=0$ 表示母线平行于 x 轴的柱面；仅含 x，z 的方程 $F(x,z)=0$ 表示母线平行于 y 轴的柱面.

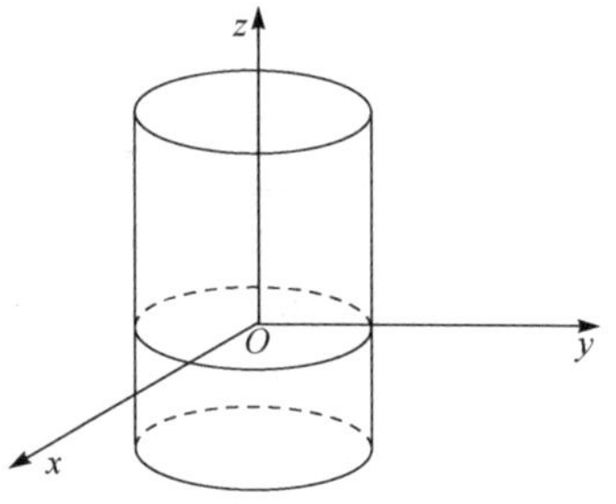

图 10-7

例如，在空间直角坐标系中，方程 $x^2 + y^2 = a^2$ 表示一个**圆柱面**(图 10-7)，它的准线是 xOy 平面上的圆 $x^2 + y^2 = a^2$ ，它的母线平行

于 z 轴.

同理，在空间直角坐标系中，方程 $\frac{x^2}{a^2}+\frac{y^2}{b^2}=1$，$\frac{x^2}{a^2}-\frac{y^2}{b^2}=1$ 和 $y=x^2$ 分别表示母线平行于 z 轴的**椭圆柱面**、**双曲柱面**(图 10-8)和**抛物柱面**(图 10-9).

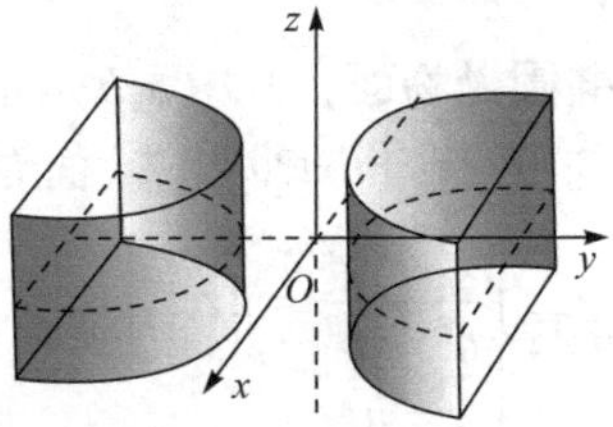

图 10-8

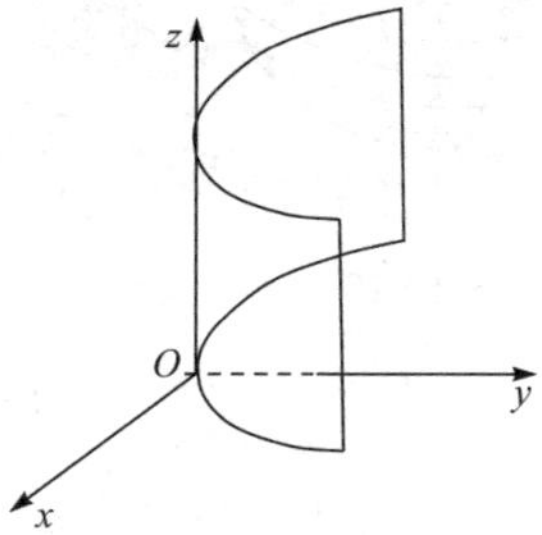

图 10-9

上述柱面具有特殊的几何特征，我们可以通过图形建立其方程.对于某些具有特殊方程的空间曲面，则可以采用截痕法大致画出曲面的形状.所谓**截痕法**，就是用坐标面或平行于坐标面的平面与曲面相截，考察其交线(称为**截痕**)的形状，然后加以综合，从而了解曲面的全貌的一种方法.

2. 椭球面

由方程

$$\frac{x^2}{a^2}+\frac{y^2}{b^2}+\frac{z^2}{c^2}=1 \quad (a>0,b>0,c>0) \tag{10.3}$$

确定的曲面称为**椭球面**，其中 a,b,c 称为椭球面的三个半轴.

显然，当 $a=b=c$ 时，方程确定一个球面.

椭球面有如下特点：

(1) 图形关于三个坐标平面、三个坐标轴及原点都对称;

(2) 图形被平面 $z=0$ 截得的截痕为

$$\begin{cases}\frac{x^2}{a^2}+\frac{y^2}{b^2}+\frac{z^2}{c^2}=1,\\ z=0,\end{cases}$$

即 $\begin{cases}\frac{x^2}{a^2}+\frac{y^2}{b^2}=1,\\ z=0,\end{cases}$ 此为 xOy 平面上的一个椭圆.

类似地，可以分析椭球面被平面 $y=0$，平面 $x=0$，以及平行于各坐标面的平面所截得的截痕情况. 根据这些截痕可大致画出该椭球面的图形(图 10-10).

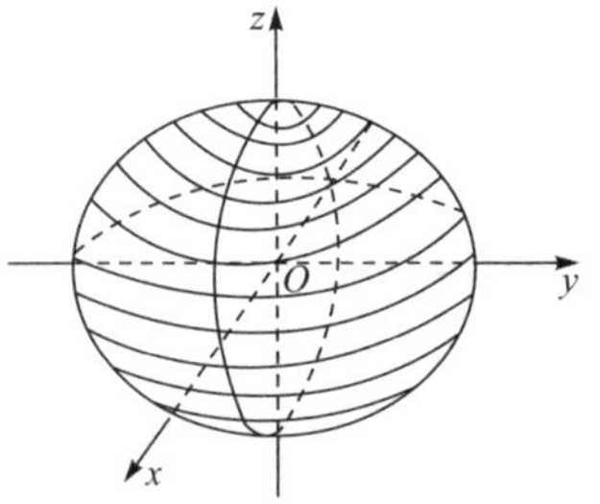

图 10-10

3. 椭圆抛物面

由方程

$$\frac{x^2}{a^2}+\frac{y^2}{b^2}=2z \tag{10.4}$$

所确定的曲面称为**椭圆抛物面**，其中 a,b 是正常数.

椭圆抛物面与平行于 xOy 坐标面的平面 $z=h\ (h>0)$ 相交的截痕 $\begin{cases}\dfrac{x^2}{a^2}+\dfrac{y^2}{b^2}=2z,\\ z=h\end{cases}$ 为椭圆；而其与 xOz 坐标面和 yOz 坐标面相交的截痕 $\begin{cases}z=\dfrac{x^2}{2a^2},\\ y=0\end{cases}$ 和 $\begin{cases}z=\dfrac{y^2}{2b^2},\\ x=0\end{cases}$ 均为抛物线. 再分析平行坐标面的平面所截得的截痕情况，根据这些截痕可大致画出椭圆抛面的图形(图 10-11).

特别地，若 $a=b$，方程(10.4)就变为

$$z=2a^2(x^2+y^2),$$

它所表示的曲面称为**旋转抛物面**,它与平行于 xOy 坐标面的平面的截痕是一个圆.

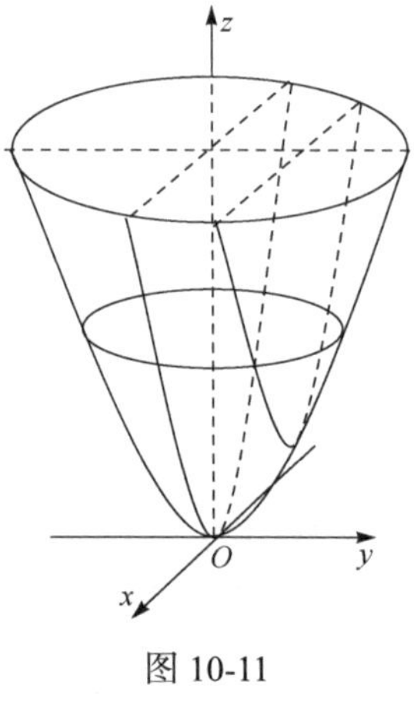

图 10-11

4. 椭圆锥面

由方程

$$z^2=\frac{x^2}{a^2}+\frac{y^2}{b^2}\quad (a>0,b>0) \tag{10.5}$$

所确定的曲面称为**椭圆锥面**.

椭圆锥面与平行于 xOy 坐标面的平面 $z=h$ 相交的截痕

$$\begin{cases}\dfrac{x^2}{a^2h^2}+\dfrac{y^2}{b^2h^2}=1,\\ z=h\end{cases}$$

为椭圆；而与 xOz 坐标面和 yOz 坐标面相交的截痕

$$\begin{cases} z = \pm \dfrac{x}{a}, \\ y = 0 \end{cases} \text{和} \quad \begin{cases} z = \pm \dfrac{y}{b}, \\ x = 0 \end{cases}$$

均为两条相交直线. 再分析平行于 xOz 坐标面和 yOz 坐标面的平面所截得的截痕情况，根据这些截痕就可以大致画出椭圆锥面的图形(图 10-12).

特别地，当 $a=b$ 时，椭圆锥面方程(10.5)变为

$$z^2 = a^2(x^2 + y^2) \quad (a \neq 0),$$

它所表示的曲面称为**圆锥面**.

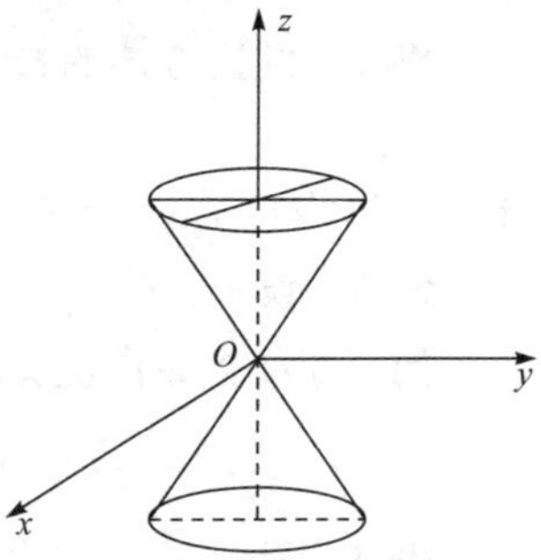

图 10-12

以上这些空间曲面在建筑艺术中有很多应用.例如，圆柱面是由与一条定圆相交且垂直于此定圆所在平面的一族直线产生的轨迹，因而既具有圆的柔软性，又具有直线的坚硬性，正是这种特有的刚柔一体的性质，使得世界上众多的建筑，尤其是体育馆外型大都建成圆柱形.这种建筑形状所包含的审美内容是丰富的，它是团结、友谊的显现(圆的意义)，又是力量、意志的象征(直线的意义)，即奥林匹克精神.

10.2 多元函数的概念、极限与连续——多元函数微积分的基础

本节以二元函数为主研究多元函数，这是因为二元函数的概念和方法大都有比较直观的解释，便于理解，而且这些概念和方法大都能自然地推广到多元函数上.

10.2.1 多元函数的概念

定义 1 设 D 是 xOy 平面上的一个非空点集，在某一个变化过程中有三个变量 x, y, z ,若对于 D 中任意一点 $P(x,y)$ ，按照某一对应法则 f ，总有唯一确定的实数 z 与之对应，则称 z 是 x, y 的**二元函数**，记为 $z = f(x,y)$ 或 $z = z(x,y)$. 其中 x, y 称为**自变量**， z 称为**因变量**；集合 D 称为函数的**定义域**；变量 z 取值的集合称为该函数的**值域**. 函数 $z = f(x,y)$ 在点 $P_0(x_0, y_0)$处的函数值记为 $f(x_0, y_0)$.

类似地，可以定义三元函数 $u = f(x,y,z)$. 一般地，可以定义 n 元函数 $u = f(x_1, x_2, \cdots, x_n)$.

二元及二元以上的函数统称为**多元函数**.

例 1　圆柱体的体积 V 和它的底半径 r，高 h 之间有关系式

$$V=\pi r^2 h,$$

这里，当 r,h 在集合 $\{(r,h)|r>0,h>0\}$ 内取定一组值 (r,h) 时，V 的值就随之确定，故 V 是 r,h 的二元函数.

例 2　设长方体的长、宽、高分别为 x,y,z，则长方体的体积为

$$V=xyz\quad(x>0,y>0,z>0),$$

显然，体积 V 是 x,y,z 的三元函数.

例 3　设 $z=f(x,y)=x^2+xy$，求 $f(1,2)$，$f(xy,x-y)$.

解　$f(1,2)=1^2+1\times 2=3$，将第一变量用 xy，第二变量用 $x-y$ 来代替，有

$$f(xy,x-y)=(xy)^2+xy(x-y)=x^2y^2+x^2y-xy^2.$$

例 4　设 $f(x+y,x-y)=x^2y+y^2$，求 $f(x,y)$.

解　设 $x+y=u,x-y=v$，解出 $x=\frac{1}{2}(u+v),y=\frac{1}{2}(u-v)$，代入所给函数并化简，有

$$f(u,v)=\frac{1}{8}(u+v)^2(u-v)+\frac{1}{4}(u-v)^2=\frac{1}{8}(u-v)\left(u^2+v^2+2uv+2u-2v\right),$$

故 $f(x,y)=\frac{1}{8}(x-y)\left(x^2+y^2+2xy+2x-2y\right)$.

设 D 是 xOy 平面上的一个非空点集，若对 D 内的任意两点，都可用包含于 D 内的折线相连接，则称 D 是**连通的**，并称连通的点集为**区域**.区域可以是整个 xOy 平面或者是 xOy 平面上有几条曲线所围成的部分.围成区域的曲线称为该区域的**边界**，包括边界在内的区域称为**闭区域**，不包括边界的区域称为**开区域**.若某区域总可以包含在一个以原点为圆心的某圆域之内，则称该区域为**有界区域**，否则称为**无界区域**.

二元函数的定义域是使函数表达式有意义的所有有序数组 (x,y) 构成的集合，在几何上，它通常是 xOy 平面上的一个区域.

例 5　求下列函数的定义域，并画出图形.

(1) $z=\ln(x+y)$；　(2) $z=\sqrt{4-x^2-y^2}+\dfrac{1}{\sqrt{x^2+y^2-1}}$.

解　(1) 要使函数的表达式有意义，必须使 $x+y>0$，故函数的定义域是

$$D=\{(x,y)|\,y>-x\},$$

其图形是直线 $y=-x$ 上方的无界开区域(图 10-13).

(2) 要使函数的表达式有意义，必须使$\begin{cases}4-x^2-y^2\geqslant 0,\\ x^2+y^2-1>0,\end{cases}$即$1<x^2+y^2\leqslant 4$,所以函数的定义域是$D=\{(x,y)|1<x^2+y^2\leqslant 4\}$，其图形如图 10-14 所示.

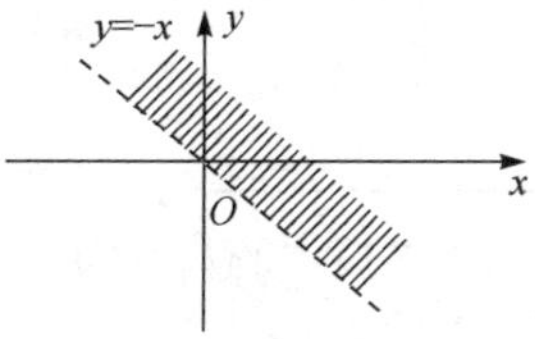

图 10-13

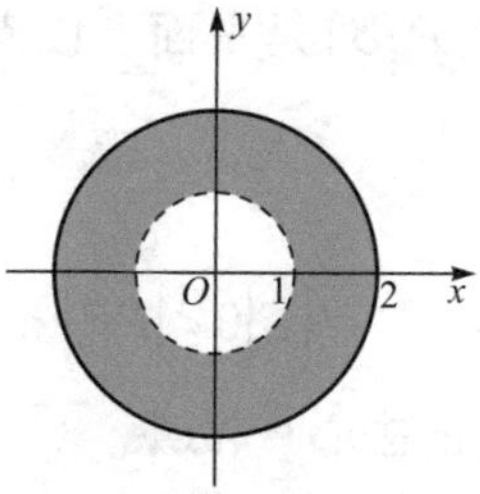

图 10-14

建立空间直角坐标系后，从二元函数$f(x,y)$的定义域D中任取一点$P(x,y)$，把所对应的函数值z作为竖坐标，就在空间中得到了一个对应点$M(x,y,z)$，当点P取遍D上所有的点，对应点M的全体形成空间的一张曲面S，称为**函数$z=f(x,y)$的图形**，而$z=f(x,y)$就是**曲面S的方程**.曲面S在xOy平面上的投影即为函数$z=f(x,y)$的定义域D的图形，如图 10-15 所示.

例如，(1) 函数$z=x+y+1$的图形是一个平面；

(2) 函数$z=\sqrt{1-x^2-y^2}$,$D:x^2+y^2\leqslant 1$的图形为以原点为球心，半径为 1 的上半球面，其定义域D就是xOy平面上以原点为圆心，半径为 1 的闭圆域(图 10-16).

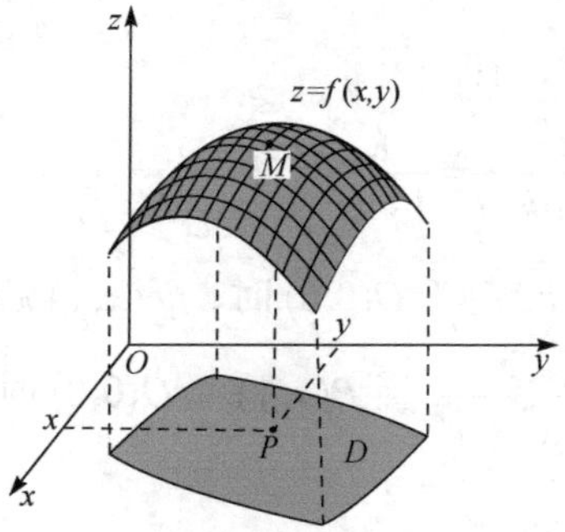

图 10-15

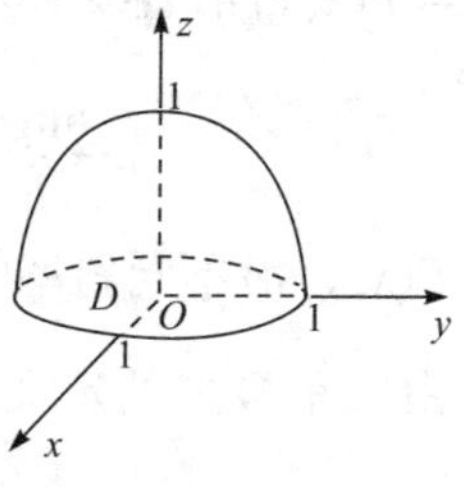

图 10-16

10.2.2 二元函数的极限

为介绍二元函数的极限，先介绍平面上点P_0的邻域概念.

设 $P_0(x_0,y_0)$ 是平面上的一定点，δ 是一正数，与点 $P_0(x_0,y_0)$ 的距离小于 δ 的点 $P(x,y)$ 的全体，称为点 P_0 的 δ **邻域**，记为 $U(P_0,\delta)$，即

$$U(P_0,\delta)=\left\{P\middle\|PP_0\right|<\delta\}=\left\{(x,y)\middle|\sqrt{(x-x_0)^2+(y-y_0)^2}<\delta\right\}.$$

显然，$U(P_0,\delta)$ 是平面上以点 $P_0(x_0,y_0)$ 为中心，δ 为半径的圆的内部点 $P(x,y)$ 的全体.

集合

$$\left\{P\middle|0<|PP_0|<\delta\right\}=\{(x,y)\,|\,0<\sqrt{(x-x_0)^2+(y-y_0)^2}<\delta\}$$

称为点 P_0 的**去心** δ **邻域**.

定义 2　设函数 $z=f(x,y)$ 在点 $P_0(x_0,y_0)$ 的某去心邻域内有定义，若当动点 $P(x,y)$ 无限趋近于定点 $P_0(x_0,y_0)$ 时，函数 $f(x,y)$ 无限趋近于一个常数 A，则称当 $P(x,y)\to P_0(x_0,y_0)$ 时，$f(x,y)$ 以 A 为**极限**，记为

$$\lim_{(x,y)\to(x_0,y_0)}f(x,y)=A \quad 或 \quad \lim_{\substack{x\to x_0\\ y\to y_0}}f(x,y)=A.$$

二元函数的极限称为**二重极限**.

注　二重极限存在意味着，当动点 $P(x,y)$ 以任何方式或沿任意路径趋向于定点 $P_0(x_0,y_0)$ 时，$f(x,y)$ 都趋于 A.因此，要证明 $\lim\limits_{\substack{x\to x_0\\ y\to y_0}}f(x,y)$ 不存在，常用的方法是证明点 $P(x,y)$ 沿两条不同曲线趋于 $P_0(x_0,y_0)$ 时，$f(x,y)$ 的极限不相等或沿某条曲线趋于 $P_0(x_0,y_0)$ 时，$f(x,y)$ 的极限不存在.

例 6　证明函数 $f(x,y)=\dfrac{xy}{x^2+y^2}$ 当 $P(x,y)\to O(0,0)$ 时的极限不存在.

证　当 $P(x,y)$ 沿直线 $y=kx$ 趋于 $O(0,0)$ 时，有

$$\lim_{\substack{x\to 0\\ y=kx}}f(x,y)=\lim_{x\to 0}\frac{kx^2}{x^2(1+k^2)}=\frac{k}{1+k^2},$$

显然，当 $P(x,y)$ 沿不同斜率的直线(即不同的 k)趋于 $O(0,0)$ 时，$f(x,y)$ 趋于不同的值，由二重极限的定义可知，$f(x,y)=\dfrac{xy}{x^2+y^2}$ 当 $P(x,y)\to O(0,0)$ 时的极限不存在.

例 7　讨论 $\lim\limits_{\substack{x\to 0\\ y\to 0}}\dfrac{x^2y}{x^4+y^2}$ 的存在性.

解　因为

$$\lim_{\substack{x\to 0\\ y=kx}}\frac{x^2y}{x^4+y^2}=\lim_{x\to 0}\frac{kx^3}{x^4+k^2x^2}=0,$$

但是

$$\lim_{\substack{x\to 0\\ y=kx^2}}\frac{x^2y}{x^4+y^2}=\lim_{x\to 0}\frac{kx^4}{x^4+k^2x^4}=\frac{k}{1+k^2}$$

与k有关，说明沿不同路径所得的极限值不同，故原极限不存在.

与一元函数相类似，二元函数的极限也有四则运算法则.同样地，一元函数求极限的某些方法也可以推广到求二元函数的极限上去.

例 8 求下列极限：

(1) $\lim\limits_{\substack{x\to 1\\ y\to 2}}\dfrac{y+x^2}{x+y}$； (2) $\lim\limits_{\substack{x\to 0\\ y\to 0}}\dfrac{xy}{\sqrt{1+xy}-1}$； (3) $\lim\limits_{\substack{x\to 0\\ y\to 0}}\dfrac{x^2y}{x^2+y^2}$.

解 (1) $\lim\limits_{\substack{x\to 1\\ y\to 2}}\dfrac{y+x^2}{x+y}=\dfrac{\lim\limits_{\substack{x\to 1\\ y\to 2}}(y+x^2)}{\lim\limits_{\substack{x\to 1\\ y\to 2}}(x+y)}=\dfrac{\lim\limits_{y\to 2}y+\lim\limits_{x\to 1}x^2}{\lim\limits_{x\to 1}x+\lim\limits_{y\to 2}y}=\dfrac{2+1}{1+2}=1$.

(2) 令$xy=u$，有$\lim\limits_{\substack{x\to 0\\ y\to 0}}\dfrac{xy}{\sqrt{1+xy}-1}=\lim\limits_{u\to 0}\dfrac{u}{\sqrt{1+u}-1}=\lim\limits_{u\to 0}(\sqrt{1+u}+1)=2$.

(3) 因为$\left|\dfrac{x^2}{x^2+y^2}\right|\leqslant 1$，即$\dfrac{x^2}{x^2+y^2}$有界，当$(x,y)\to(0,0)$时，$y\to 0$，即$y$为无穷小量，又因为有界变量与无穷小量的乘积仍为无穷小量，故$\lim\limits_{\substack{x\to 0\\ y\to 0}}\dfrac{x^2y}{x^2+y^2}=0$.

10.2.3 二元函数的连续性

定义 3 设函数$z=f(x,y)$在点$P_0(x_0,y_0)$的某邻域内有定义，若

$$\lim_{\substack{x\to x_0\\ y\to y_0}}f(x,y)=f(x_0,y_0),$$

则称函数$f(x,y)$在$P_0(x_0,y_0)$处**连续**，称$P_0(x_0,y_0)$为函数$f(x,y)$的**连续点**. 若$f(x,y)$在区域D内的每一点都连续，则称它**在区域D内连续**.

显然，若函数$f(x,y)$在$P_0(x_0,y_0)$处连续，则必须同时满足三个条件：

(1) $f(x,y)$在点$P_0(x_0,y_0)$的某邻域内有定义；

(2) 极限$\lim\limits_{\substack{x\to x_0\\ y\to y_0}}f(x,y)$存在；

(3) 极限值与函数值相等，即 $\lim\limits_{\substack{x\to x_0\\ y\to y_0}} f(x,y)=f(x_0,y_0)$.

若以上三条中至少有一条不满足，点 $P_0(x_0,y_0)$ 就称为函数 $f(x,y)$ 的**间断点**，此时称函数 $f(x,y)$ 在点 $P_0(x_0,y_0)$ 处**间断**.

例如, 因为 $\lim\limits_{\substack{x\to 0\\ y\to 0}}\dfrac{xy}{x^2+y^2}$ 不存在，故函数 $f(x,y)=\dfrac{xy}{x^2+y^2}$ 在点 $O(0,0)$ 处间断.

又例如, 因为 $z=\dfrac{x^2+y}{y^2-x}$ 在满足 $y^2=x$ 上的每一点都无定义，故函数 $z=\dfrac{x^2+y}{y^2-x}$ 在抛物线 $y^2=x$ 上的每一点都间断.

我们经常遇到的一类函数是多元初等函数，即看作一个变量的函数(其余变量视为常数)时，它是一元初等函数．可以证明：**一切多元初等函数在其定义区域内是连续的.**例如，函数

$$z=\sqrt{4-x^2-y^2}\ ,\qquad z=\frac{x^2+y}{y^2-x},\qquad z=\mathrm{e}^{x^2+y^2}$$

都是二元初等函数，它们在各自的定义区域内都是连续的.

10.3　偏导数与全微分

前面学习了一元函数 $y=f(x)$ 的导数，它是因变量 y 相对于自变量 x 的变化率，可以描述因变量 y 随自变量 x 变化的快慢程度，在研究函数的各种性质时发挥着很重要的作用. 对于多元函数，也同样存在重要的函数变化率问题. 因多元函数有多个自变量，且自变量是彼此无关的，故可考虑函数相对于一个自变量的变化率，而将其余自变量固定不变，这种变化率称为偏导数.

10.3.1　一阶偏导数

定义 1　设函数 $z=f(x,y)$ 在点 $P_0(x_0,y_0)$的某一邻域内有定义，当自变量 y 保持 y_0 不变，而自变量 x 在 x_0 处有增量 Δx 时，函数相应地有关于 x 的增量(称为**偏增量**)

$$\Delta_x z=f\left(x_0+\Delta x,y_0\right)-f(x_0,y_0),$$

若

$$\lim_{\Delta x\to 0}\frac{\Delta_x z}{\Delta x}=\lim_{\Delta x\to 0}\frac{f\left(x_0+\Delta x,y_0\right)-f\left(x_0,y_0\right)}{\Delta x}$$

存在，则称此极限值为函数 $f(x,y)$ 在点 $P_0(x_0,y_0)$ 处关于 x 的**偏导数**，记作

$$\left.\frac{\partial z}{\partial x}\right|_{\substack{x=x_0\\y=y_0}} \text{ 或 } \left.\frac{\partial f}{\partial x}\right|_{\substack{x=x_0\\y=y_0}} \text{ 或 } f_x'(x_0,y_0) \text{ 或 } z_x'\big|_{\substack{x=x_0\\y=y_0}},$$

即

$$f_x'(x_0,y_0)=\lim_{\Delta x\to 0}\frac{\Delta_x z}{\Delta x}=\lim_{\Delta x\to 0}\frac{f(x_0+\Delta x,y_0)-f(x_0,y_0)}{\Delta x}.$$

类似地，可以定义函数 $z=f(x,y)$ 在点 $P_0(x_0,y_0)$ 处关于 y 的**偏导数**

$$f_y'(x_0,y_0)=\lim_{\Delta y\to 0}\frac{\Delta_y z}{\Delta y}=\lim_{\Delta y\to 0}\frac{f(x_0,y_0+\Delta y)-f(x_0,y_0)}{\Delta y}.$$

若函数 $z=f(x,y)$ 在区域 D 内每一点 $P(x,y)$ 处对 x 或 y 的偏导数都存在，这两个偏导数还是 x,y 的函数，称之为函数 $z=f(x,y)$ 对自变量 x 或 y 的**偏导函数**，记作

$$\frac{\partial z}{\partial x},\ \frac{\partial f}{\partial x},\ f_x'(x,y) \quad \text{或} \quad \frac{\partial z}{\partial y},\ \frac{\partial f}{\partial y},\ f_y'(x,y).$$

显然，函数在点 $P_0(x_0,y_0)$ 处的偏导数是相应的偏导函数在 $P_0(x_0,y_0)$ 处的函数值，即

$$f_x'(x_0,y_0)=f_x'(x,y)\big|_{\substack{x=x_0\\y=y_0}},\qquad f_y'(x_0,y_0)=f_y'(x,y)\big|_{\substack{x=x_0\\y=y_0}}.$$

在不会引起混淆时，偏导函数也简称为**偏导数**.

二元函数偏导数的概念可以推广到多元函数上去. 由偏导数的定义可知，在求多元函数对某个自变量的偏导数时，只需把其余自变量看作常数，只对该自变量求导即可，本质上就是一元函数求导，一元函数的求导公式及求导法则仍然适用.

例 1 求函数 $f(x,y)=x^2y+xy^2$ 的偏导数 $f_x'(x,y)$ 和 $f_y'(x,y)$，并求 $f_x'(0,1)$ 和 $f_y'(0,1)$.

解 将 y 看作常数，有 $f_x'(x,y)=2xy+y^2$；将 x 看作常数，有 $f_y'(x,y)=x^2+2xy$.于是 $f_x'(0,1)=(2xy+y^2)\big|_{\substack{x=0\\y=1}}=1$；$f_y'(0,1)=(x^2+2xy)\big|_{\substack{x=0\\y=1}}=0$.

例 2 设 $z=\arctan\dfrac{y}{x}$，求 $\dfrac{\partial z}{\partial x}$，$\dfrac{\partial z}{\partial y}$.

解 $\dfrac{\partial z}{\partial x}=\dfrac{1}{1+\dfrac{y^2}{x^2}}\cdot\left(-\dfrac{y}{x^2}\right)=-\dfrac{y}{x^2+y^2}$，$\dfrac{\partial z}{\partial y}=\dfrac{1}{1+\dfrac{y^2}{x^2}}\cdot\dfrac{1}{x}=\dfrac{x}{x^2+y^2}$.

例 3 一定量的理想气体的压强 P，体积 V 和热力学温度 T 之间，存在如下的函数关系

$$P=\frac{RT}{V}\quad（比例系数 R 是常数）.$$

试证：$\dfrac{\partial P}{\partial V}\cdot\dfrac{\partial V}{\partial T}\cdot\dfrac{\partial T}{\partial P}=-1$.

证 由 $P=\dfrac{RT}{V}$，得 $\dfrac{\partial P}{\partial V}=-\dfrac{RT}{V^2}$. 又 $V=\dfrac{RT}{P}$,则 $\dfrac{\partial V}{\partial T}=\dfrac{R}{P}$. 再由 $T=\dfrac{PV}{R}$，得 $\dfrac{\partial T}{\partial P}=\dfrac{V}{R}$.故 $\dfrac{\partial P}{\partial V}\cdot\dfrac{\partial V}{\partial T}\cdot\dfrac{\partial T}{\partial P}=\left(-\dfrac{RT}{V^2}\right)\cdot\dfrac{R}{P}\cdot\dfrac{V}{R}=-\dfrac{RT}{PV}=-1$.

例 3 说明了偏导数的记号是一个整体记号，不能看成分子分母之商.

例 4 设 $f(x,y,z)=\mathrm{e}^{x^2+y^2+z^2}$，求其三个偏导数.

解 此函数为三元函数，求函数对某一自变量的偏导数，应将其他两个自变量看作常数.从而有

$$\frac{\partial f}{\partial x}=2x\mathrm{e}^{x^2+y^2+z^2},\quad \frac{\partial f}{\partial y}=2y\mathrm{e}^{x^2+y^2+z^2},\quad \frac{\partial f}{\partial z}=2z\mathrm{e}^{x^2+y^2+z^2}.$$

10.3.2 高阶偏导数

一般情况下，二元函数 $z=f(x,y)$ 的两个一阶偏导数 $\dfrac{\partial z}{\partial x}$ 和 $\dfrac{\partial z}{\partial y}$ 仍为 x,y 的二元函数，若这两个函数的偏导数也存在，则称它们是 $z=f(x,y)$ 的**二阶偏导数**.

依照对变量的不同求导次序，二元函数的二阶偏导数有下列四个

$$\frac{\partial}{\partial x}\left(\frac{\partial z}{\partial x}\right);\quad \frac{\partial}{\partial y}\left(\frac{\partial z}{\partial y}\right);\quad \frac{\partial}{\partial y}\left(\frac{\partial z}{\partial x}\right);\quad \frac{\partial}{\partial x}\left(\frac{\partial z}{\partial y}\right).$$

分别用下列记号来表示

$$\frac{\partial}{\partial x}\left(\frac{\partial z}{\partial x}\right)=\frac{\partial^2 z}{\partial x^2}=\frac{\partial^2 f}{\partial x^2}=f''_{xx}(x,y);\quad \frac{\partial}{\partial y}\left(\frac{\partial z}{\partial y}\right)=\frac{\partial^2 z}{\partial y^2}=\frac{\partial^2 f}{\partial y^2}=f''_{yy}(x,y);$$

$$\frac{\partial}{\partial y}\left(\frac{\partial z}{\partial x}\right)=\frac{\partial^2 z}{\partial x\partial y}=\frac{\partial^2 f}{\partial x\partial y}=f''_{xy}(x,y);\quad \frac{\partial}{\partial x}\left(\frac{\partial z}{\partial y}\right)=\frac{\partial^2 z}{\partial y\partial x}=\frac{\partial^2 f}{\partial y\partial x}=f''_{yx}(x,y).$$

其中 $\dfrac{\partial^2 z}{\partial x\partial y}$，$\dfrac{\partial^2 z}{\partial y\partial x}$ 称为**二阶混合偏导数**.

类似地，可以定义三阶及三阶以上的偏导数．二阶及二阶以上的偏导数统称为**高阶偏导数**.

例 5　求函数 $z=x^2y+xy+xy^2$ 的四个二阶偏导数.

解　因为 $\dfrac{\partial z}{\partial x}=2xy+y+y^2$，$\dfrac{\partial z}{\partial y}=x^2+x+2xy$，所以

$$\frac{\partial^2 z}{\partial x^2}=2y;\quad \frac{\partial^2 z}{\partial y^2}=2x;\quad \frac{\partial^2 z}{\partial x\partial y}=2x+1+2y;\quad \frac{\partial^2 z}{\partial y\partial x}=2x+1+2y.$$

在例 5 中，两个二阶混合偏导数 $\dfrac{\partial^2 z}{\partial x\partial y}$，$\dfrac{\partial^2 z}{\partial y\partial x}$ 虽然对 x 和 y 的求导次序不同，但它们是相等的，即 $\dfrac{\partial^2 z}{\partial x\partial y}=\dfrac{\partial^2 z}{\partial y\partial x}$．一般地，有如下定理(证明从略).

定理 1　若函数 $z=f(x,y)$ 的两个二阶混合偏导数 $\dfrac{\partial^2 z}{\partial x\partial y}$ 和 $\dfrac{\partial^2 z}{\partial y\partial x}$ 在其定义区域 D 内连续，则在 D 内，有 $\dfrac{\partial^2 z}{\partial x\partial y}=\dfrac{\partial^2 z}{\partial y\partial x}$.

定理 1 说明，只要两个二阶混合偏导数连续，则它们一定相等，即二阶混合偏导数与求导的次序无关.

10.3.3　全微分

在求一元函数 $y=f(x)$ 的增量 Δy 时，若 Δx 很小，则可以用微分 $\mathrm{d}y=f'(x)\mathrm{d}x$ 作为 Δy 的近似值，所产生的误差为 Δx 的高阶无穷小.可将此方法推广到二元函数上，建立和一元函数的微分类似的二元函数的全微分的概念.

定义 2　设函数 $z=f(x,y)$ 在点 $P_0(x_0,y_0)$ 的某邻域内有定义，在点 $P_0(x_0,y_0)$ 处分别给自变量 x,y 一增量 Δx，Δy ,则称

$$\Delta z=f(x_0+\Delta x,y_0+\Delta y)-f(x_0,y_0)$$

为函数 $f(x,y)$ 在点 P_0 处相对于自变量的增量 Δx，Δy 的**全增量**.

若全增量 Δz 能表示为

$$\Delta z=A\Delta x+B\Delta y+o(\rho),$$

其中 A, B 与 Δx，Δy 无关而仅与 x,y 有关，$\rho=\sqrt{(\Delta x)^2+(\Delta y)^2}$，$o(\rho)$ 为 ρ 的高阶无穷小，则称函数 $z=f(x,y)$ 在点 $P_0(x_0,y_0)$ 处**可微**，且称 $A\Delta x+B\Delta y$ 为函数 $z=f(x,y)$ 在点 $P_0(x_0,y_0)$ 处的**全微分**，记作 $\mathrm{d}z(P_0)$ 或 $\mathrm{d}f(x_0,y_0)$.

若函数 $f(x,y)$ 在区域 D 内每点都可微，则称 $f(x,y)$ 在区域 D 内**可微**.

在此不加证明地给出如下三个结论.

定理 2　若函数 $z=f(x,y)$ 在点 (x,y) 处可微，则 $z=f(x,y)$ 在该点处必连续.

定理 3　若函数 $z=f(x,y)$ 在点 (x,y) 处可微，则该函数在点 (x,y) 处的偏导

数$\frac{\partial z}{\partial x},\frac{\partial z}{\partial y}$存在，且$z=f(x,y)$在点$(x,y)$的全微分为

$$\mathrm{d}z=\frac{\partial z}{\partial x}\mathrm{d}x+\frac{\partial z}{\partial y}\mathrm{d}y .$$

定理 4 若函数$z=f(x,y)$的两个偏导数$\frac{\partial z}{\partial x}$和$\frac{\partial z}{\partial y}$在点$P_0(x_0,y_0)$处存在且连续，则$z=f(x,y)$在点$P_0(x_0,y_0)$处一定可微.

二元函数全微分的概念和结论可以推广到多元函数上去. 例如，若三元函数$u=f(x,y,z)$可微，则$f(x,y,z)$都连续，$\frac{\partial u}{\partial x},\frac{\partial u}{\partial y},\frac{\partial u}{\partial z}$均存在，且$u=f(x,y,z)$的全微分为

$$\mathrm{d}u=\frac{\partial u}{\partial x}\mathrm{d}x+\frac{\partial u}{\partial y}\mathrm{d}y+\frac{\partial u}{\partial z}\mathrm{d}z .$$

例 6 求函数$z=\ln(x^2+y^2)$的全微分.

解 因为$\frac{\partial z}{\partial x}=\frac{2x}{x^2+y^2}$，$\frac{\partial z}{\partial y}=\frac{2y}{x^2+y^2}$,且在定义域内，$\frac{\partial z}{\partial x},\frac{\partial z}{\partial y}$都是连续函数，故$\mathrm{d}z$存在，且有$\mathrm{d}z=\frac{2x\mathrm{d}x}{x^2+y^2}+\frac{2y\mathrm{d}y}{x^2+y^2}=\frac{2(x\mathrm{d}x+y\mathrm{d}y)}{x^2+y^2}$.

例 7 求函数$z=y\mathrm{e}^{xy}\sin x$在$P\left(\frac{\pi}{2},0\right)$处当$\Delta x=0.2$，$\Delta y=0.1$时的全微分.

解 因为$f_x'(x,y)=y^2\mathrm{e}^{xy}\sin x+y\mathrm{e}^{xy}\cos x$，$f_y'(x,y)=\mathrm{e}^{xy}\sin x+xy\mathrm{e}^{xy}\sin x$，故$f_x'\left(\frac{\pi}{2},0\right)=0$，$f_y'\left(\frac{\pi}{2},0\right)=1$，进而有

$$\mathrm{d}z=\frac{\partial z}{\partial x}\mathrm{d}x+\frac{\partial z}{\partial y}\mathrm{d}y=0\times 0.2+1\times 0.1=0.1 .$$

10.3.4 全微分在近似计算中的简单应用

二元函数的全微分与一元函数的微分一样，经常用来计算函数的全增量的近似值.若函数$z=f(x,y)$在点(x_0,y_0)处可微，则有全增量$\Delta z=\mathrm{d}z+o(\rho)$，当$\rho$很小($|\Delta x|,|\Delta y|$都很小)时，有近似计算公式

$$\Delta z\approx \mathrm{d}z=f_x'(x_0,y_0)\Delta x+f_y'(x_0,y_0)\Delta y.$$

例 8 有一圆柱体受压后发生形变，半径由 20cm 增大到 20.05cm,高度由 100cm 减少到 99cm，求此圆柱体体积的近似改变量.

解 设圆柱体的底面半径为r，高为h，则圆柱体的体积为$V=\pi r^2 h$. 又

$\dfrac{\partial V}{\partial r}=2\pi rh,\dfrac{\partial V}{\partial h}=\pi r^2$,取 $r=20,h=100,\Delta r=0.05,\Delta h=-1$,则有

$$\Delta V\approx 2\pi rh\Delta r+\pi r^2\Delta h=2\pi\times 20\times 100\times 0.05+\pi\times 20^2\times(-1)\approx -628(\text{cm}^3),$$

故受压后圆柱体体积近似减少了 628cm^3.

例 9 已知某工厂的日产量 Q 是由熟练工的工作时数 x 与非熟练工的工作时数 y 所决定的，且 $Q(x,y)=2x^2y$. 现设 $x=5$ 小时， $y=10$ 小时，若该厂计划增加熟练工的工作时数 1 小时，试估计需减少非熟练工的工作时数多少小时，才能使日产量不变.

解 因为 $Q_x=4xy,Q_y=2x^2$，故 $Q'_x(5,10)=200,Q'_y(5,10)=50$. 又因为 $\Delta z=0$, $\Delta z\approx \mathrm{d}z$，$\mathrm{d}z=Q'_x(5,10)\Delta x+Q'_y(5,10)\Delta y\approx 0$，故

$$\Delta y\approx -\frac{Q_x(5,10)\Delta x}{Q_y(5,10)}=-\frac{200}{50}\cdot 1=-4,$$

即大约需要减少非熟练工的工作时数 4 小时，才能使日产量维持不变.

10.4 多元函数的极值和最值——多元函数微分学的应用

本节介绍如何利用偏导数解决有关二元函数的极值和最值问题，其内容和方法是一元函数极值和最值的推广.

10.4.1 二元函数的极值

1. 二元函数极值的定义

定义 1 设函数 $z=f(x,y)$ 在 $P_0(x_0,y_0)$ 的某邻域内有定义，若对于该邻域内所有异于点 P_0 的点 $P(x,y)$，都有

$$f(x,y)<f(x_0,y_0)\quad(\text{或} f(x,y)>f(x_0,y_0)),$$

则称 $f(x_0,y_0)$ 是函数 $z=f(x,y)$ 的**极大值**(或**极小值**)，称 $P_0(x_0,y_0)$ 为 $z=f(x,y)$ 的**极大值点**(或**极小值点**). 极大值和极小值统称为**极值**，极大值点和极小值点统称为**极值点**.

例如，$f(x,y)=x^2+y^2$ 在点 $(0,0)$ 处取得极小值 0；$z=xy$ 在点 $(0,0)$ 的任意邻域内，既能取正值，也能取负值，所以 $(0,0)$ 不是 $z=xy$ 的极值点.

一元函数在可导点处取极值的必要条件是该点必为驻点，对于二元函数也有类似的结论.

2. 极值存在的必要条件

定理 1 (极值存在的必要条件)　若函数 $z=f(x,y)$ 在点 (x_0,y_0) 处的两个偏导数都存在，且在该点处取得极值，则必有

$$f'_x(x_0,y_0)=0,\quad f'_y(x_0,y_0)=0.$$

使 $f'_x(x_0,y_0)=0, f'_y(x_0,y_0)=0$ 同时成立的点 (x_0,y_0) 称为函数 $z=f(x,y)$ 的**驻点.** 定理 1 说明，可微函数取极值的点必为驻点.但其逆命题不成立,即驻点仅是函数取得极值的必要条件，而不是充分条件，函数在驻点处不一定取得极值，例如 $(0,0)$ 是函数 $z=xy$ 的驻点，但并不是极值点.

3. 极值存在的充分条件

定理 2 (极值存在的充分条件)　设 (x_0,y_0) 为函数 $z=f(x,y)$ 的驻点，且函数在点 (x_0,y_0) 的某邻域内有二阶连续偏导数. 记

$$A=f''_{xx}(x_0,y_0),\quad B=f''_{xy}(x_0,y_0),\quad C=f''_{yy}(x_0,y_0),$$

则

(1) 当 $AC-B^2>0$ 时，(x_0,y_0) 是函数 $f(x,y)$ 的极值点；且 $A>0$ 时, (x_0,y_0) 为极小值点，$A<0$ 时, (x_0,y_0) 为极大值点；

(2) 当 $AC-B^2<0$ 时，(x_0,y_0) 不是函数 $f(x,y)$ 的极值点；

(3) 当 $AC-B^2=0$ 时，不能判定 (x_0,y_0) 是否是函数 $f(x,y)$ 的极值点.

例 1　求函数 $z=x^2-xy+y^2-2x+y$ 的极值.

解　解方程组 $\begin{cases}\dfrac{\partial z}{\partial x}=2x-y-2=0,\\ \dfrac{\partial z}{zy}=-x+2y+1=0,\end{cases}$ 得驻点 $(1,0)$；

再求二阶偏导，$f''_{xx}(x,y)=2$，$f''_{xy}(x,y)=-1$，$f''_{yy}(x,y)=2$；

在驻点 $(1,0)$ 处，有 $A=2,B=-1,C=2$，则 $AC-B^2=3>0$ 且 $A>0$，故点 $(1,0)$ 为极小值点，极小值为 $f(1,0)=-1$，函数无极大值.

例 2　求函数 $z=x^3+y^3-3xy$ 的极值.

解　解方程组 $\begin{cases}\dfrac{\partial z}{\partial x}=3x^2-3y=0,\\ \dfrac{\partial z}{zy}=3y^2-3x=0,\end{cases}$ 得驻点 $(0,0),(1,1)$；

求出二阶偏导数，$f''_{xx}(x,y)=6x$，$f''_{xy}(x,y)=-3$，$f''_{yy}(x,y)=6y$；

在驻点$(0,0)$处，$A=0,B=-3,C=0$，则$AC-B^2=-9<0$，故点$(0,0)$不是极值点；

在驻点$(1,1)$处，$A=6,B=-3,C=6$，则$AC-B^2=27>0$且$A>0$，故点$(1,1)$为极小值点，极小值为$f(1,1)=-1$，函数无极大值.

10.4.2　二元函数的最值

与一元函数类似，可以利用二元函数的极值求它的最大值和最小值. 在实际问题中，若根据问题的实际意义能断定二元函数的最值一定在区域D的内部取到，而该函数在D内仅有唯一一个驻点，那么该驻点处的函数值就是函数的最值.

例 3　做一个容量一定的长方体箱子，问应如何选择尺寸，才能使所用的材料最省？

解　设箱子的长，宽，高分别为x,y,z，容量为V，则$V=xyz$，箱子的表面积为

$$S=2(xy+yz+xz).$$

要使所用的材料最省，则应求S的最小值.

由于$z=\dfrac{V}{xy}$，故$S=2\left(xy+\dfrac{V}{x}+\dfrac{V}{y}\right)(x>0,y>0)$. 令

$$S'_x=2\left(y-\frac{V}{x^2}\right)=0,\quad S'_y=2\left(x-\frac{V}{y^2}\right)=0,$$

得$x=y=\sqrt[3]{V}$，得唯一驻点$P(\sqrt[3]{V},\sqrt[3]{V})$.

根据题意，S一定存在最小值，因此可以断定点P即为S的最小值点，即当$x=y=z=\sqrt[3]{V}$时，函数S取得最小值$S=6\sqrt[3]{V^2}$. 此时长方体实际上是正方体. 这表明在体积一定的长方体中，以正方体的表面积为最小.

10.4.3　条件极值

以上讨论的极值问题，自变量在定义域内可以任意取值，没有受到其他限制，通常称这样的极值问题为**无条件极值**问题.但是，在实际问题中求极值或最值时，对自变量的取值往往要附加一定的约束条件，附有约束条件的极值称为**条件极值**.

条件极值问题的一般提法是：**求目标函数**$z=f(x,y)$**在约束条件**$\varphi(x,y)=0$**下的极值.**求解条件极值问题的常用方法是**拉格朗日乘数法**.

拉格朗日乘数法求条件极值的具体步骤如下：

(1) 构造辅助函数$F(x,y,\lambda)=f(x,y)+\lambda\varphi(x,y)$；

(2) 解方程组

$$\begin{cases} F'_x = f'_x(x,y) + \lambda\varphi'_x(x,y) = 0, \\ F'_y = f'_y(x,y) + \lambda\varphi'_y(x,y) = 0\ , \\ F'_\lambda = \varphi(x,y) = 0, \end{cases}$$

得到驻点 (x_0, y_0)；

(3) 根据问题本身的实际意义，判断求出的 (x_0, y_0) 是否为极值点.

拉格朗日乘数法同样适用于求函数 $u = f(x,y,z)$ 在约束条件 $g(x,y,z) = 0$ 下的极值，现举例说明.

例 4 试用条件极值的方法解决例 3 的问题.

解 设箱子的长、宽、高为 x,y,z ，容量为 V ，则 $V = xyz$ ，箱子的表面积为

$$S = 2(xy + yz + xz).$$

问题归结为求在约束条件 $xyz = V$ 下 $S = 2(xy + yz + xz)$ 的极小值.

令 $F(x,y,z,\lambda) = 2(xy + yz + xz) + \lambda(xyz - V)$ ，解方程组

$$\begin{cases} F'_x = 2(y+z) + \lambda yz = 0, \\ F'_y = 2(x+z) + \lambda xz = 0, \\ F'_z = 2(x+y) + \lambda xy = 0, \\ F'_\lambda = xyz - V = 0, \end{cases}$$

得 $x = y = z = \sqrt[3]{V}$, 有唯一驻点($\sqrt[3]{V}, \sqrt[3]{V}, \sqrt[3]{V}$).

因为实际问题有极小值，而可能取到极值的点又唯一，所以极小值必定在此点取到，即当 $x = y = z = \sqrt[3]{V}$ 时, 箱子的表面积 S 最小.

10.5 二重积分的概念与计算

定积分是计算与一元函数有关的总量的数学模型，但在实践中，常会遇到需要计算与多元函数有关的总量的问题，这就需要将一元函数的定积分概念推广到二元函数的积分，即二重积分上去.

10.5.1 二重积分的概念

1. 求曲顶柱体的体积

设有一空间立体，它的底是 xOy 面上的闭区域 D ，它的侧面是以 D 的边界曲线为准线而母线平行于 z 轴的柱面，它的顶是曲面 $z = f(x,y)$.这里 $f(x,y) \geqslant 0$

且 $z=f(x,y)$ 在 D 上连续，这种立体称为**曲顶柱体**(图 10-17).

采用类似于求曲边梯形面积的思想方法来求曲顶柱体的体积 V .具体作法如下.

(1) 分割　把区域 D 任意分成 n 个小区域，即

$$\Delta\sigma_1,\ \Delta\sigma_2,\cdots,\Delta\sigma_n\ ,$$

同时也用 $\Delta\sigma_i$ 表示第 i 个小区域的面积.相应地，过每个小区域的边界作垂直于 xOy 平面的柱面，这些柱面把原曲顶柱体分成 n 个小的曲顶柱体.记 $\Delta\sigma_i$ 对应的小曲顶柱体的体积为 ΔV_i ，则 $V=\sum\limits_{i=1}^{n}\Delta V_i$.

(2) 近似替代　在每个小区域上任取一点 (ξ_i,η_i) ，用高为 $f(\xi_i,\eta_i)$ 、底为 $\Delta\sigma_i$ 的平顶柱体的体积，作为第 i 个小曲顶柱体体积的近似值(图 10-18)，即

$$\Delta V_i\approx f(\xi_i,\eta_i)\Delta\sigma_i\ ,\quad i=1,2,\cdots,n\ .$$

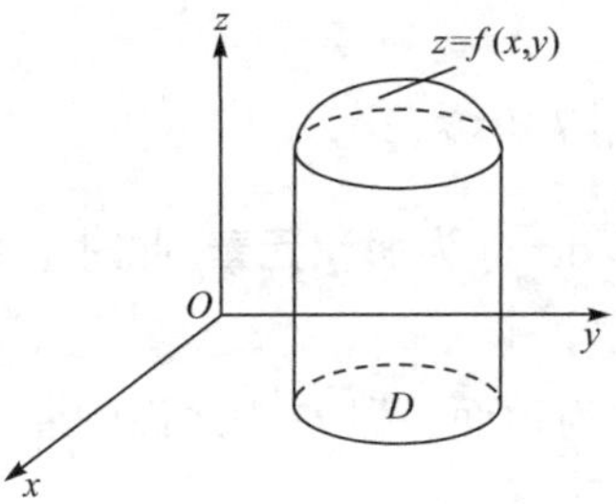

图 10-17

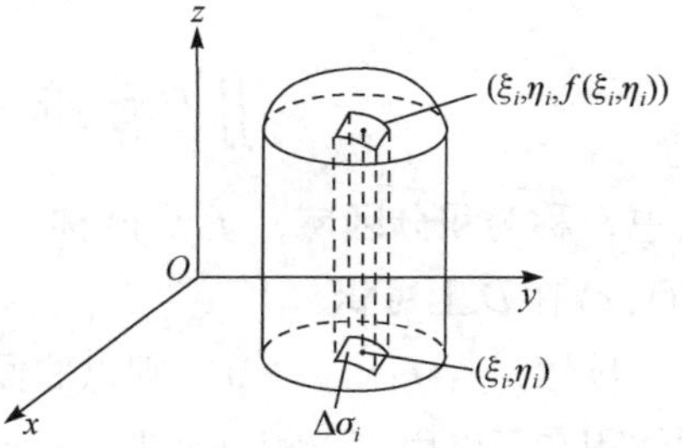

图 10-18

(3) 求和　曲顶柱体的体积 V 可以用这 n 个小平顶柱体的体积之和来近似代替，即

$$V\approx\sum_{i=1}^{n}f(\xi_i,\eta_i)\Delta\sigma_i\ .$$

(4) 取极限　当 n 个小区域中的最大直径 λ (一个闭区域的直径是指区域上任意两点间距离中的最大者)趋于零时，上述和式的极限就是曲顶柱体的体积 V ，即

$$V=\lim_{\lambda\to 0}\sum_{i=1}^{n}f(\xi_i,\eta_i)\Delta\sigma_i\ .$$

这种思想方法正是定积分的“分割、近似替代、求和、取极限”的方法.将上述求曲顶柱体体积的方法加以抽象，就得到二重积分的概念.

2. 二重积分的定义

定义 1 设函数 $f(x,y)$ 在有界闭区域 D 上有定义.将 D 任意分成 n 个小区域

$$\Delta\sigma_1,\ \Delta\sigma_2,\cdots,\Delta\sigma_n,$$

其中，$\Delta\sigma_i$ 也表示第 i 个小区域的面积，在 $\Delta\sigma_i$ 上任取一点 $(\xi_i,\eta_i)(i=1,2,\cdots,n)$，作和式

$$\sum_{i=1}^{n} f(\xi_i,\eta_i)\Delta\sigma_i,$$

当 $\lambda\to 0$ 时(λ 表示各小区域直径的最大值)，若上述和式的极限

$$\lim_{\lambda\to 0}\sum_{i=1}^{n} f(\xi_i,\eta_i)\Delta\sigma_i$$

存在，并且此极限与对区域 D 的分法及点 (ξ_i,η_i) 的取法无关，则称此极限为函数 $z=f(x,y)$ 在区域 D 上的**二重积分**，记作 $\iint\limits_D f(x,y)\mathrm{d}\sigma$，即

$$\iint\limits_D f(x,y)\mathrm{d}\sigma=\lim_{\lambda\to 0}\sum_{i=1}^{n} f(\xi_i,\eta_i)\Delta\sigma_i,$$

其中 D 称为**积分区域**，$f(x,y)$ 称为**被积函数**，$\mathrm{d}\sigma$ 称为**面积元素**. 此时也称函数 $f(x,y)$ 在 D 上**可积**.

显然，若 $f(x,y)\geqslant 0$，则以曲面 $z=f(x,y)$ 为顶面，以 D 为底面的曲顶柱体的体积 V 可以用二重积分来表示，即

$$V=\iint\limits_D f(x,y)\mathrm{d}\sigma,$$

此为二重积分的**几何意义**.

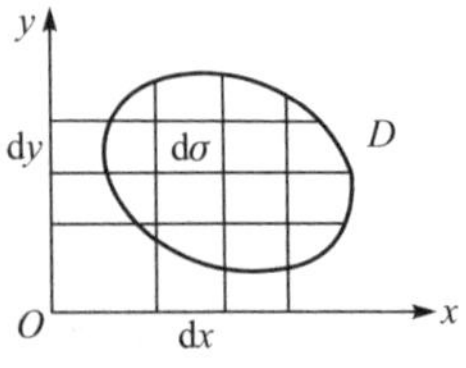

图 10-19

在二重积分的定义中，由于对区域 D 的划分是任意的，故可以用一组平行于坐标轴的直线来划分区域 D，则除了靠近边界曲线的一些小区域(面积近似为零，可忽略不计)之外，绝大多数的小区域都是矩形(图 10-19)，因此，可以将 $\mathrm{d}\sigma$ 记作 $\mathrm{d}x\mathrm{d}y$，并称 $\mathrm{d}x\mathrm{d}y$ 为直角坐标系下的**面积元素**，二重积分 $\iint\limits_D f(x,y)\mathrm{d}\sigma$ 也可表示成 $\iint\limits_D f(x,y)\mathrm{d}x\mathrm{d}y$.

例 1 利用二重积分的几何意义，求

$$I=\iint\limits_D \sqrt{a^2-x^2-y^2}\,\mathrm{d}\sigma，其中 D: x^2+y^2\leqslant a^2.$$

解 因为 $\sqrt{a^2-x^2-y^2}\geqslant 0$，故此积分表示以 D 为底，以曲面 $z=\sqrt{a^2-x^2-y^2}$

为顶的上半球体的体积，故 $I=\frac{1}{2}\cdot\frac{4}{3}\pi a^3=\frac{2}{3}\pi a^3$.

10.5.2　二重积分的性质

因为定积分与二重积分都是和式的极限，它们的定义具有相似的结构，故二重积分具有与定积分类似的性质.

性质 1(线性性质)　(1) $\iint\limits_D kf(x,y)\mathrm{d}\sigma=k\iint\limits_D f(x,y)\mathrm{d}\sigma$ (k 为任意常数)；

(2) $\iint\limits_D [f(x,y)\pm g(x,y)]\mathrm{d}\sigma=\iint\limits_D f(x,y)\mathrm{d}\sigma\pm\iint\limits_D g(x,y)\mathrm{d}\sigma$.

性质 2(对积分区域的有限可加性)　若闭区域 D 被一曲线分为 D_1 和 D_2，记作 $D=D_1+D_2$，则

$$\iint\limits_D f(x,y)\mathrm{d}\sigma=\iint\limits_{D_1} f(x,y)\mathrm{d}\sigma+\iint\limits_{D_2} f(x,y)\mathrm{d}\sigma.$$

性质 3　平面闭区域D的面积为 $\sigma=\iint\limits_D 1\mathrm{d}\sigma=\iint\limits_D \mathrm{d}\sigma$.

10.5.3　二重积分的计算

按照二重积分的定义和几何意义来计算二重积分，对于一些特别简单的被积函数和积分区域来说是可行的，但对一般的函数和区域来说，常常是很困难的，甚至是不可能的.因此，我们需要寻求二重积分的简便可行的计算方法.下面将在直角坐标系下讨论把二重积分化为两次定积分来计算的方法，转化后的这种两次定积分常称为**二次积分**.

在下述讨论中均假定 $f(x,y)\geqslant 0$.

设积分区域D可以用不等式

$\varphi_1(x)\leqslant y\leqslant\varphi_2(x),\ \ a\leqslant x\leqslant b$ (称 D 为 ***X*-型**)

来表示(图 10-20)，其中函数 $\varphi_1(x)$ 和 $\varphi_2(x)$ 均在$[a,b]$上连续.

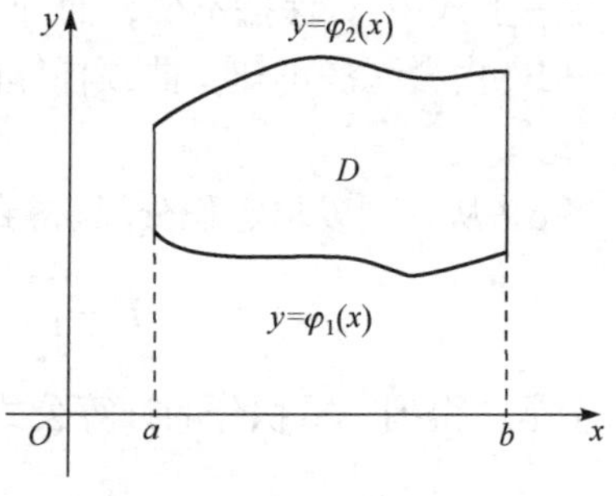

图 10-20

根据二重积分的几何意义，$\iint\limits_D f(x,y)\mathrm{d}x\mathrm{d}y$ 的值等于以区域 D 为底，以曲面 $z=f(x,y)$ 为顶的曲顶柱体的体积 V.下面我们用“微元法”来计算曲顶柱体的体积 V.

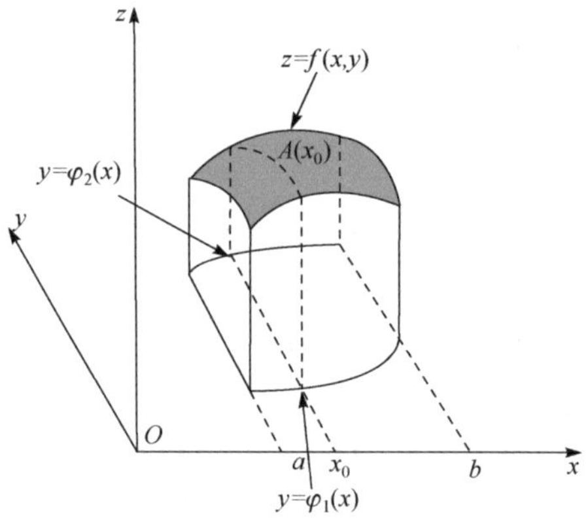

图 10-21

过$[a,b]$上一点x_0，作与yOz面平行的平面$x=x_0$，此平面与曲顶柱体相交所得的截面是一个以区间$[\varphi_1(x_0), \varphi_2(x_0)]$为底、以$z=f(x_0,y)$为曲边的曲边梯形(图 10-21). 这个截面的面积为

$$A(x_0)=\int_{\varphi_1(x_0)}^{\varphi_2(x_0)} f(x_0,y)\mathrm{d}y .$$

一般地，过$[a, b]$上任意一点x且平行于yOz面的平面，与曲顶柱体相交所截得截面的面积为

$$A(x)=\int_{\varphi_1(x)}^{\varphi_2(x)} f(x,y)\mathrm{d}y .$$

注意上式中 x 保持不变，而 y 是积分变量.于是,对于$[a, b]$上任意一个小区间$[x, x+\mathrm{d}x]$,由微元法可知，曲顶柱体的体积微元为

$$\mathrm{d}V=A(x)\mathrm{d}x .$$

将$\mathrm{d}V$从a到b求定积分,就得到曲顶柱体的体积

$$V=\int_a^b A(x)\mathrm{d}x=\int_a^b\left[\int_{\varphi_1(x)}^{\varphi_2(x)} f(x,y)\mathrm{d}y\right]\mathrm{d}x ,$$

于是，得到二重积分的计算公式

$$\iint_D f(x,y)\mathrm{d}x\mathrm{d}y=\int_a^b\left[\int_{\varphi_1(x)}^{\varphi_2(x)} f(x,y)\mathrm{d}y\right]\mathrm{d}x .$$

上式右端的积分称为先对y，后对x的**二次积分**，就是先把x看作常数, 把$f(x,y)$只看作y的函数, 并对y计算从$\varphi_1(x)$到$\varphi_2(x)$的定积分，然后把算得的结果再对x计算在$[a,b]$上的定积分. 上式也常记作

$$\iint_D f(x,y)\mathrm{d}x\mathrm{d}y = \int_a^b\left[\int_{\varphi_1(x)}^{\varphi_2(x)} f(x,y)\mathrm{d}y\right]\mathrm{d}x = \int_a^b \mathrm{d}x\int_{\varphi_1(x)}^{\varphi_2(x)} f(x,y)\mathrm{d}y.$$

类似可证，若区域D可以用不等式

$$\phi_1(y)\leqslant x\leqslant \phi_2(y),\quad c\leqslant y\leqslant d \quad (\text{称 } D \text{ 为} \boldsymbol{Y}\text{-型})$$

来表示(图 10-22)，其中函数$\phi_1(y)$和$\phi_2(y)$均在$[c,d]$上连续，则

$$\iint_D f(x,y)\mathrm{d}x\mathrm{d}y = \int_c^d\left[\int_{\phi_1(y)}^{\phi_2(y)} f(x,y)\mathrm{d}x\right]\mathrm{d}y = \int_c^d \mathrm{d}y\int_{\phi_1(y)}^{\phi_2(y)} f(x,y)\mathrm{d}x .$$

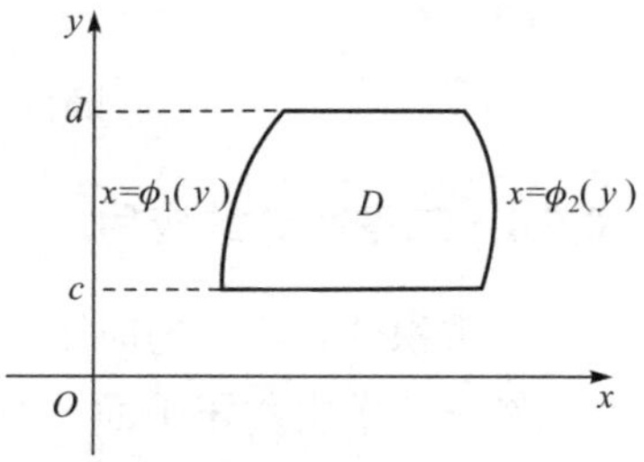

图 10-22

特别地，当区域 D 为矩形区域$\{(x,y)|a\leqslant x\leqslant b,c\leqslant y\leqslant d\}$时，有

$$\iint_D f(x,y)\mathrm{d}x\mathrm{d}y = \int_a^b \mathrm{d}x\int_c^d f(x,y)\mathrm{d}y = \int_c^d \mathrm{d}y\int_a^b f(x,y)\mathrm{d}x.$$

注 上述讨论中，因为利用了几何意义，所以假定 $f(x,y)\geqslant 0$，但实际上，可以证明二重积分的计算公式成立并不受此条件限制.

例 2 计算二重积分$\iint\limits_D (x^2+y^2)\mathrm{d}x\mathrm{d}y$，其中区域 D 是由四条直线 $x=0$, $x=1$, $y=0$, $y=1$ 所围成的矩形.

解 显然$D: 0\leqslant x\leqslant 1, 0\leqslant y\leqslant 1$，故有

$$\iint_D (x^2+y^2)\mathrm{d}x\mathrm{d}y = \int_0^1 \mathrm{d}x\int_0^1 (x^2+y^2)\mathrm{d}y = \int_0^1\left(x^2+\frac{1}{3}\right)\mathrm{d}x = \frac{2}{3}.$$

例 3 计算二重积分$\iint\limits_D x^2y\mathrm{d}x\mathrm{d}y$，其中区域$D$是由直线 $x=0$，$y=0$ 与圆 $x^2+y^2=1$ 所围成的位于第一象限内的图形.

解 易知

$$D=\left\{(x,y)|0\leqslant x\leqslant 1, 0\leqslant y\leqslant \sqrt{1-x^2}\right\}.$$

因此，先对y积分，再对x积分，有

$$\iint_D x^2y\mathrm{d}x\mathrm{d}y = \int_0^1 \mathrm{d}x\int_0^{\sqrt{1-x^2}} x^2y\mathrm{d}y = \int_0^1 x^2\left(\frac{y^2}{2}\right)\Bigg|_0^{\sqrt{1-x^2}}\mathrm{d}x$$

$$= \int_0^1 x^2\left(\frac{1-x^2}{2}\right)\mathrm{d}x = \frac{1}{2}\int_0^1 (x^2-x^4)\mathrm{d}x = \frac{1}{15}.$$

例 4 求$\iint\limits_D \frac{\sin x}{x}\mathrm{d}\sigma$，其中$D$是由直线$y=x, y=0$及$x=\pi$所围成的区域.

解　积分区域 D 如图 10-23 所示. 先对 y 积分，再对 x 积分，故

$$D=\{(x,y)|0\leqslant x\leqslant \pi,0\leqslant y\leqslant x\},$$

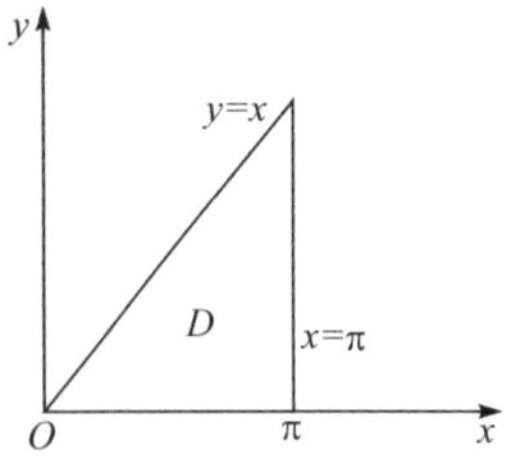

图 10-23

则 $\iint\limits_D \frac{\sin x}{x}\mathrm{d}\sigma=\int_0^{\pi}\mathrm{d}x\int_0^{x}\frac{\sin x}{x}\mathrm{d}y=\int_0^{\pi}\sin x\mathrm{d}x=-[\cos x]_0^{\pi}=2$.

在例 4 中，若先对 x 积分，后对 y 积分，就会因为 $\frac{\sin x}{x}$ 的原函数不是初等函数，而导致求不出结果.由此可见，在直角坐标系下计算二重积分，选择适当的积分顺序非常重要.

10.5.4　二重积分的应用

二重积分有广泛的应用，例如可以用它来计算空间立体的体积.

例 5　求由六张平面 $x=0,y=0,x=1,y=1,z=0$ 及 $2x+3y+z=6$ 所围成的空间立体的体积.

解　此立体为一个特殊的曲顶柱体，其底面是 xOy 平面上的正方形区域

$$D:0\leqslant x\leqslant 1,0\leqslant y\leqslant 1,$$

顶为平面 $2x+3y+z=6$ 的一部分(图 10-24)，故所求体积为

$$V=\iint\limits_D(6-2x-3y)\mathrm{d}x\mathrm{d}y=\int_0^1\mathrm{d}x\int_0^1(6-2x-3y)\mathrm{d}y$$

$$=\int_0^1\left(6-2x-\frac{3}{2}\right)\mathrm{d}x=\frac{7}{2}.$$

建筑设计中，不仅要求建筑物的外观设计漂亮，有时还需要计算它们的容积. 比如体育馆的比赛大厅，影视院的观众厅和蒙古包等. 因为容积大小直接影响声音传播的效果与空气质量等. 另外，由于核算成本，需要计算所需原材料，因此还要求建筑物的表面积，而很多公共设施建筑物的顶部是曲顶，计算这些建筑物的容积和顶部的表面积都需要用到二重积分.

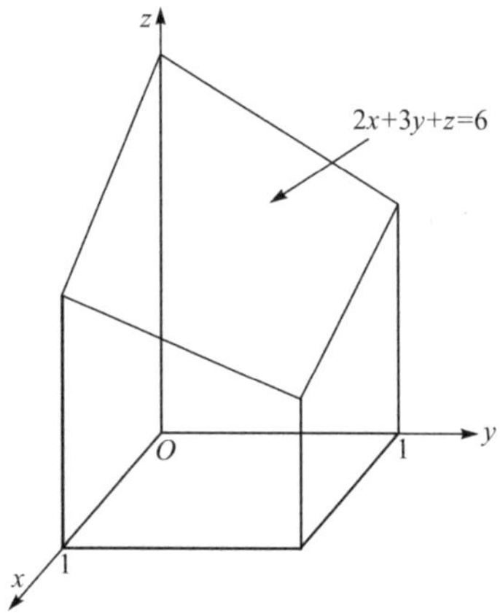

图 10-24

习 题 10

1. 求过三点 $A(0,0,-1)$, $B(1,0,1)$ 和 $C(0,-1,0)$ 的平面方程.

2. 指出下列方程在平面直角坐标系与空间直角坐标系中各表示什么图形:

(1) $x=2$; (2) $y=2x+1$; (3) $x^2+y^2=4$; (4) $\dfrac{x^2}{a^2}+\dfrac{y^2}{b^2}=1$.

3. 指出下列方程的图形是什么曲面,并大致画出其图形:

(1) $x^2+y^2+z^2-2x+4y+2z=0$; (2) $z=x^2+y^2$;

(3) $z=4-(x^2+y^2)$; (4) $z=\sqrt{x^2+y^2}$;

(5) $x^2+y^2+z^2=9\ (z>0)$.

4. 设函数 $f(x,y)=xy^2+\dfrac{x}{y}$, 求(1) $f(2,1)$; (2) $f(x+y,xy)$.

5. 求下列函数的定义域 D, 并画出 D 的图形:

(1) $y=\sqrt{4-x^2-y^2}+\ln(x^2+y^2-1)$; (2) $z=\sqrt{x-\sqrt{y}}$;

(3) $z=\ln(xy)$; (4) $z=\dfrac{\sqrt{y-x^2}}{x^2+y^2}$.

6. 证明极限 $\lim\limits_{\substack{x\to0\\y\to0}}\dfrac{x+y}{x-y}$ 不存在.

7. 求下列极限:

(1) $\lim\limits_{\substack{x\to2\\y\to0}}\dfrac{x^2+xy+y^2}{x+y}$; (2) $\lim\limits_{\substack{x\to0\\y\to0}}\dfrac{\sin(2xy)}{xy}$; (3) $\lim\limits_{\substack{x\to0\\y\to0}}\left(x^2+y^2\right)\sin\dfrac{1}{xy}$;

(4) $\lim\limits_{\substack{x\to0\\y\to0}}\dfrac{2-\sqrt{xy+4}}{xy}$; (5) $\lim\limits_{\substack{x\to0\\y\to1}}(1+xy)^{\frac{1}{x}}$.

8. 求下列函数的间断点:

(1) $f(x,y)=\dfrac{xy}{x^2+y^2-1}$; (2) $f(x,y)=\dfrac{x+y}{\ln(x^2+y^2+1)}$.

9. 求下列函数的偏导数:

(1) $z=x^2y+xy+y^2$; (2) $z=x\sin(x+y)$;

(3) $z=\ln(xy+e^y)$; (4) $z=e^{x+y^2}$.

10. 设函数 $z=\ln(\sqrt{x}+\sqrt{y})$, 证明 $x\dfrac{\partial z}{\partial x}+y\dfrac{\partial z}{\partial y}=\dfrac{1}{2}$.

11. 设函数 $z=x^4+4x^2y^2+y^3$, 求其四个二阶偏导数.

12. 求函数 $z=x^2y^2$ 在点 $(2,-1)$ 处当 $\Delta x=0.02, \Delta y=-0.01$ 时的全增量及全微分.

13. 求下列函数的极值:

(1) $z=x^3-y^3+3x^2+3y^2-9x$; (2) $z=x^3+y^3-3x^2-3y^2$.

14. 从斜边长为 l 的一切直角三角形中，求周长最大的直角三角形.

15. 已知边长为 $x=6$ 米与 $y=8$ 米的矩形，求当 x 增加 5 厘米、y 减少 10 厘米时，此矩形对角线变化的近似值.

16. 画出积分区域，并计算下列二重积分：

(1) $\iint\limits_D (x+y)\mathrm{d}\sigma$，其中 D 为矩形闭区域：$|x|\leqslant 1, |y|\leqslant 1$；

(2) $\iint\limits_D (3x+2y)\mathrm{d}\sigma$，其中 D 是由两坐标轴及直线 $x+y=2$ 所围成；

(3) $\iint\limits_D (x-1)\mathrm{d}\sigma$，其中 D 由 $y=x$ 和 $y=x^3$ 围成；

(4) $\iint\limits_D \sin y^2\mathrm{d}\sigma$，其中 D 由直线 $x=0$，$y=1$ 和 $y=x$ 所围成.

17. 求由平面 $2x+3y+z=6$ 和三个坐标面所围成的四面体的体积.

自主探索

1. 某公司通过电台及报纸两种方式做销售某种商品的广告，根据统计资料，销售收入 R(万元)与电台广告费用 x(万元)及报纸广告 y(万元)之间的关系有如下经验公式：

$$R=15+14x+32y-8xy-2x^2-10y^2.$$

(1) 在广告费用不限的情况下，求最优广告策略；

(2) 若提供的广告费用是 1.5 万元，求相应的最优广告策略.

2. 一本长方形的书，每页所印文字部分要占 150 平方厘米，上、下空白处各要留 1.5 厘米宽，左、右空白处各要留 1 厘米宽，应用拉格朗日乘数法求每页纸的长、宽各为多少时，耗纸最少？

合作研究

1. 试举例说明空间解析几何在实际中的应用.

2. 探讨二元函数在某点处的偏导数的几何意义.

3. 二重积分与定积分有哪些相同和不同之处？

第 11 章　数学模型——量化问题的首要工具

数学模型是量化问题的首要工具，建立数学模型是数学科学技术转化为现实生产力的主要途径.近年来，数学模型越来越受到数学界和工程界的普遍重视，用数学模型的方法解决实际问题已成为现代科技工作者必备的重要能力之一.

本章将简要介绍数学模型的概念，数学建模的方法和过程以及常见的几个建模实例.

11.1　数学模型和数学建模

11.1.1　数学模型

模型是对客观事物的一部分进行简缩、抽象、提炼出来的原型的替代物.如儿童玩具、彩色照片等把现实实物的尺寸加以改变，看起来生动逼真，称为**形象模型**.形象模型不过是现实世界的放大和缩小，在某种程度上只起到便于观察研究的作用.

世界地图、电路图等用形象鲜明，便于处理的一系列符号代表现实物体的特征，称为**模拟模型**.

数学模型则是用字母、数字及其他数学符号建立起来的等式或不等式以及图表、图像、框图等描述客观事物的特征及其内在联系的数学结构表达式.数学模型既源于现实又高于现实，它虽然不是实际原形，而是一种模拟，但是它可以应用数学为工具，并且能够推广到一大类类似的问题中.特别是某些数学模型可译成算法语言，编写程序，利用计算机辅助解答.

自从开始使用数字，人类就不断地建立各种数学模型，用以解决各种各样的实际问题. 力学中的牛顿万有引力定律，电磁学中的麦克斯韦方程组，化学中的门捷列夫元素周期表以及生物学中的孟德尔遗传定律等都是科学发展史上数学模型的成功范例.数学的发展过程，就是不断地构建新的模型、完善模型和从低层次模型过渡到高层次模型的过程.进入 21 世纪以来，随着数学以空前的广度和深度向一切领域渗透，以及电子计算机的出现与飞速发展，数学模型越来越受到人们的重视，在现实世界中的意义也越来越重要.

11.1.2　数学建模

数学建模是指对现实世界中的原型进行具体构造数学模型的过程，它是与数学应用密切相关的，解决各种实际问题的一种常见的数学思考方法.

我们中学时已经用数学建模来解决实际问题了，例如，“航行问题 ”“追机问题”“鸡兔同笼问题”，这类当时称为应用题的问题，其解决方法都是数学建模.

下面以“航行问题 ”为例来说明数学建模的过程.

航行问题：甲、乙两地相距 750km，船从甲地到乙地顺水航行需 30h，从乙地到甲地逆水航行需 50h，问船速和水速各为多少？

解题过程如下：设船速和水速分别为 x, y (单位：km/h)，列出方程组

$$\begin{cases}(x+y)\cdot 30=750,\\(x-y)\cdot 50=750.\end{cases} \tag{11.1}$$

实际上，方程组(11.1)就是上述航行问题的数学模型，列出方程组，原问题就转化为数学问题了. 方程组(11.1)的解为 $x=20(\mathrm{km/h})$, $y=5(\mathrm{km/h})$ ， 这就得出了航行问题的答案.

当然，很多实际问题的数学建模通常要复杂得多，但是上述航行问题的求解过程基本体现了如下的数学建模的全过程：

(1) 作出简化假设(船速、水速为常数)；

(2) 用符号表示有关量(x, y 表示船速和水速)；

(3) 用物理定律(匀速运动的距离等于速度乘以时间)列出数学式子(二元一次方程组)；

(4) 求解得到数学解答($x=20, y=5$)；

(5) 回答原问题(船速为 20km/h，水速为 5km/h).

1. 数学建模的过程

数学建模的具体过程可以大致分为七个步骤.

(1) **模型准备**　了解问题的实际背景，明确其实际意义，掌握对象的各种信息.用数学语言来描述问题，做好建模的准备工作.

(2) **模型假设**　根据实际对象的特征和建模的目的，对问题进行必要的简化，并用精确的语言提出一些恰当的假设.

(3) **模型建立**　在假设的基础上，利用适当的数学工具来刻画各变量之间的数学关系，通过建立等式或不等式，列表格，画图形等方法确定其数学结构.一般来说，建模时应遵循的原则是，尽量采用简单的数学工具.

(4) **模型求解** 利用获取的数据资料，对模型的所有参数作出计算(或估计). 这包括解方程或不等式、画图形、证明定理及逻辑运算、数值运算等各种数学方法，特别是这里可能涉及计算机技术的应用.

(5) **模型分析** 对模型解答的结果进行数学上的分析，包括对结果的误差分析、统计分析和模型对数据的稳定性或灵敏性分析等.

(6) **模型检验** 将模型分析结果与实际情形进行比较，以此来验证模型的准确性,合理性和适用性.如果模型与实际较吻合,则要对计算结果给出其实际含义，并进行解释.如果模型与实际吻合较差,则应该修改假设，再次重新建模.

(7) **模型应用** 应用方式因问题的性质和建模的目的而异.

上述建模步骤可用如下框图表示(图 11-1).

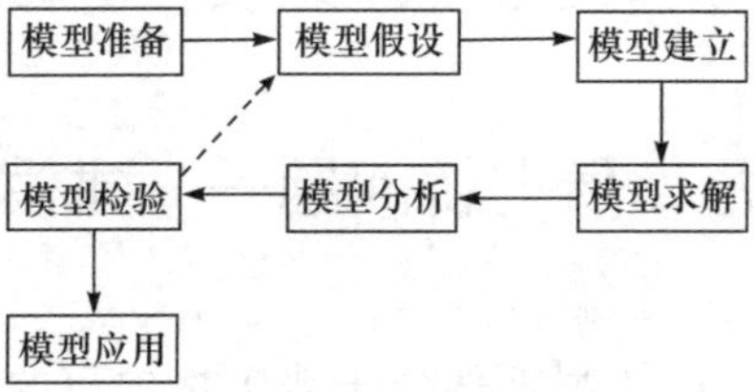

图 11-1 数学建模步骤

2. 数学建模的方法

数学建模的方法有很多，常用方法如下.

(1) 机理分析法 根据对客观事物特性的认识，找出反映内部机理的数量规律，从基本理论以及系统的结构数据来推导出数学模型的方法.

常用的机理分析法又包括以下五种方法.

(a) 比例分析法——建立变量之间函数关系的最基本、最常用的方法.

(b) 代数方法——求解离散问题(离散的数据、符号、图形)的主要方法.

(c) 逻辑方法——是数学理论研究的重要方法，用以解决社会学和经济学等领域的实际问题，在决策论、对策论等学科中得到广泛应用.

(d) 常微分方程——解决两个变量之间的变化规律，关键是建立“瞬时变化率”的表达式的方法.

(e) 偏微分方程——解决因变量与两个以上自变量之间的变化规律的方法.

(2) 数据分析法 从大量的观测数据中利用统计方法建立数学模型的方法.

常用的数据分析法又包括以下两种方法.

(a) 回归分析法——在掌握大量观察数据的基础上，利用数理统计方法建立因变量与自变量之间的函数表达式的一种方法.回归分析中，当研究的因果关系只涉及因变量和一个自变量时，称为一元回归分析；当研究的因果关系涉及因变量和两个或两个以上自变量时，称为多元回归分析. 回归分析法处理的是静态的数据.

(b) 时序分析法——是寻找一个变量的当前值与其过去值之间的关系的一种方法.时序分析法又称过程统计方法，处理的是动态的数据.

(3) 仿真和其他方法

(a) 计算机仿真模拟——是利用计算机软件模拟实际环境，进行科学实践的一种技术方法.其实质上是统计估计方法，等效于抽样试验.

(b) 因子试验法——在系统上作局部试验，再根据试验结果进行不断分析修改，求得所需的模型结构的一种方法.

(c) 人工智能法——基于对系统过去行为的了解和对未来希望达到的目标，并考虑到系统有关因素的可能变化，人为地组成一个系统的方法.

11.2　哥尼斯堡七桥问题——建模示例之一

18 世纪，东普鲁士的哥尼斯堡位于普雷格尔河的两条支流之间，这两条支流在城中心汇合，河中间有一小岛，岛上有一所哥尼斯堡大学，河上有七座桥(图 11-2). 哥尼斯堡大学的很多学生总想一次不重复地走过这七座桥，再回到出发点，可是试过多次总是失败.于是，有人写信给当时瑞士著名的数学家欧拉(L.Euler，1707—1783)，请他帮忙解决.欧拉从众多人的失败中想到，这样的走法可能根本就不存在.1736 年，欧拉建立了一个数学模型，出色地证明了自己的猜想是正确的，并发表了作为拓扑学和现代图论开端的第一篇论文《哥尼斯堡七桥》.

欧拉的解题方法是：先把 A，B，C 和 D 这四块陆地抽象为四个点，把七座桥抽象为七条线(图 11-3).

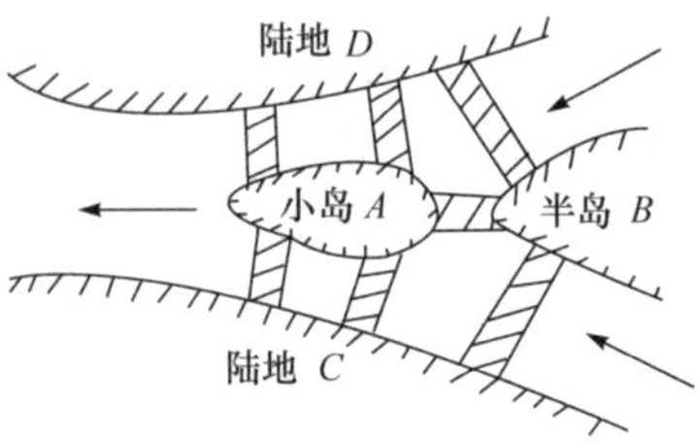

图 11-2

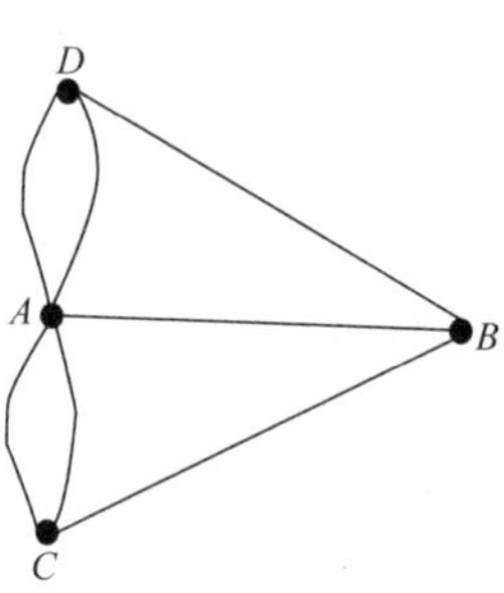

图 11-3

一次不重复走完七桥问题，就相当于图 11-3 的一笔画问题，即能否将图 11-3

所示的图形不重复地一笔画出来，这样的抽象并不改变问题的实质. 哥尼斯堡七桥问题是一个具体的实际问题,经过抽象所得到的图 11-3 的一笔画问题则是哥尼斯堡七桥问题的数学模型.

在一笔画的模型里，只保留了桥与陆地的连接方式，而其他属性则全部抛弃了. 所以，数学模型只是近似地表现了现实原型中的某些数学属性，而就所要解决的实际问题而言，它更深刻、更正确地反映了问题的本质.

在建立了一笔画的模型之后，欧拉接着考察了一笔画图形的数学结构特征. 他认为一笔画图形必有起点和终点，当起点和终点重合时便成为封闭图形，否则便成为开放图形.除了起点和终点外，在一笔画图形中出现交点处，曲线总是一进一出，故通过的曲线应该总有偶数条，这些交点称为“偶点”.这样，只有起、终点处通过的曲线可能是奇数条，此时，起、终点便称为“奇点”.因此，欧拉认为，任何一笔画图形要么没有奇点，要么有两个奇点.而哥尼斯堡七桥问题的数学模型(图 11-3)中有四个奇点，故可断言它不是一笔画图形，即要想一次不重复走完七桥是不可能的.

欧拉对图 11-3 的一笔画问题经过一定的分析和逻辑推理,得到不能一笔画出来的结论后，又返回到哥尼斯堡七桥问题，得出关于七桥问题的解答.整个问题的解决过程充分体现了数学建模的全过程.

七桥问题实际上是典型的拓扑学问题，拓扑学是不考虑图形的压缩或延伸，只考虑点与点的位置关系的一门几何学科.

11.3 人口模型——建模示例之二

人口问题是当今世界上最受关注的问题之一.某些发展中国家的人口出生率过高，某些发达国家的自然增长率趋近于零，甚至变为负数，这些都影响着人类的正常生活.我国是人口大国，人口问题十分突出.因此，研究和解决人口问题在我国显得尤为重要. 那么人口增长的规律是什么？如何在数学上描述这一规律？这就需要建立人口模型，用来预测人口的数量，据此制定合理的人口政策.

不同的人口模型会有不同的预测结果. 本节介绍两种比较简单的预测方法.

要预测未来若干年的人口数量，最重要的影响因素是今年的人口和今后这些年的增长率(即人口出生率减去死亡率). 记今年人口数量为 x_0, k 年后的人口数量为 x_k，人口的年增长率为 r，则预测公式为

$$x_k = x_0(1+r)^k. \tag{11.2}$$

显然，公式(11.2)的基本前提是年增长率 r 保持不变．这个条件在什么情况下才成立，如果不成立又该怎么办？历史上，人口模型的发展过程就回答了这个问题．

早在 18 世纪人们就开始进行人口预测工作了，一二百年来发展了许多模型，其中比较简单而且最著名的有两种．

11.3.1　Malthus 模型(人口指数增长模型)

1798 年，英国人口学家马尔萨斯(Malthus)在分析了一百多年人口统计资料之后，提出了著名的 Malthus 模型．

模型的基本假设　(1)初始时刻 t_0 的人口总数量为 x_0，且人口的增长率 r 是常数；

(2) $x(t)$ 表示 t 时刻的人口数量，且连续可微；

(3)人口数量的变化是封闭的，即人口数量的增加与减少只取决于人口中个体的生育和死亡，且每一个体都具有相同的生育能力与死亡率．

建模与求解　由假设，t 时刻到 $t+\Delta t$ 时刻人口数量的增量为

$$x(t+\Delta t)-x(t)=rx(t)\Delta t,$$

于是，得

$$\begin{cases}\dfrac{\mathrm{d}x}{\mathrm{d}t}=rx,\\ x(t_0)=x_0.\end{cases} \tag{11.3}$$

求解方程组(11.3)，得

$$x(t)=x_0\mathrm{e}^{r(t-t_0)}. \tag{11.4}$$

在上述假设下，当$r>0$时，根据式(11.4)可以预测人口数量随时间按指数规律增长，这就是 **Malthus 人口模型**，也称为**指数增长模型．**

模型评价　考虑人口增长的实际情况，1961 年，世界人口总数为 3.06×10^9，在 1961~1970 年，每年平均的人口自然增长率约为 2%，则由式(11.4)，有

$$x(t)=3.06\times10^9\times\mathrm{e}^{0.02(t-1961)}. \tag{11.5}$$

根据 1961～1970 年世界人口的统计数据，发现这些数据与用式(11.5)计算的结果是基本吻合的.因为在这期间地球上的人口大约每 35 年增加 1 倍，而由式(11.5)算出每 34.6 年增加 1 倍.此外，对一些人口增长率长期稳定不变的国家和地区用这个模型进行预测，结果也令人满意．但是，若还是利用式(11.5)对世界人口进

行预测，则会得出令人惊异的结论：当 $t=2670$ 年时 $x(t)\approx 4.4\times 10^{15}$，而这相当于地球的陆地上每平方米要容纳至少 20 人.显然，这是不可能的，引起误差的根本原因是对增长率的估计过高.

另外，人们用式(11.4)对 1970～1990 年的美国人口进行了估算，结果与实际人口吻合不好.事实上，当 $t\to+\infty$ 时，人口数量 $x(t)\to+\infty$，依生物学常识判断这是不可能的. 因为最终人口拥挤产生的效应，如向外移民、疾病、战争、食物短缺、种内竞争等，都必将使人口数量的增长受到抑制.

人们还发现，在地广人稀的加拿大，法国移民后代的人口数量比较符合指数增长模型，而同一血统的法国本土居民人口的增长数量却远低于这个模型的预报结果. 因此，人们对r是常数的假设提出了疑问.为了使人口预测，特别是长期预测更好地符合实际情况，必须修改指数增长模型中关于人口增长率是常数的基本假设. 1837 年，荷兰生物学家费尔哈斯(Verhulst)给出的逻辑斯蒂(Logistic)模型就是修改模型中比较著名的一个.

11.3.2 Logistic 模型(人口阻滞增长模型)

随着人口数量的增加，自然资源、环境条件等因素对人口数量继续增长的阻滞作用将越来越显著. 如果在人口较少时，可以把增长率r看成常数，那么，当人口增加到一定数量之后，增长率就会随着人口数量的继续增加而逐渐减少，阻滞作用就体现在对人口增长率的影响上，此时应当视r为一个随人口数量x的增加而减小的变量. 可以将增长率 r 表示为人口数量 x 的函数 $r(x)$，则它应该是 $x(t)$ 的一个减函数.故此情形下，$\dfrac{\mathrm{d}x}{\mathrm{d}t}=r(x)x$.

模型的基本假设 (1) 初始时刻 t_0 的人口总数量为 x_0；

(2) 人口增长率 $r(x)$ 为人口数量x的线性函数 $r(x)=r-sx$，其中 r 为固有增长率，且 $r>0,s>0$；

(3) 自然资源与环境条件等所能容纳的最大人口数量为 x_m，即当 $x=x_m$ 时，人口增长率 $r(x_m)=0$.

模型建立与求解 由假设，得 $s=\dfrac{r}{x_m}$,从而 $r(x)=r\left(1-\dfrac{x}{x_m}\right)$，则有

$$\begin{cases}\dfrac{\mathrm{d}x}{\mathrm{d}t}=r\left(1-\dfrac{x}{x_m}\right)x,\\ x(t_0)=x_0,\end{cases}\tag{11.6}$$

求解具有初值条件的常微分方程(11.6),得

$$x(t)=\frac{x_m}{1+\left(\frac{x_m}{x_0}-1\right)\mathrm{e}^{-r(t-t_0)}}. \tag{11.7}$$

模型检验 根据方程组(11.6)，可大致画出$\frac{\mathrm{d}x}{\mathrm{d}t}$的曲线图(图 11-4)，它描述了人口增长率随人口数量的变化规律. 根据式(11.7)，可以画出 Logistic 模型曲线(图 11-5)，该曲线称为 **S 型曲线**或**人口数量增长曲线**，它描述了人口数量 $x(t)$随时间 t 的变化规律：

(1) $\lim\limits_{t\to+\infty}x(t)=x_m$，即无论人口数量的初值 x_0 如何，人口总数量以 x_m 为极限；

(2) 当$0<x<x_m$时，$\frac{\mathrm{d}x}{\mathrm{d}t}=r\left(1-\frac{x}{x_m}\right)x>0$，这说明人口数量 $x(t)$ 在达到最大人口数 x_m 之前是单调增加的；

(3) 人口数量的变化率$\frac{\mathrm{d}x}{\mathrm{d}t}$在$x=\frac{x_m}{2}$时取到最大值，即人口总数量达到极限值的一半以前是加速增长时期，经过这一点之后，增长速率会逐渐减小，最终减少到零.

事实上，将式(11.7)表示为另一种形式往往更方便. 若设 t^*为人口总数达到极限值 x_m 一半的时刻，即$x(t^*)=\frac{x_m}{2}$，则由式(11.7)，得$t_0=t^*-\frac{1}{r}\ln\left(\frac{x_m}{x_0}-1\right)$，代入式(11.7)并化简，得

$$x(t)=\frac{x_m}{1+\mathrm{e}^{-r(t-t^*)}}. \tag{11.8}$$

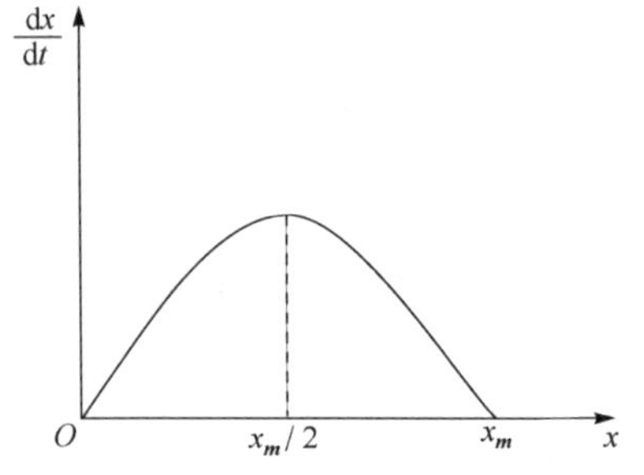

图 11-4 $\frac{\mathrm{d}x}{\mathrm{d}t}$曲线图

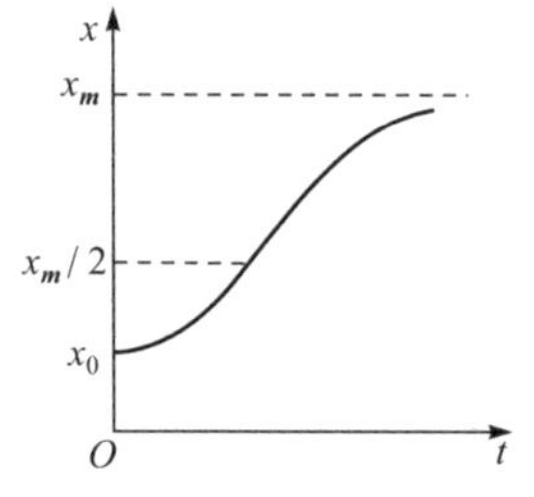

图 11-5 Logistic 模型曲线

模型评价 与 Malthus 模型一样，人们曾用这个模型预报美国的人口数量. 1920 年，有人给出了如下一个关于美国人口增长的 Logistic 模型：

$$x(t)=\frac{197273522}{1+\mathrm{e}^{-0.03134(t-1914.32)}}, \tag{11.9}$$

其中 $x_m=197273522$，$r=0.03134$，$t^*=1914.32$.这些数据是根据 1790 年、1850 年和 1910 年的美国人口普查的数据，利用最小二乘法拟合得到的.将一些实际数据代入(11.9)式验算,人们发现直到 1930 年,计算结果与实际数据都能较好地吻合，然而在 1930 年之后，计算结果与实际偏差较大，原因之一是 1960 年美国的实际人口已经突破了用过去数据确定的最大人口数量 x_m.由此可见，Logistic 模型的缺点之一就是不容易确定 x_m.

尽管有局限性，Logistic 模型在分析和预测生物数量方面仍有广泛的应用. 上面讨论的人口模型都是确定性的，已知初始人口数量并且给定了生育率、死亡率等数据后，可以确切地预测未来的人口数量. 但事实上，一个人的出生和死亡应该说是随机事件，很难或无法准确预测. 为此，数学家还陆续提出了随机人口模型，考虑人口年龄分布的人口模型等.

11.4 报童模型问题——建模示例之三

运筹学是研究如何将生产管理等实际系统中出现的问题加以提炼，然后利用数学方法寻找问题的最佳或近似最佳的解答的一门学科. 报童模型是著名的运筹学模型，它考虑的是易逝品经销商面对不确定性较大的市场需求，在销售期之前要决定易逝品的订购量问题，最优的订购量要求经销商在库存过量和库存短缺之间确定平衡，以求获得最大收益.报童模型的历史可以追溯到 1888 年，当时著名的经济学家埃奇沃斯(Edgeworth)用它解决银行的资金流问题.此后,报童模型被推广应用到生产、服务、管理和金融等领域中.

报童模型问题 报童每天清晨从报社购进报纸零售，晚上卖不出去的可以退回，但退回价格要比购进价格低. 为报童筹划一下，他应如何确定每天购进报纸的数量，以获得最大的收入.

报童模型问题的建模过程如下.

模型的准备 报童购进数量应根据需求量确定，但需求量是随机的，所以，报童每天如果购进的报纸太少，不够卖则会少赚钱；如果购进太多，卖不完则要赔钱.由于每天报纸的需求量是随机的，致使报童每天的收入也是随机的，因此衡量报童的收入，不能是报童每天的收入，而应该是他长期(几个月或一年)卖报的日平均收入，这相当于报童每天收入的期望值(以下简称平均收入).

模型的基本假设　(1) 零售价为 a，购进价为 b，退回价为 c，$a>b>c$，即，售出一份报纸赚 $a-b$，退回一份赔 $b-c$. (这里涉及的价格单位均为：元)

(2) 报童已经通过自己的经验或其他渠道掌握了需求量的随机规律，即，在他的销售范围内，每天报纸的需求量为r份的概率是

$$P\{R=r\}=f(r)\quad (r=0,1,2,\cdots).$$

这里忽略重大事件发生时卖报的高峰期，以及恶劣天气时卖报的低谷期等特别时期.

(3) 报童每天购进 n 份报纸，收入为 W，平均收入为 $G(n)$.

建模与求解　因为需求量 r 是随机的，r 可以小于 n，等于 n 或大于 n；由于报童每卖出一份报纸赚 $a-b$，退回一份报纸赔 $b-c$，所以当需求量 $r\leqslant n$ 时，则他售出 r 份，退回 $n-r$ 份，即赚了 $(a-b)r$，赔了 $(b-c)(n-r)$；而当 $r>n$ 时，则 n 份全部售出，即赚了 $(a-b)n$.综上所述，可得

$$W=\begin{cases}(a-b)r-(b-c)(n-r), & 0\leqslant r\leqslant n,\\ (a-b)n, & r>n.\end{cases}\tag{11.10}$$

则

$$G(n)=\sum_{r=0}^{n}\left[(a-b)r-(b-c)(n-r)\right]f(r)+\sum_{r=n+1}^{\infty}(a-b)nf(r).\tag{11.11}$$

问题归结为：当 $f(r)$，a，b，c 已知时，求 n，使 $G(n)$ 最大.

通常需求量 r 的取值和购进量 n 都相当大，将 r,n 视为连续变量更便于分析和计算，这时 $f(r)$ 转化为分布密度函数 $p(r)$，这样(11.11)式变为

$$\begin{aligned}G(n)=EW&=\int_0^n\left[(a-b)r-(b-c)(n-r)\right]p(r)\mathrm{d}r+\int_n^{+\infty}(a-b)np(r)\mathrm{d}r\\ &=(a-c)\int_0^n rp(r)\mathrm{d}r-n(b-c)\int_0^n p(r)\mathrm{d}r+(a-b)n\int_n^{+\infty}p(r)\mathrm{d}r,\end{aligned}$$

即

$$G(n)=(a-c)\int_0^n rp(r)\mathrm{d}r-n(b-c)\int_0^n p(r)\mathrm{d}r+(a-b)n\int_n^{+\infty}p(r)\mathrm{d}r.\tag{11.12}$$

对 $G(n)$ 求导以求其最大值，令

$$\frac{\mathrm{d}G}{\mathrm{d}n}=-(b-c)\int_0^n p(r)\mathrm{d}r+(a-b)\int_n^{+\infty}p(r)\mathrm{d}r=0,$$

得

$$\frac{\int_0^n p(r)\mathrm{d}r}{\int_n^{+\infty} p(r)\mathrm{d}r} = \frac{a-b}{b-c}. \tag{11.13}$$

因为 $\int_0^n p(r)\mathrm{d}r + \int_n^{+\infty} p(r)\mathrm{d}r = 1$，由(11.13)式，整理可得

$$\int_0^n p(r)\mathrm{d}r = \frac{a-b}{a-c}. \tag{11.14}$$

从而，使报童日平均收入达到最大的购进量 n 应满足式(11.14)．根据需求量的分布密度函数 $p(r)$ 的图形(图 11-6)，很容易由式(11.14)求得报纸的购进量 n．

在图 11-6 中，用 P_1, P_2 分别表示曲线 $p(r)$ 下的两块面积.显然，当购进 n 份报纸时，$P_1 = \int_0^n p(r)\mathrm{d}r$ 是需求量 r 不超过 n 的概率，即卖不完的概率；而 $P_2 = \int_n^{+\infty} p(r)\mathrm{d}r$ 是需求量 r 超过 n 的概率，即卖完的概率. 由式(11.13)可得

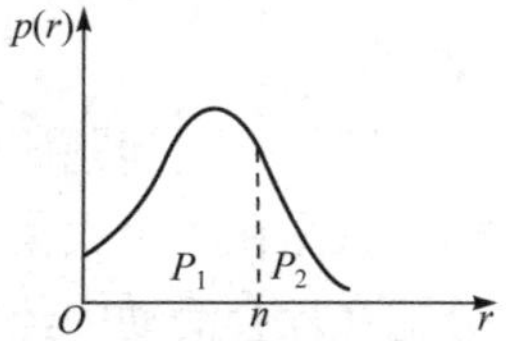

图 11-6

$$\frac{P_1}{P_2} = \frac{a-b}{b-c}, \tag{11.15}$$

这表明:购进的报纸份数 n 应该是卖不完与卖完的概率之比，恰好等于卖出一份赚的钱 $a-b$ 与退回一份赔的钱 $b-c$ 之比．显然，当报童与邮局签订的合同使报童每份赚钱与赔钱之比越大时，报童购进的份数就应该越多，收入就越大.

例 报童每天清晨从邮局购进报纸零售，购进价格为 0.15 元，售出价格为 0.2 元，退回价为 0.12 元.假设每天报纸的需求量 r 服从均值为 500 份且均方差为 50 份的正态分布，即 $r \sim N(500, 50^2)$，报童应如何确定每天购进报纸的数量，以获得最大的收入.

解 显然，$a = 0.2, b = 0.15, c = 0.12$. 令 P_1，P_2 分别表示卖不完和卖完的概率，则由(11.14)式，可得 $\int_0^n p(r)\mathrm{d}r = \frac{a-b}{a-c} = \frac{0.2-0.15}{0.2-0.12} = \frac{5}{8} = 0.625$.

又因为 $r \sim N(500, 50^2)$，$\mu = 500$，$\sigma = 50$，利用标准正态分布表，查得上述 0.625 对应的 $z = 0.32$ (详细介绍从略)，故有

$$n = \mu + 0.32\sigma = 500 + 0.32 \times 50 = 516,$$

即每天购进 516 份报纸时，报童的收入最大.

报童模型反映了许多现实情况，企业管理者运用报童模型可以得出企业不同需求目的下的最优订购量和各种绩效衡量指标，如期望销售、期望销售损失、期

望剩余库存、期望利润和订单完成率等. 根据这些绩效指标, 企业能够节约资源, 提高效率,使效益达到最好.

但是, 实际的经济活动不可能像报童模型问题那么理想化和简单化, 很多复杂的因素掺杂其中.例如, 决策者在掌握了订购数量的最优化方案后, 在什么时间下订单,也是非常重要的.因为订购的时间牵涉到库存的周转和资金的流动,此时, 上述报童模型就失效了.于是, 各种基于报童模型发展起来的数学模型不断出现, 以适应不同情形下的实际问题.

11.5　公平的席位分配问题——建模示例之四

席位分配问题研究的是人类社会生活中相当普遍的一类资源分配问题, 其目标是试图在一个大集体对小集体进行某种资源分配时尽可能做到公平合理. 席位分配在社会活动中经常遇到, 例如, 各级干部、人大代表或学生代表的名额分配, 以及其他物质资料的分配等.

席位分配是否公平合理是选民最关心的问题, 这一问题早已引起西方政治家和数学家的关注, 并进行了深入的研究, 其中大量地使用了数学方法.本节以学生会选举为例, 做一简单介绍.

每所高校都有学生会, 学生会大约每年改选一次. 在每届学生会改选时, 都需要给出各院系的委员分配名额. 那么名额如何分配才算合理呢? 一个简单的办法就是, 按学生人数比例分配.

假设某高校的学生会有 n 名委员, 再设该校有 s 个系, 各系的学生数为 p_i, $i=1,2,\cdots,s$, 则全校的学生数 $p=p_1+p_2+\cdots+p_s$.

现在的问题是, 找出一组相应的整数 $n_1, n_2, \cdots, n_s$, 使得

$$n_1+n_2+\cdots+n_s=n,$$

其中 n_i 是第 i 个系获得的委员数. 采用按学生人数比例分配的方法分配委员名额. 记 $q_i=\dfrac{p_i}{p}n$,称为分配的份额.自然有

$$q_1+q_2+\cdots+q_n=n.$$

但是会出现这样的问题: 人数的比例常常不是整数, 而简单的四舍五入的结果可能会出现名额多余或名额不足的情况. 例如, 假设某高校现有甲、乙、丙三个系, 共 200 名学生(其中甲系: 100, 乙系: 60, 丙系: 40), 学生会设有 20 个委员席位, 按比例分配, 三个系应分别有 10, 6, 4 位委员. 现有个别学生转系, 则各系学生人数及分配的委员数发生了变化. 下面三个表格说明了三种不同的变

化情况: 按四舍五入法，表 11-1 正好产生了 20 个委员；表 11-2 产生了 21 个委员，表 11-3 则产生了 19 个委员.

表 11-1

系名	甲	乙	丙	总数
学生数	107	59	34	200
学生人数比例	53.5%	29.5%	17%	100%
按比例分配席位	10.7	5.9	3.4	20
最终委员数	11	6	3	20

表 11-2

系名	甲	乙	丙	总数
学生数	105	60	35	200
学生人数比例	52.5%	30%	17.5%	100%
按比例分配席位	10.5	6	3.5	20
最终委员数	11	6	4	21

表 11-3

系名	甲	乙	丙	总数
学生数	104	62	34	200
学生人数比例	52%	31%	17%	100%
按比例分配席位	10.4	6.2	3.4	20
最终委员数	10	6	3	19

正因为有这一缺点，美国乔治·华盛顿时代的财政部长亚历山大·汉密尔顿(Alexander Hamilton)在 1790 年提出一个解决名额分配的办法，并于 1792 年为美国国会所通过.

具体方法如下(以美国国会议员按州分配为例)：

(1) 取各州份额 q_i 的整数部分$[q_i]$，先让第 i 个州拥有$[q_i]$个议员；

(2) 考虑各个 q_i 的小数部分 $q_i-[q_i]$，按从大到小的顺序将余下的名额分配给相应的州，直到名额分配完为止.

这种名额分配方法称为**汉密尔顿方法**.表 11-4 给出了按照这种方法进行学生会选举分配的结果.

表 11-4

系名	甲	乙	丙	总数
学生数	103	63	34	200
学生人数比例	51.5%	31.5%	17%	100%
按比例分配席位	10.3	6.3	3.4	20
最终委员数	10	6	4	20

汉密尔顿方法看起来十分合理，但是仍存在问题.例如在表 11-2 中出现了甲系和丙系的小数部分相同的情况.若甲系和丙系各增加一个名额，就会出现超出预定名额的情况；若两系都不增加名额，就会出现名额不满的情况.当然在选民众多的情况下，出现小数部分相等的情况十分少见.但是，下面提到的亚拉巴马悖论却是不容忽视的.

1880 年，美国人口普查后，亚拉巴马州发现汉密尔顿方法触犯了该州的利益，其后，1890 年和 1900 年两次人口普查后，缅因州和克罗拉多州也极力反对汉密尔顿方法.原因是若按照常规，假定各州的人口比例不变，议员名额的总数由于某种原因而增加的话，那么各州的议员名额数或者不变，或者增加，至少不应该减少. 可是汉密尔顿方法却不能满足这一常识. 人们把汉密尔顿方法所产生的这一矛盾称为**亚拉巴马悖论**.

仍以校学生会为例,在表 11-4 的学生数基础上，由于考虑到 20 个名额的委员在表决提案时可能会出现10 : 10的结果，所以，学生会决定下届增加一个委员名额，即 21 个名额.仍按照汉密尔顿方法分配名额，得到以下数据表 11-5.

表 11-5

系名	甲	乙	丙	总数
学生数	103	63	34	200
学生人数比例	51.5%	31.5%	17%	100%
按比例分配席位	10.815	6.615	3.57	21
最终委员数	11	7	3	21

计算结果表明，委员的总名额增加一个，丙系反而减少了一个委员名额，这当然对丙系不公平.

从 1880 年起，美国国会就针对汉密尔顿方法的公正合理性展开了争论，消除亚拉巴马悖论的新方法不久就提出来了.但是新的方法又引出新的问题.于是更新的方法，即更加公正合理的方法又出现了.因此，人们自然会问，有没有一种一劳永逸的解决办法呢?

这个问题从诞生之日起，就一直吸引着众多政治家和数学家去研究.1952 年，美国数学家阿罗(K.J.Arrow，1921—)证明了一个令人吃惊的结果——**阿罗不可能定理**，该定理表明不可能找到一个公平合理的选举方法.这就是说，只有更合理，而没有最合理的选举方法.阿罗不可能定理是数学应用于社会科学的一个里程碑，它不仅是一项数学成果，而且在经济学的研究与实践中意义非凡. 阿罗因此发现于 1972 年获得了诺贝尔经济学奖.

习 题 11

1. 下图是国际奥委会的会标，你能一笔把它画出来吗?

下面的四个图形呢，是否可以一笔画出来?

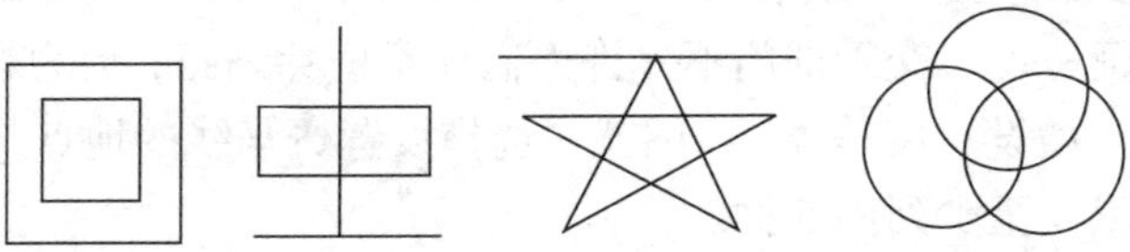

(1) (2) (3) (4)

2. 要为一所大学编制全校性选修课程表，有哪些因素应予以考虑?请至少列出 5 种.

3. 静脉输入葡萄糖是一种重要的医疗技术，为了研究这一过程，设 $G(t)$为 t 时刻血液中的葡萄糖含量，且设葡萄糖以每分钟k克的固定速率输入到血液中.同时，血液中的葡萄糖还会转化为其他物质或转移到其他地方，其速率与血液中的葡萄糖含量成正比(比例系数为常数 a).试列出描述这一情况的微分方程，并求解此方程.

4. 当轮船的前进速度为 v_0时，推进器停止工作.已知轮船受水的阻力与船速的平方成正比(比例系数为 mk，其中 $k>0$ 为常数，m 为船的质量).问经过多少时间，轮船的速度减为原来速度的一半?

5. 假设每份报纸的购进价为 0.75 元，售出价为 1 元，退回价为 0.6 元，且报纸的需求量服从均值为 500 份，均方差为 50 份的正态分布.问报童每天应购进多少份报纸，才能使其平均收入达到最高?

6. 某学校共有 1000 名学生，其中 235 人住在 1 号宿舍楼，333 人住在 2 号宿舍楼，432

人住在 3 号宿舍楼.学生们要组织一个 10 个人的楼管会，试用汉密尔顿方法分配各宿舍楼的委员数.

自主探索

1. 一艘游船上有 800 名游客.假设一名游客患了某种传染病，12 小时后有 3 人发病，由于这种传染病没有早期症状，故感染者不能被及时隔离.直升机将在 60 至 72 小时间将疫苗送达.试估算疫苗送达时患此传染病的人数(这里假设传染病的传播速度与受感染的人数及未受感染的人数之积成正比) .

2. 受害者的尸体于晚上 7:30 被发现，法医于晚上 8:20 赶到凶案现场，测得尸体温度为 32.6℃.一小时后，当尸体即将被抬走时，测得尸体温度为 31.4℃，室温在几个小时内始终保持 21.1℃.此案最大的嫌疑犯张某声称自己是无罪的，并有证人说："张某下午一直在办公室上班，5:00 时打完电话后就离开了办公室".从张某到受害者家(凶案现场)步行需 5 分钟.问张某不在凶案现场的证言能否被采信，使他排除在嫌疑犯之外.(提示：利用牛顿冷却定律——物体在介质中的冷却速度同该物体温度与介质温度之差成正比)

合作研究

1. 某条公路的交通不太拥挤，以至人们养成了"冲过"马路的习惯，而不愿意走临近的"斑马线".交管部门不允许人们任意横穿马路，但为方便行人，准备在一些特殊地点增设"斑马线". 试就"选择设置斑马线的地点"这一问题，应该考虑哪些因素？至少列出 5 种.

2. 一座高层办公楼有四部电梯，早晨上班时间电梯非常拥挤，人们可以通过建立数学模型分析此问题并给出解决问题的建议.试讨论建模时需要准备哪些数据资料(至少列举 3 条)，要做哪些建模的前期工作(至少列举 3 条)，应该建立何种类型的数学模型?

部分习题参考答案与提示

第1章

习题1

1．(1)否，定义域不同；(2)是；(3)否，定义域不同；(4)是.

2．(1) $(0,1)\cup(1,+\infty)$；(2) $[-1,0]$；(3) $(-1,1]$；

(4) $(4,+\infty)$；(5) $\left[2k\pi-\dfrac{\pi}{2},2k\pi+\dfrac{\pi}{2}\right],k\in\mathbf{Z}$；(6) $[0,+\infty)$.

3．1，1，90，220，30，35.

4．$A=\left(\dfrac{l}{4}\right)^2$ 是函数关系，菱形或三角形周长和面积的关系则不是函数关系.

5．(1)将位于横轴下方的图像翻转 180° 到上方，但取非负值部分的图像不动；(2)取负值部分图像变为横轴，但取非负值部分的图像不动；(3)取正值部分图像变为横轴，但取非正值部分的图像不动.

6． $y=5x+80$.

7． $L(x)=355x-\dfrac{3}{2}x^2-800$，$L(100)=19700$ (元).

8．(1)偶函数；(2)偶函数；(3)奇函数；(4)非奇非偶函数.

9．(1)周期为 π；(2)周期为 2π；(3)周期为 $\dfrac{\pi}{3}$.

10． $\dfrac{1}{x^2}$，$\dfrac{1+x}{2+x}$，x^4-2x^2，$\dfrac{-2x-x^2}{(1+x)^2}$.

11．(1) x^2-2；(2) $x(x^2-1)$.

12．(1) $y=\sqrt{u}$，$u=(2x-1)^2+1$；(2) $y=3u$，$u=\sin v$，$v=x+\dfrac{\pi}{6}$；

(3) $y=\mathrm{e}^u$，$u=v^2$，$v=\cos w$，$w=\dfrac{1}{x}$；(4) $y=u^3$，$u=\sin v$，$v=\ln w$，$w=\tan s$，$s=\dfrac{1}{t}$，$t=x^2+1$.

13．(1) $y=\sqrt{x^2-1},x\geqslant 1$；(2) $y=\dfrac{x+1}{x-1},x\neq 1$；(3) $y=\mathrm{e}^{x-1}-3,x\in(-\infty,+\infty)$；

(4) $y=\sin\frac{1}{4}(x^2-\pi), x\in[0,\sqrt{3\pi}]$；(5) $y=\begin{cases} x, & -\infty<x<1, \\ \sqrt{x}, & 1\leqslant x\leqslant 16, \\ \log_2 x, & 16<x<+\infty. \end{cases}$

自主探索

3. 提示：$a+d=0, ad\neq bc$.

第 2 章

习题 2

1. (1)$\frac{1}{6}$； (2)3； (3)$\frac{1}{2}$； (4)0； (5)e^3.

3. (1)$\lim\limits_{x\to 0^-}f(x)=\lim\limits_{x\to 0^+}f(x)=1$； (2)$\lim\limits_{x\to 0^-}f(x)=-1$, $\lim\limits_{x\to 0^+}f(x)=0$；

(3)$\lim\limits_{x\to 0^-}f(x)=1$, $\lim\limits_{x\to 0^+}f(x)=0$.

4. (1)$\frac{3}{5}$； (2)8； (3)$\frac{1}{2}$； (4)$\frac{1}{3}$； (5)0； (6)0.

5. (1)$\frac{3}{2}$； (2)1； (3)5； (4)$\frac{1}{4}$； (5)e^{-1}；(6)e^2.

6. $a=1$， $b=-1$.

7. (1)无穷小量；(2)无穷大量；(3)无穷小量；(4)无穷大量.

8. (1)间断；(2)连续；(3)连续；(4)间断.

9. (1)$\frac{2}{\pi}$； (2)6； (3)$\frac{\pi}{6}+e$.

10. (1)$k=2$；(2)$k=1$.

自主探索

1. (1)N不是ε的函数. (2)数列$\{a_n\}$的敛散性与其前有限项无关.

(3)无界数列一定发散. (4)除去常数函数，$\lim\limits_{x\to+\infty}f(x)$都不存在.

(5)无穷小量不是一个很小的量. 0 为无穷小量. 无穷大量也不是一个很大的量.

(6)第一个求极限的方法是错误的，因为无穷多项作加法的极限没有四则运算法则；第二个求极限的方法错误的原因是底和指数的x要同时趋于无穷.

(7)树木生长的高度作为时间的函数、自由落体物体的下落距离作为时间的函数都具有连续性；城市人口数量作为时间的函数、股市股指的变化作为时间的函数都不具有连续性.

3. $a=19$.

第3章

习题3

2. (1)11 m / s；(2)15 m / s；(3)17 m / s .

3. (1) $y-11=7(x-2)$； $y-11=-\frac{1}{7}(x-2)$；(2) $(-4,5)$.

4. (1) $y'=\cos x-\sin x-\frac{1}{x}$；　(2) $y'=x^{-\frac{2}{3}}+x^2$；

(3) $y'=8x^7\ln x+x^7$；　(4) $y'=\frac{x\sec^2 x-\tan x}{x^2}$；

(5) $y'=\cos x\ln x-x\sin x\ln x+\cos x$；　(6) $y=\frac{2}{1+\cos x}$；

(7) $y'=7+\frac{3}{x^4}$；　(8) $y=3x^2(5x+1)+5x^3$.

5. (1) $y'=\frac{x+1}{\sqrt{x^2+2x-1}}$；　(2) $y'=-\tan x$；

(3) $y'=2(3t-1)\cos(3t^2-2t+1)$；　(4) $y'=6(4x-7)(2x^2-7x+3)^5$；

(5) $y'=\frac{1}{\sqrt{1+x^2}}$；　(6) $y'=\frac{2}{1+x^2}$；

(7) $y'=-\sin x\cos(\cos x)$；　(8) $y'=\frac{1}{x+1}$；

(9) $y'=\frac{4}{(e^x+e^{-x})^2}$；　(10) $y'=2x\sin\frac{1}{x}-\cos\frac{1}{x}$；

(11) $y'=-\frac{1}{\sqrt{x-x^2}}$；　(12) $y'=\frac{1}{\sin x}$.

6. (1) $\frac{dV}{dH}=\frac{1}{3}\pi H^2$；　(2) $\frac{dV}{dR}=\sqrt{3}\pi R^2$.

8. (1) $y^{(n)}=\alpha^n e^{\alpha x}$；　(2) $y^{(n)}=\sin\left(x+n\cdot\frac{\pi}{2}\right)(n\in\mathbf{N})$；(3) $y^{(n)}=2^x(\ln 2)^n$.

9. (1) $\frac{1}{2}e^{2x}$；　(2) $-\frac{1}{2}\cos 2x$；　(3) $\ln|x+1|$；　(4) $-\frac{1}{x}$；

(5) $2\sqrt{x}$；　(6) x^3 .

10. (1) $dy=e^x(\cos x-\sin x)dx$；　(2) $dy=\sin 2x dx$；

(3) $dy=\frac{x+1}{\sqrt{x^2+2x-5}}dx$；　(4) $dy=-2x\sin 2(x^2+1)dx$；

(5) $\mathrm{d}y=\dfrac{1}{2}\cot\dfrac{x}{2}\mathrm{d}x$；　(6) $\mathrm{d}y=\mathrm{e}^x(x^2+2x+1)\mathrm{d}x$.

11．309π，300π.

12．(1) 5.8333；(2) 0.7954.

自主探索

3．(1) $y'=\dfrac{1}{2}\sqrt{\dfrac{(x+1)(x+2)}{(x+3)(x+4)}}\left(\dfrac{1}{x+1}+\dfrac{1}{x+2}-\dfrac{1}{x+3}-\dfrac{1}{x+4}\right)$；(2) $y'=x^x(\ln x+1)$.

第 4 章

习题 4

1．(1) $\xi=-\dfrac{\sqrt{3}}{3}$；(2) $\xi=\mathrm{e}-1$.

2．(1) 27；　(2) $\dfrac{1}{2}$；　(3) 0；　(4) 0；

(5) $\dfrac{1}{3}$；　(6) 0；　(7) 1；　(8) e^{-6}.

3. (1) 单调增加区间 $(-\infty,-1)$，$(3,+\infty)$；单调减少区间 $(-1,3)$；极小值点 $x=3$，极小值 $y=-37$；极大值点 $x=-1$，极大值 $y=27$.

(2) 单调增加区间 $(-\infty,-2)$，$(0,+\infty)$；单调减少区间 $(-2,0)$；极大值点 $x=-2$，极大值 $y=-3$.

(3) 单调增加区间 $(0,2)$；单调减少区间 $(-\infty,0)$，$(2,+\infty)$；极小值点 $x=0$，极小值 $y=0$；极大值点 $x=2$，极大值 $y=\dfrac{4}{\mathrm{e}^2}$.

(4)单调增加区间 $(-\infty,0)$，$(1,+\infty)$；单调减少区间 $(0,1)$；极小值点 $x=1$，极小值 $y=-\dfrac{1}{2}$；极大值点 $x=0$，极大值 $y=0$.

4．$r=\dfrac{L}{4+\pi}$，$h=\dfrac{L}{4+\pi}$.

5．5 小时.

6．200.

自主探索

2．函数的极大值不一定大于极小值．函数的最大值一定大于最小值．因为极值是局部的概念，而最值是全局的概念.

3．洛必达法则失效的原因是不符合 $\lim\limits_{x\to\infty}\dfrac{f'(x)}{g'(x)}$ 存在的条件.

第5章

习题5

1\. (1) $\dfrac{x^2}{2}-3\ln|x|+\pi x+C$； (2) $\dfrac{2^x}{\ln 2}-\dfrac{1}{3x^3}+C$；

(3) $\dfrac{1}{2}(x+\sin x)+C$； (4) $\sin x-\cos x+C$；

(5) $2\arctan x+x-\dfrac{x^3}{3}+C$； (6) $\arctan x-\dfrac{1}{x}+C$；

(7) $2\arcsin x-3e^x+x+C$； (8) $\dfrac{2}{3}x^{\frac{3}{2}}-3x+6x^{\frac{1}{2}}-\ln|x|+C$.

2\. (1) $\dfrac{1}{2}\sin(2x+3)+C$； (2) $\dfrac{1}{101}(x+1)^{101}+C$；

(3) $-\dfrac{1}{2}e^{-x^2}+C$； (4) $\dfrac{\arctan a^x}{\ln a}+C$；

(5) $\dfrac{1}{4}\arcsin\left(\dfrac{4}{3}x\right)+C$； (6) $\sin(\ln x)+C$；

(7) $\dfrac{1}{2}\tan(2x-1)+C$； (8) $\ln|x+\cos x|+C$.

3\. (1) $2[\sqrt{x}-\ln(1+\sqrt{x})]+C$； (2) $-\dfrac{\sqrt{1-x^2}}{x}-\arcsin x+C$；

(3) $2(x-3)^{\frac{3}{2}}+\dfrac{2}{5}(x-3)^{\frac{5}{2}}+C$； (4) $\ln|\sqrt{x^2+a^2}+x|+C$.

4\. (1) $x\arctan x-\dfrac{1}{2}\ln(1+x^2)+C$； (2) $x^2\sin x+2(x\cos x-\sin x)+C$；

(3) $-e^{-x}(x^2+2x+2)+C$； (4) $x\ln(1+x^2)-2x+2\arctan x+C$.

第6章

习题6

1\. 50，几何意义为直线 $y=x$， $x=10$，以及 x 轴所围成的三角形的面积.

2\. (1) $\int_0^1 x\,dx>\int_0^1 x^2\,dx$； (2) $\int_0^{\frac{\pi}{2}}\sin x\,dx>\int_0^{\frac{\pi}{2}}\sin^2 x\,dx$；

(3) $\int_0^1 e^{-x}\,dx<\int_0^1 e^{-x^2}\,dx$.

4\. (1) $\dfrac{\pi}{3}$； (2) $1-\dfrac{\pi}{4}$； (3) $\dfrac{1}{28}$； (4) $\dfrac{65}{4}$；

(5) 1；　(6) 2π；　(7) $\dfrac{e^2+1}{4}$；　(8) $\dfrac{1}{2}$.

5．(1) $\dfrac{3}{2}-\ln 2$；　(2) 18.

6．(1) $\dfrac{\pi^2}{4}$；　(2) $\dfrac{4}{3}\pi a^2 b$；　(3) $\dfrac{1}{3}\pi r^2 h$.

7．(1) $\dfrac{1}{3}$；　(2) $\dfrac{2}{e}$.

第 7 章

习题 7

1．(1) $e^{-y}+e^{x}=C$（C 为任意正常数）；　(2) $(1-x)(1+y)=2$；

(3) $\arcsin y=\arcsin x+C$；　(4) $(x^2-1)(y^2-1)=9$.

2．(1) $\dfrac{1}{\sqrt{2}}\arctan\dfrac{2x+y}{\sqrt{2}}=x+C$；　(2) $y=Ce^{\frac{y}{x}}$；

(3) $(x-y)^2+2x=3$；　(4) $\sqrt{x^2+y^2}=\sqrt{2}e^{\frac{\pi}{4}-\arctan\frac{y}{x}}$.

3．(1) $y=\left(1-\dfrac{1}{x}\right)e^{x}$；　(2) $y=-\dfrac{1}{2}\left(x^2+x+\dfrac{1}{2}\right)+Ce^{2x}$；

(3) $x>0$ 时, $y=3+\dfrac{1}{x}C$；　$x<0$ 时, $y=3-\dfrac{1}{x}C$；　(4) $y=\cos x(-2\cos x+1)$.

4．(1)约 23 个．(2)约 138 分钟.

自主探索

1．(1)是；　(2)不是；　(3)不是；　(4)不是；　(5)不是.

2．约为 3244 年.

第 8 章

习题 8

1．(1) Ω={(正，正，正)，(反，正，正)，(正，反，正)，(正，正，反)，(反，反，正)，(正，反，反)，(反，正，反)，(反，反，反)}；

(2) $p(A_1)=\dfrac{3}{8}$，$p(A_2)=\dfrac{7}{8}$.

2．(1) {取到的球号码为 1，2，3，4，5，7，9}；

(2) {取到的球号码为 5，7，9}；

(3) $\varnothing$；　(4){取到的球号码为 1，3，5，6，7，8，9，10}.

3．约 0.0379.

4．0.528．

5．$\frac{1}{2}$．

6．$\frac{8}{9}$．

7．(1)0.0345．(2)约 40.58%．

8．(1)约 0.5139．(2)约 0.2241．

9．(1) 离散型随机变量，其可能取值为 3，4，5．

(2) 离散型随机变量，其可能取值为 0，1，2，…(自然数全体)．

(3) 连续型随机变量，其可能取值是任何一个非负实数，即 $\xi \in [0,+\infty)$．

(4) 连续型随机变量，其可能取值为 $[m, M]$ 内的一切值，其中 m 为水文观测站可观测到的最低水位，M 为最高水位．

10．平均盈利为 $p_1a - p_2b$；$b = 2.5$ 元．

11．假设没有考虑文理科因素，则至多有 2 名文科生入选的概率为

$$\sum_{i=0}^{2}\frac{C_8^iC_{22}^{17-i}}{C_{30}^{17}} \approx 0.0451 .$$

12．(1)总体是某地区 8 岁至 9 岁的男童的身高；每个男童的身高是个体；10 名男童的身高为样本；样本容量为 10． (2)平均身高为 125.7cm，方差为 13.9cm^2．

13．$(73.3, 85.7)$．

第 9 章

习题 9

1. (1)18； (2)5； (3)1； (4)160； (5) $(-1)^{n-1}n!$．

2. (1) $x_1 = 3, x_2 = 4, x_3 = -\frac{3}{2}$；(2) $x_1 = 1, x_2 = 2, x_3 = 3, x_4 = -1$．

3. $\lambda = 1$ 或 $\mu = 0$．

4. (1) $x = 2, y = 3, z = 1$； (2) $x_1 = -5, x_2 = 5, x_3 = 8, x_4 = 1$．

5. $x = 4, y = -5, u = -\frac{1}{2}, v = 5$．

6. $\boldsymbol{AB} - \boldsymbol{BA} = \begin{bmatrix} 2 & 2 & -2 \\ 2 & 0 & 0 \\ 4 & -4 & -2 \end{bmatrix}, (\boldsymbol{A} + \boldsymbol{B})^{\mathrm{T}} = \begin{bmatrix} 4 & 4 & 2 \\ 2 & 0 & 2 \\ 0 & 2 & 4 \end{bmatrix}$．

7.(1) $\begin{bmatrix} 35 \\ 6 \\ 49 \end{bmatrix}$；(2) 14；(3) $\begin{bmatrix} 1 & 2 & 3 \\ 2 & 4 & 6 \\ 3 & 6 & 9 \end{bmatrix}$；(4) $\begin{bmatrix} 13 & 6 \\ -1 & 2 \\ 5 & 6 \end{bmatrix}$.

8. $\begin{bmatrix} x_1 \\ x_2 \\ x_3 \end{bmatrix} = \begin{bmatrix} 1 & -1 & 2 \\ 1 & 3 & 0 \\ 0 & 4 & -1 \end{bmatrix} \begin{bmatrix} y_1 \\ y_2 \\ y_3 \end{bmatrix} \begin{bmatrix} y_1 \\ y_2 \\ y_3 \end{bmatrix} = \begin{bmatrix} 1 & 0 & 1 \\ 0 & 2 & -5 \\ 3 & 7 & 0 \end{bmatrix} \begin{bmatrix} z_1 \\ z_2 \\ z_3 \end{bmatrix}$,

$$\begin{bmatrix} x_1 \\ x_2 \\ x_3 \end{bmatrix} = \begin{bmatrix} 1 & -1 & 2 \\ 1 & 3 & 0 \\ 0 & 4 & -1 \end{bmatrix} \begin{bmatrix} 1 & 0 & 1 \\ 0 & 2 & -5 \\ 3 & 7 & 0 \end{bmatrix} \begin{bmatrix} z_1 \\ z_2 \\ z_3 \end{bmatrix} = \begin{bmatrix} 7 & 12 & 6 \\ 1 & 6 & -14 \\ -3 & 1 & -20 \end{bmatrix} \begin{bmatrix} z_1 \\ z_2 \\ z_3 \end{bmatrix}$$

9. (1) $\begin{bmatrix} -2 & 1 \\ \frac{3}{2} & -\frac{1}{2} \end{bmatrix}$；(2) $\begin{bmatrix} -\frac{1}{2} & -\frac{3}{2} & -\frac{5}{2} \\ \frac{1}{2} & \frac{1}{2} & \frac{1}{2} \\ 0 & 1 & 1 \end{bmatrix}$.

10. $x_1 = 4, x_2 = 7, x_3 = 0, x_4 = -4$.

11. $(-23 \quad 15 \quad -9)$.

12. $\begin{bmatrix} -2 & 1 \\ 10 & -4 \\ -10 & 4 \end{bmatrix}$.

自主探索

1. $k = 4$，解为 $x_1 = 2 + 2x_3 - 3x_4$，$x_2 = 1 - x_3 + x_4$，其中 x_3，x_4 为自由未知量.

2. 每天收入为(29.5，27.4，27.5，26.5，15.6，34)，总收入为 160.5 元；每天的利润为(10.0，8.8，8.9，8.8，5.2，11.4)，总利润为 53.1 元.

3. dby.

4. 1 件，9 件，2 件和 1 件.

5. 62, 64, 72.

第 10 章

习题 10

1. $2x - y - z - 1 = 0$.

2. (1)直线，平面；(2)直线，平面；(3)圆，圆柱面；(4)椭圆，椭圆柱面.

3. (1)球面；(2)旋转抛物面；(3)旋转抛物面；(4)圆锥面；(5)上半球面.

4. (1)4；(2) $f(x+y, xy) = x^2y^2(x+y) + \dfrac{x+y}{xy}$.

5.(1) $\{(x,y)|1<x^2+y^2\leqslant 4\}$；(2) $\{(x,y)|y\leqslant x^2, x\geqslant 0, y\geqslant 0\}$；

(3) $\{(x,y)|xy>0\}$；(4) $\{(x,y)|y\geqslant x^2\}\setminus\{0\}$.

7. (1)2; (2)2; (3)0; (4) $-\dfrac{1}{4}$; (5)e.

8. (1) $\{(x,y)|x^2+y^2=1\}$;(2)无间断点.

9.(1) $\dfrac{\partial z}{\partial x}=2xy+y, \dfrac{\partial z}{\partial y}=x^2+x+2y$;(2) $\dfrac{\partial z}{\partial x}=\sin(x+y)+x\cos(x+y)$;

(3) $\dfrac{\partial z}{\partial y}=x\cos(x+y)$; (4) $\dfrac{\partial z}{\partial x}=\dfrac{y}{xy+\mathrm{e}^y}, \dfrac{\partial z}{\partial y}=\dfrac{x+\mathrm{e}^y}{xy+\mathrm{e}^y}$;

(5) $\dfrac{\partial z}{\partial x}=\mathrm{e}^{x+y^2}, \dfrac{\partial z}{\partial y}=2y\mathrm{e}^{x+y^2}$.

11. $\dfrac{\partial z}{\partial x}=4x^3+8xy^2, \dfrac{\partial z}{\partial y}=8x^2y+3y^2$； $\dfrac{\partial^2 z}{\partial x^2}=12x^2+8y^2, \dfrac{\partial^2 z}{\partial x\partial y}=16xy$,

$\dfrac{\partial^2 z}{\partial y^2}=8x^2+6y, \dfrac{\partial^2 z}{\partial y\partial x}=16xy$.

12. 0.16.

13. (1)极大值为 31，极小值为–5；(2)极大值为 0，极小值为-8.

14. 当两边都是 $\dfrac{l}{\sqrt{2}}$ 时周长最大.

15. 近似减少了 0.05 米.

16.(1) 0； (2) $\dfrac{20}{3}$； (3) $-\dfrac{7}{60}$； (4) $\dfrac{1}{2}(1-\cos 1)$.

17. 6.

自主探索

1.(1) $x=0.75, y=1.25$；(2) $x=6.75, y=3.75$.

2. 长为 18cm,宽为 12cm.

第 11 章

习题 11

1. 可以；图(1)(2)不能，(3)(4)可以.

2.①全校选修该课程的具体人数；②这些人分布在那些班级；③上选修课与正常教学是否有冲突；④上选修课的老师能不能到位；⑤每周多少节选修课合适.

3. $G(t)=\dfrac{k}{a}+\left(G(0)-\dfrac{k}{a}\right)\mathrm{e}^{-at}$.

4. $t=\dfrac{1}{kv_0}$.

5.516 份，117 元.

6. 3, 3, 4.

自主探索

1. $t=60, t=72$ 小时时的感染者人数分别为大约 188 人, 385 人.

2. 张某不能被排除在嫌疑犯之外.

参考书目

白锦东，姚增善，等．2003．微积分(上、下)．青岛：中国海洋大学出版社．

陈怀琛，高淑萍，杨威．2007．工程线性代数．北京：电子工业出版社．

华东师范大学数学系．2001．数学分析．3 版．北京：高等教育出版社．

姜启源，谢金星，叶俊．2005．数学模型．北京：高等教育出版社．

居余马，胡金德，林翠琴，等．2002．线性代数．2 版．北京：清华大学出版社．

李佐锋，王淑琴．2007．文科高等数学．北京：高等教育出版社．

欧阳光中，朱学炎，金福临，等．2007．数学分析．北京：高等教育出版社．

庞栓琴，郭强，秦雨．2012．大学文科数学．西安：西安电子科技大学出版社．

盛骤，范大茵．2006．大学文科数学．北京：高等教育出版社．

孙方裕，陈志国，孙林法，等．2015．文科高等数学．杭州：浙江大学出版社．

姚孟臣．2007．大学文科高等数学．北京：高等教育出版社．

张国楚，徐本顺，王立冬，等．2007．大学文科数学．2 版．北京：高等教育出版社．

张饴慈，焦宝聪，都长清，等．2001．大学文科数学．北京：科学出版社．

赵树嫄．2012．微积分．2 版．北京：中国人民大学出版社．

周明儒．2005．文科高等数学基础教程．北京：高等教育出版社．

Giordano F R , Fox W P , Hoxton S B. 2009．叶其孝，姜启源，等，译．数学建模．4 版．北京：机械工业出版社．